大学物理入門編

初めから解ける
演習 電磁気学

■ キャンパス・ゼミ ■

大学物理を楽しく練習できる演習書！

馬場敬之

マセマ出版社

◆ はじめに ◆

みなさん，こんにちは。マセマの**馬場敬之(けいし)**です。既刊の『**初めから学べる 電磁気学キャンパス・ゼミ**』は多くの読者の皆様のご支持を頂いて，**大学の基礎物理の教育のスタンダードな参考書**として定着してきているようです。そして，マセマには連日のように，この『初めから学べる 電磁気学キャンパス・ゼミ』で養った実力をより確実なものとするための『**演習書(問題集)**』が欲しいとのご意見が寄せられてきました。このご要望にお応えするため，新たに，この『**初めから解ける 演習 電磁気学キャンパス・ゼミ**』を上梓することができて，心より嬉しく思っています。

推薦入試や**AO入試**など，本格的な大学受験の洗礼を受けることなく大学に進学して，大学の**電磁気学**の講義を受けなければならない皆さんにとって，その基礎学力を鍛えるために**問題練習は欠かせません。**

この『**初めから解ける 演習 電磁気学キャンパス・ゼミ**』は，そのための**最適な演習書**と言えます。

ここで，まず本書の特徴を紹介しておきましょう。

- 『大学基礎物理 電磁気学キャンパス・ゼミ』に準拠して全体を**5**章に分け，各章毎に，解法のパターンが一目で分かるように，(***methods & formulae***)(要項)を設けている。
- マセマオリジナルの頻出典型の演習問題を，各章毎に**分かりやすく体系立てて配置**している。
- 各演習問題には(ヒント)を設けて解法の糸口を示し，また(解答 & 解説)では，定評あるマセマ流の読者の目線に立った**親切で分かりやすい解説**で明快に解き明かしている。
- **2色刷り**の美しい構成で，読者の理解を助けるため**図解も豊富**に掲載している。

さらに，本書の具体的な利用法についても紹介しておきましょう。

- まず，各章毎に，*methods & formulae*(要項)と演習問題を一度**流し読み**して，学ぶべき内容の全体像を押さえる。
- 次に，*methods & formulae*(要項)を**精読**して，公式や定理それに解法パターンを頭に入れる。そして，各演習問題の解答＆解説を見ずに，問題文とヒントのみを読んで，**自分なりの解答**を考える。
- その後，解答＆解説をよく読んで，自分の解答と比較してみる。そして間違っている場合は，**どこにミスがあったかをよく検討**する。
- 後日，また解答＆解説を見ずに**再チャレンジ**する。
- そして，問題がスラスラ解けるようになるまで，何度でも納得がいくまで**反復練習**する。

以上の流れに従って練習していけば，大学で学ぶ電磁気学の基本を確実にマスターできますので，**電磁気学の講義にも自信をもって臨める**ようになります。また，易しい問題であれば，**十分に解きこなすだけの実力**も身につけることができます。どう？やる気が湧いてきたでしょう？

この『**初めから解ける 演習 電磁気学キャンパス・ゼミ**』では，"**ベクトルの外積**"，"**偏微分と全微分**"，"**スカラー場とスカラー値関数**"，"**ベクトル場とベクトル値関数**"，"**勾配ベクトル grad$f$**"，"**発散 div$f$**"，"**回転 rot$f$**"，"**ガウスの発散定理**"，"**ストークスの定理**"，"**マクスウェルの方程式**"，"**単振動の微分方程式**"など…，高校物理で扱われない分野でも，**大学物理で重要なテーマの問題は積極的に掲載**しています。したがって，これで確実に**高校物理から大学物理へステップアップ**していけます。

マセマ代表　馬場 敬之(けいし)

本書はこれまで出版されていた「演習 大学基礎物理 電磁気学キャンパス・ゼミ」をより親しみをもって頂けるように「初めから解ける 演習 電磁気学キャンパス・ゼミ」とタイトルを変更したものです。本書では，**Appendix**(付録)として，平面スカラー場と等位曲線の問題を追加しました。

◆ 目 次 ◆

講義1 電磁気学のプロローグ

講義2 ベクトル解析

講義3 静電場

講義 Lecture 1 電磁気学のプロローグ methods & formulae

§1. ベクトルの内積と外積

2つのベクトル $\boldsymbol{a}$ と $\boldsymbol{b}$ の**内積** $\boldsymbol{a}\cdot\boldsymbol{b}$ の定義と正射影について示す。

ベクトルの内積

2つのベクトル $\boldsymbol{a}$ と $\boldsymbol{b}$ の内積は $\boldsymbol{a}\cdot\boldsymbol{b}$ で表し，次のように定義する。

$$\boldsymbol{a}\cdot\boldsymbol{b}=\|\boldsymbol{a}\|\|\boldsymbol{b}\|\cos\theta$$

これは，スカラー

(θ：$\boldsymbol{a}$ と $\boldsymbol{b}$ のなす角)

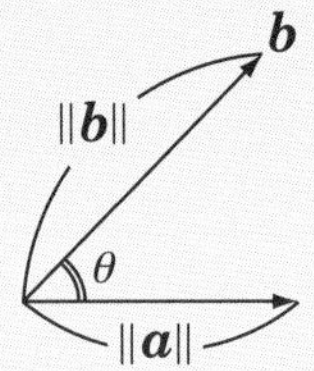

図1に示すように，$\boldsymbol{a}$ に垂直に真上から光が射したとき，$\boldsymbol{b}$ が $\boldsymbol{a}$ に落とす影を“**正射影**（せいしゃえい）”といい，この長さは，$\dfrac{\boldsymbol{a}\cdot\boldsymbol{b}}{\|\boldsymbol{a}\|}$ と表すことができる。なぜなら，

$$\frac{\boldsymbol{a}\cdot\boldsymbol{b}}{\|\boldsymbol{a}\|}=\frac{\|\boldsymbol{a}\|\|\boldsymbol{b}\|\cos\theta}{\|\boldsymbol{a}\|}=\|\boldsymbol{b}\|\cos\theta$$

となるからである。

次に，**平面ベクトル** $\boldsymbol{a}$ と $\boldsymbol{b}$ が**成分表示**で表されるとき，これらの内積は次のように表される。

図1　内積と正射影

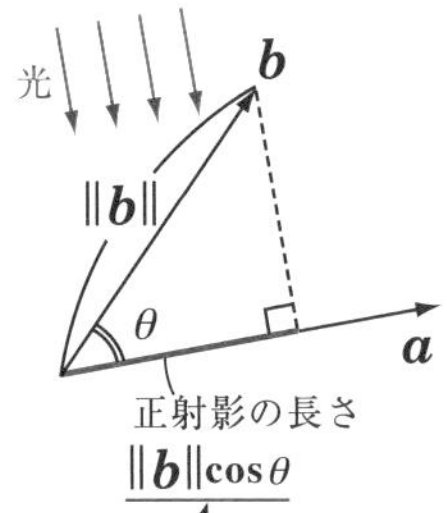

ただし，$\frac{\pi}{2}<\theta<\pi$ ($90°<\theta<180°$) のとき，これは⊖となる。これが⊖のときは，絶対値をとって，⊕にして表す。

平面ベクトルの内積の成分表示

$\boldsymbol{a}=[x_1, y_1]$，$\boldsymbol{b}=[x_2, y_2]$ のとき，

内積 $\boldsymbol{a}\cdot\boldsymbol{b}=x_1x_2+y_1y_2$ となる。

また，$\|\boldsymbol{a}\|=\sqrt{x_1^2+y_1^2}$，$\|\boldsymbol{b}\|=\sqrt{x_2^2+y_2^2}$ より，$\|\boldsymbol{a}\|\neq 0$，$\|\boldsymbol{b}\|\neq 0$ のとき

$$\cos\theta=\frac{\boldsymbol{a}\cdot\boldsymbol{b}}{\|\boldsymbol{a}\|\|\boldsymbol{b}\|}=\frac{x_1x_2+y_1y_2}{\sqrt{x_1^2+y_1^2}\sqrt{x_2^2+y_2^2}}$$

となる。(θ：$\boldsymbol{a}$ と $\boldsymbol{b}$ のなす角)

また，**空間ベクトル**の内積の成分表示について示す。

空間ベクトルの内積の成分表示

$\boldsymbol{a}=[x_1,\ y_1,\ z_1]$，$\boldsymbol{b}=[x_2,\ y_2,\ z_2]$ のとき，

内積 $\boldsymbol{a}\cdot\boldsymbol{b}=x_1x_2+y_1y_2+z_1z_2$ となる。

また，$\|\boldsymbol{a}\|=\sqrt{x_1^2+y_1^2+z_1^2}$，$\|\boldsymbol{b}\|=\sqrt{x_2^2+y_2^2+z_2^2}$ より，

$\|\boldsymbol{a}\|\neq 0$，$\|\boldsymbol{b}\|\neq 0$ のとき

$$\cos\theta=\frac{\boldsymbol{a}\cdot\boldsymbol{b}}{\|\boldsymbol{a}\|\|\boldsymbol{b}\|}=\frac{x_1x_2+y_1y_2+z_1z_2}{\sqrt{x_1^2+y_1^2+z_1^2}\sqrt{x_2^2+y_2^2+z_2^2}}$$ となる。

(θ：$\boldsymbol{a}$ と $\boldsymbol{b}$ のなす角)

では，2つの空間ベクトル $\boldsymbol{a}$ と $\boldsymbol{b}$ の**外積** $\boldsymbol{a}\times\boldsymbol{b}$ の公式とその性質を示す。

空間ベクトルの外積の成分表示とその性質

$\boldsymbol{a}=[x_1,\ y_1,\ z_1]$，$\boldsymbol{b}=[x_2,\ y_2,\ z_2]$ の外積 $\boldsymbol{a}\times\boldsymbol{b}$ は，

$\boldsymbol{a}\times\boldsymbol{b}=[y_1z_2-z_1y_2,\ z_1x_2-x_1z_2,\ x_1y_2-y_1x_2]$ ……① と表される。

①のように，$\boldsymbol{a}\times\boldsymbol{b}$ はベクトルなので，$\boldsymbol{a}\times\boldsymbol{b}=\boldsymbol{c}$ とおくと，

外積 $\boldsymbol{c}$ は右図のように，

(i) $\boldsymbol{a}$ と $\boldsymbol{b}$ の両方に直交し，その向きは，$\boldsymbol{a}$ から $\boldsymbol{b}$ に向かうように回転するとき，右ネジが進む向きと一致する。

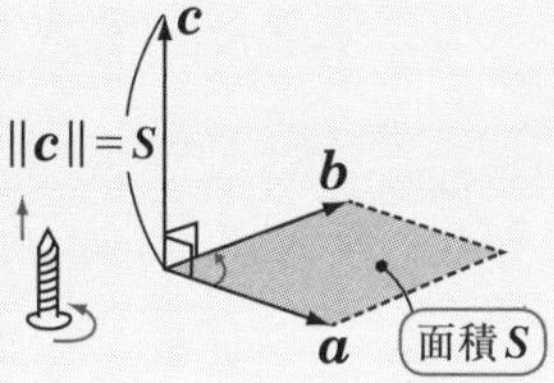

(ii) また，その大きさ（ノルム）$\|\boldsymbol{c}\|$ は，$\boldsymbol{a}$ と $\boldsymbol{b}$ を2辺にもつ平行四辺形の面積 S に等しい。

$\boldsymbol{a}=[x_1,\ y_1,\ z_1]$，$\boldsymbol{b}=[x_2,\ y_2,\ z_2]$ の外積の具体的な計算法を図2に示す。

これから，$\boldsymbol{a}$ と $\boldsymbol{b}$ の外積 $\boldsymbol{a}\times\boldsymbol{b}$ は，

$$\boldsymbol{a}\times\boldsymbol{b}=[y_1z_2-z_1y_2,\ z_1x_2-x_1z_2,\ x_1y_2-y_1x_2]$$

となる。

図2　外積 $\boldsymbol{a}\times\boldsymbol{b}$ の求め方

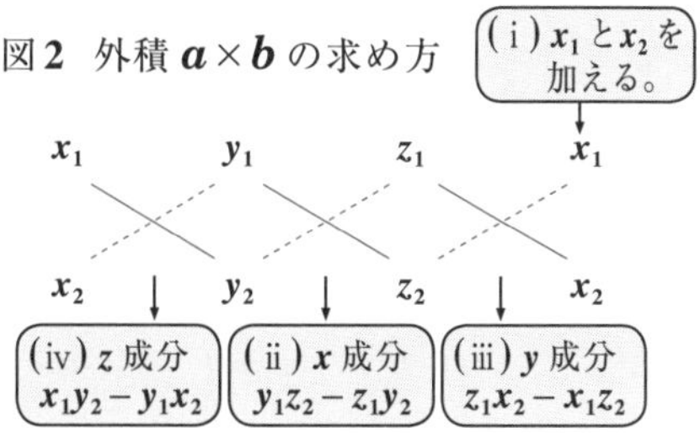

§2. スカラー場とベクトル場

(Ⅰ) **スカラー場**には，(ⅰ) **平面スカラー場**と (ⅱ) **空間スカラー場**がある。

(ⅰ) 平面スカラー場について

xy 平面の領域 D 内の各点 (x, y) に対して，ある値（スカラー）が "**スカラー値関数**" $f(x, y)$ により対応づけられているとき，この平面 D を "**平面スカラー場**" という。そして，$f(x, y) = k$（定数）で表される曲線を "**等位曲線**" と呼ぶ。$f(x, y)$ そのものを "**平面スカラー場**" と呼ぶこともある。

(ⅱ) 空間スカラー場について

xyz 空間の領域 D 内の各点 (x, y, z) に，ある値（スカラー）がスカラー値関数 $f(x, y, z)$ により対応づけられているとき，この空間領域 D を "**空間スカラー場**" という。そして，$f(x, y, z) = k$（定数）で表される曲面を "**等位曲面**" と呼ぶ。同様に $f(x, y, z)$ そのものを "**空間スカラー場**" と呼ぶこともある。

(Ⅱ) **ベクトル場**にも (ⅰ) **平面ベクトル場**と (ⅱ) **空間ベクトル場**がある。

(ⅰ) 平面ベクトル場について

平面領域 D 内の各点 (x, y) に，"**ベクトル値関数**（ちかんすう）"

（ベクトルの値をとる関数のこと。これそのものを "**平面ベクトル場**" と呼ぶこともある。）

$\boldsymbol{f}(x, y) = [\underbrace{f_1(x, y)}_{x\text{成分}}, \underbrace{f_2(x, y)}_{y\text{成分}}]$ が対応づけられているとき，この領域 D を "**平面ベクトル場**" と呼ぶ。

(ⅱ) 空間ベクトル場について

空間領域 D 内の各点 (x, y, z) に，ベクトル値関数

$\boldsymbol{f}(x, y, z) = [\underbrace{f_1(x, y, z)}_{x\text{成分}}, \underbrace{f_2(x, y, z)}_{y\text{成分}}, \underbrace{f_3(x, y, z)}_{z\text{成分}}]$ が対応づけられているとき，この領域 D を "**空間ベクトル場**" と呼ぶ。同様に，$\boldsymbol{f}(x, y, z)$ そのものを "**空間ベクトル場**" と呼ぶこともある。

次に，1 変数関数 $f(x)$ の微分公式：$(x^{\alpha})' = \alpha x^{\alpha-1}$，$(\sin x)' = \cos x$，…などや，$(f \cdot g)' = f' \cdot g + f \cdot g'$，$\left(\dfrac{f}{g}\right)' = \dfrac{f' \cdot g - f \cdot g'}{g^2}$，…などと同様に，

多変数関数(スカラー値関数)$f(x, y)$ や $f(x, y, z)$ については，次のような"偏微分(へんびぶん)"と"全微分(ぜんびぶん)"の公式がある。

偏微分の公式

f, g は共に偏微分可能な多変数関数とするとき，x による偏微分の公式：

(1) $(kf)_x = kf_x$ (k：定数)

(2) $(f \pm g)_x = f_x \pm g_x$

(3) $(fg)_x = f_x g + f g_x$

(4) $\left(\dfrac{f}{g}\right)_x = \dfrac{f_x g - f g_x}{g^2}$

(5) $f_x = \dfrac{\partial f}{\partial x} = \dfrac{\partial f}{\partial u} \cdot \dfrac{\partial u}{\partial x}$ (合成関数の偏微分)

y, z による偏微分も同様である。

全微分の定義

(Ⅰ) 2 変数スカラー値関数 $f(x, y)$ が全微分可能のとき，

$$df = \frac{\partial f}{\partial x}dx + \frac{\partial f}{\partial y}dy \quad \cdots\cdots(*)$$

が成り立ち，

これを"**全微分**"という。

(Ⅱ) 3 変数スカラー値関数 $f(x, y, z)$ が全微分可能のとき，

$$df = \frac{\partial f}{\partial x}dx + \frac{\partial f}{\partial y}dy + \frac{\partial f}{\partial z}dz \quad \cdots\cdots(*)'$$

が成り立ち，

これを"**全微分**"という。

次に，ベクトル値関数についての偏微分の公式を示す。

ベクトル値関数の偏微分

(Ⅰ) 平面ベクトル場 $\boldsymbol{f}(x, y) = [f_1(x, y),\ f_2(x, y)]$ が偏微分可能のとき，その x, y による偏微分は次のようになる。

$$\frac{\partial \boldsymbol{f}}{\partial x} = \left[\frac{\partial f_1}{\partial x}, \frac{\partial f_2}{\partial x}\right], \qquad \frac{\partial \boldsymbol{f}}{\partial y} = \left[\frac{\partial f_1}{\partial y}, \frac{\partial f_2}{\partial y}\right]$$

(Ⅱ) 空間ベクトル場 $\boldsymbol{f}(x, y, z) = [f_1(x, y, z),\ f_2(x, y, z),\ f_3(x, y, z)]$ が偏微分可能のとき，その x, y, z による偏微分は次のようになる。

$$\frac{\partial \boldsymbol{f}}{\partial x} = \left[\frac{\partial f_1}{\partial x}, \frac{\partial f_2}{\partial x}, \frac{\partial f_3}{\partial x}\right], \qquad \frac{\partial \boldsymbol{f}}{\partial y} = \left[\frac{\partial f_1}{\partial y}, \frac{\partial f_2}{\partial y}, \frac{\partial f_3}{\partial y}\right],$$

$$\frac{\partial \boldsymbol{f}}{\partial z} = \left[\frac{\partial f_1}{\partial z}, \frac{\partial f_2}{\partial z}, \frac{\partial f_3}{\partial z}\right]$$

§3. 電磁気学のプロローグ

高校の電磁気学の復習として，次の公式を示す。

高校の電磁気学

(1) クーロンの法則：$f = k\dfrac{q_1 q_2}{r^2}$ ……………………(∗1)

(2) 単磁荷は存在しない。……………………………(∗2)

(3) アンペールの法則：$H = \dfrac{I}{2\pi r}$ ……………………(∗3)

(4) ファラデーの電磁誘導の法則：$V = -\dfrac{d\Phi}{dt}$ ……(∗4)

（ただし，f：クーロン力，k：比例定数 ($k \fallingdotseq 9.0 \times 10^9$ $(\mathrm{Nm^2/C^2})$)，
q_1, q_2：電荷 (C)，r：距離 (m)，H：磁場の大きさ (A/m)，
V：誘導起電力 (V)，Φ：磁束 (Wb)，t：時刻 (s)）

(1) **クーロン力**は，図 1 に示すように 2 つの**点電荷** q_1 と q_2 が
(i) 同符号であるとき，斥力（せきりょく）となり，
(ii) 異符号であるとき，引力（いんりょく）となる。
(∗1) の公式は万有引力の公式と形式的に類似しているが，このように斥力と引力が生じる点，および万有引力定数 G に比べて k が巨大な値であること，さらに，点電荷が運動したり，**電流**が流れたりすることにより**磁場**が生じることから，電磁気学は力学とはまったく異なる扱いをする必要がある。

図1　クーロン力

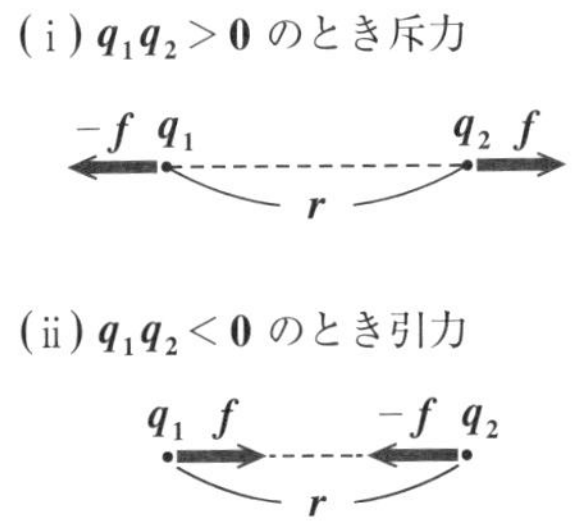

(2) 棒磁石をどんなに小さくしても，両端に N 極と S 極が現われるので，N だけや S だけの**単磁荷**は存在しない。

(3) 図 2 に示すように，無限に続く直流電流 I のまわりには，回転する磁場 H が発生する。

図2　アンペールの法則

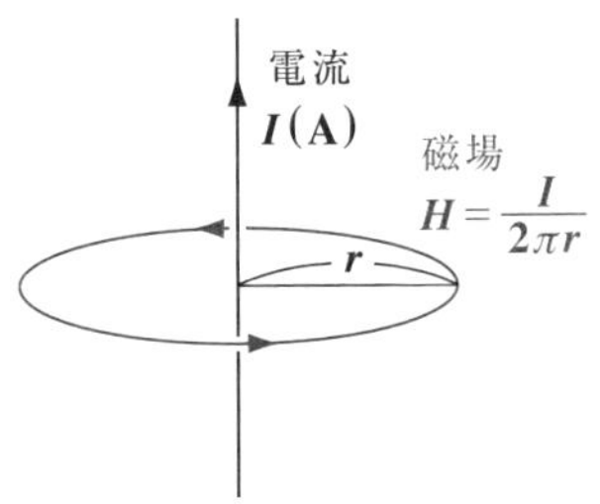

(4) 図**3**に示すように，**磁束 Φ** が変化するとき，その変化を妨げる向きに**誘導起電力 V** が生じ，**誘導電流 I** が流れる。この**ファラデーの電磁誘導**の法則を，高校の物理では，

$V=-\frac{\Delta\Phi}{\Delta t}$ と表していたが，これからは，

この右辺を微分形式で表して，

$V=-\frac{d\Phi}{dt}$ ……(＊4) と表すことにする。

図3　電磁誘導の法則

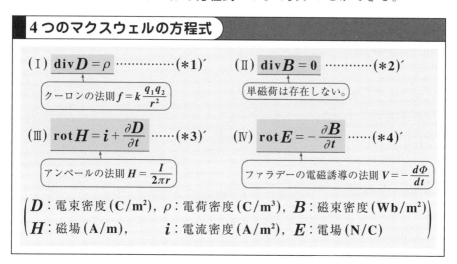

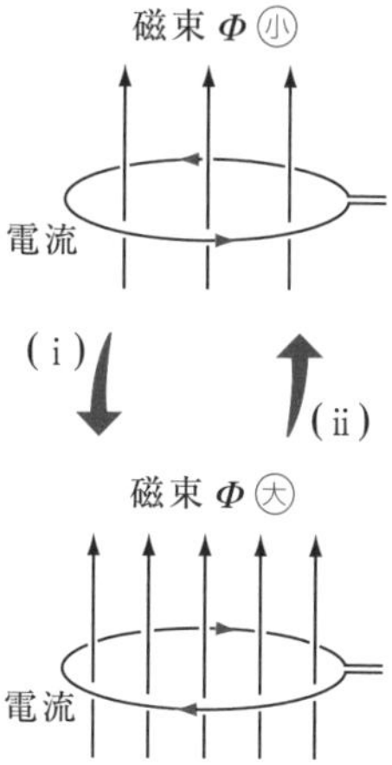

高校物理で学んだこれら**4**つの法則は，大学の電磁気学では，次に示すように**4**つの“**マクスウェルの方程式**”として表すことができる。

4つのマクスウェルの方程式

(Ⅰ) $\mathrm{div}\boldsymbol{D}=\rho$ ……………(＊1)′

クーロンの法則 $f=k\frac{q_1q_2}{r^2}$

(Ⅱ) $\mathrm{div}\boldsymbol{B}=0$ …………(＊2)′

単磁荷は存在しない。

(Ⅲ) $\mathrm{rot}\boldsymbol{H}=\boldsymbol{i}+\frac{\partial\boldsymbol{D}}{\partial t}$ ……(＊3)′

アンペールの法則 $H=\frac{I}{2\pi r}$

(Ⅳ) $\mathrm{rot}\boldsymbol{E}=-\frac{\partial\boldsymbol{B}}{\partial t}$ ……(＊4)′

ファラデーの電磁誘導の法則 $V=-\frac{d\Phi}{dt}$

($\boldsymbol{D}$：電束密度 (C/m^2)，ρ：電荷密度 (C/m^3)，$\boldsymbol{B}$：磁束密度 (Wb/m^2)
$\boldsymbol{H}$：磁場 (A/m)，　$\boldsymbol{i}$：電流密度 (A/m^2)，$\boldsymbol{E}$：電場 (N/C))

真空中では，$\boldsymbol{D}=\varepsilon_0\boldsymbol{E}$，$\boldsymbol{B}=\mu_0\boldsymbol{H}$ (ε_0，μ_0：定数) であり，大学の電磁気学では，**電場 $\boldsymbol{E}$** も**磁場 $\boldsymbol{H}$** も，そして**電流密度 $\boldsymbol{i}$** もすべてベクトルとして扱う。また，**div(発散)**，**rot(回転)** は“**ベクトル解析**”で用いられる記号法で，これらについては，**grad(勾配ベクトル)** と併せて，次章で練習することにする。

演習問題 1	●ベクトルの正射影の長さ●

3 つのベクトル $\boldsymbol{a}=[3,\ 2]$，$\boldsymbol{b}=[2,\ -1]$，$\boldsymbol{c}=[-1,\ 3]$ について次の問いに答えよ。

(1) $\boldsymbol{b}$ に対する $\boldsymbol{a}$ の正射影の長さを求めよ。

(2) $\boldsymbol{c}$ に対する $\boldsymbol{b}$ の正射影の長さを求めよ。

ヒント！ (1) $\boldsymbol{b}$ に対する $\boldsymbol{a}$ の正射影の長さは，$\boldsymbol{a}$ と $\boldsymbol{b}$ のなす角を θ_1 とおくと，$\|\boldsymbol{a}\|\cos\theta_1=\dfrac{\|\boldsymbol{a}\|\|\boldsymbol{b}\|\cos\theta_1}{\|\boldsymbol{b}\|}=\dfrac{\boldsymbol{a}\cdot\boldsymbol{b}}{\|\boldsymbol{b}\|}$ となる。ただし，θ が鈍角のとき $\cos\theta<0$ より，これは負の値となるので，絶対値をとればいいんだね。(2) も同様だね。

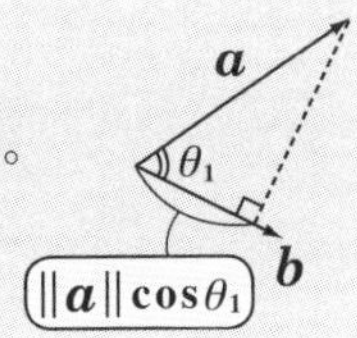

解答＆解説

$\boldsymbol{a}=[3,\ 2]$，$\boldsymbol{b}=[2,\ -1]$，$\boldsymbol{c}=[-1,\ 3]$ より，

$\boldsymbol{a}=[x_1,\ y_1]$，$\boldsymbol{b}=[x_2,\ y_2]$ のとき，$\boldsymbol{a}\cdot\boldsymbol{b}=x_1x_2+y_1y_2$

$\boldsymbol{a}\cdot\boldsymbol{b}=3\times2+2\times(-1)=6-2=4$ ……………①

$\boldsymbol{b}\cdot\boldsymbol{c}=2\times(-1)+(-1)\times3=-2-3=-5$ …②

$\|\boldsymbol{b}\|=\sqrt{2^2+(-1)^2}=\sqrt{4+1}=\sqrt{5}$ ……………③

$\|\boldsymbol{c}\|=\sqrt{(-1)^2+3^2}=\sqrt{1+9}=\sqrt{10}$ ……………④ となる。

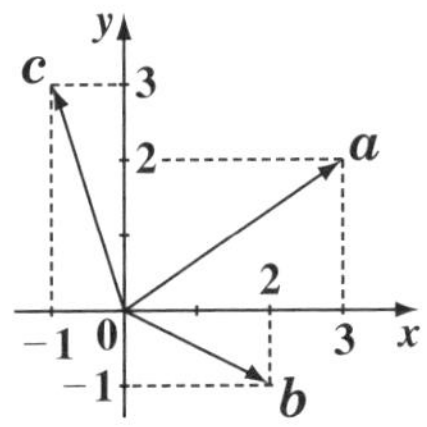

(1) $\boldsymbol{b}$ に対する $\boldsymbol{a}$ の正射影の長さを l_1 とおき，

$\boldsymbol{a}$ と $\boldsymbol{b}$ のなす角を θ_1 とおくと，

$l_1=\|\boldsymbol{a}\|\cos\theta_1=\dfrac{\|\boldsymbol{a}\|\|\boldsymbol{b}\|\cos\theta_1}{\|\boldsymbol{b}\|}=\dfrac{\boldsymbol{a}\cdot\boldsymbol{b}}{\|\boldsymbol{b}\|}$ より，

これに①と③を代入して，

$l_1=\dfrac{4}{\sqrt{5}}=\dfrac{4\sqrt{5}}{5}$ である。……(答)

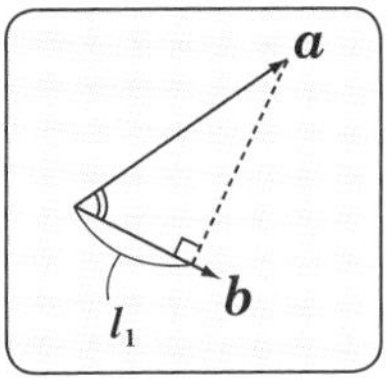

(2) $\boldsymbol{c}$ に対する $\boldsymbol{b}$ の正射影の長さを l_2 とおき，

$\boldsymbol{c}$ と $\boldsymbol{b}$ のなす角を θ_2 とおくと，θ_2 は鈍角であることに注意して，

$l_2=\|\boldsymbol{b}\||\cos\theta_2|=\dfrac{\|\boldsymbol{b}\|\|\boldsymbol{c}\||\cos\theta_2|}{\|\boldsymbol{c}\|}=\dfrac{|\boldsymbol{b}\cdot\boldsymbol{c}|}{\|\boldsymbol{c}\|}$ となる。

θ_2 は鈍角より，これは負となるので，絶対値をとった。

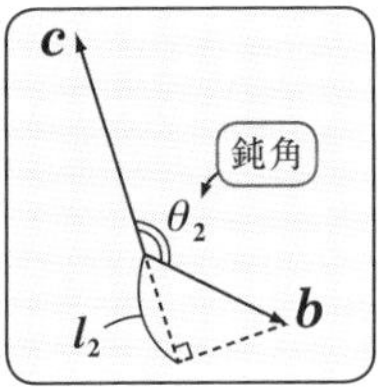

よって，これに②と④を代入して，

$l_2=\dfrac{|-5|}{\sqrt{10}}=\dfrac{5}{\sqrt{10}}=\dfrac{5\sqrt{10}}{10}=\dfrac{\sqrt{10}}{2}$ である。……(答)

演習問題 2 ● 平面ベクトルの平行条件と直交条件 ●

2 つの平面ベクトル $\boldsymbol{a}=[\sqrt{3},\ -1]$, $\boldsymbol{b}=[\alpha,\ \sqrt{3}]$ (α：定数) について，次の問いに答えよ。

(1) $\boldsymbol{a}$ と $\boldsymbol{b}$ が平行であるとき，$\boldsymbol{b}$ と同じ向きの単位ベクトル $\boldsymbol{c}_1$ を求めよ。

(2) $\boldsymbol{a}$ と $\boldsymbol{b}$ が垂直であるとき，$\boldsymbol{b}$ と同じ向きの単位ベクトル $\boldsymbol{c}_2$ を求めよ。

ヒント！ $\boldsymbol{a}=[x_1,\ y_1]$, $\boldsymbol{b}=[x_2,\ y_2]$ について，(1) $\boldsymbol{a}/\!/\boldsymbol{b}$ (平行) のとき，$\boldsymbol{a}=k\boldsymbol{b}$ (k：定数) より，$[x_1,\ y_1]=k[x_2,\ y_2]=[kx_2,\ ky_2]$ から，$x_1=kx_2$, $y_1=ky_2$ となる。よって，$\dfrac{x_1}{x_2}=\dfrac{y_1}{y_2}$ $(=k)$ が平行条件である。(2) $\boldsymbol{a}\perp\boldsymbol{b}$ (垂直) のとき，内積 $\boldsymbol{a}\cdot\boldsymbol{b}=\|\boldsymbol{a}\|\|\boldsymbol{b}\|\cos\dfrac{\pi}{2}=0$ より，$\boldsymbol{a}\cdot\boldsymbol{b}=x_1x_2+y_1y_2=0$ が直交条件になるんだね。

解答＆解説

$\boldsymbol{a}=[\sqrt{3},\ -1]$, $\boldsymbol{b}=[\alpha,\ \sqrt{3}]$ (α：定数) について，

(1) $\boldsymbol{a}/\!/\boldsymbol{b}$ (平行) であるとき，

$\dfrac{\sqrt{3}}{\alpha}=\dfrac{-1}{\sqrt{3}}$ ……① となる。

①より，$3=-\alpha$ $\therefore \alpha=-3$

よって，$\boldsymbol{b}=[-3,\ \sqrt{3}]$ より，このノルム

$\|\boldsymbol{b}\|=\sqrt{(-3)^2+(\sqrt{3})^2}=\sqrt{12}=2\sqrt{3}$ である。

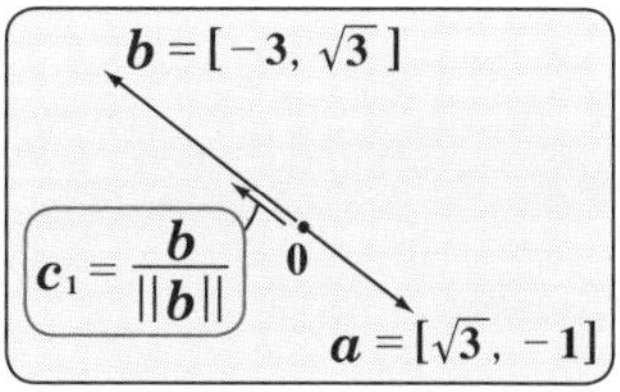

よって，このとき，$\boldsymbol{b}$ と同じ向きの単位ベクトル $\boldsymbol{c}_1$ は，

$$\boldsymbol{c}_1=\frac{\boldsymbol{b}}{\|\boldsymbol{b}\|}=\frac{1}{2\sqrt{3}}[-3,\ \sqrt{3}]=\left[-\frac{\sqrt{3}}{2},\ \frac{1}{2}\right]$$ である。……………………(答)

($\boldsymbol{b}$ を自分自身の大きさ $\|\boldsymbol{b}\|$ で割ると，$\boldsymbol{b}$ と同じ向きの大きさ 1 の単位ベクトル $\boldsymbol{c}_1$ が求められる。)

(2) $\boldsymbol{a}\perp\boldsymbol{b}$ (垂直) であるとき，$\boldsymbol{a}\cdot\boldsymbol{b}=0$ より，

$\boldsymbol{a}\cdot\boldsymbol{b}=\sqrt{3}\times\alpha+(-1)\cdot\sqrt{3}=0$

$\sqrt{3}\alpha=\sqrt{3}$ $\therefore \alpha=1$

よって，$\boldsymbol{b}=[1,\ \sqrt{3}]$ より，

このノルム $\|\boldsymbol{b}\|=\sqrt{1^2+(\sqrt{3})^2}=\sqrt{4}=2$

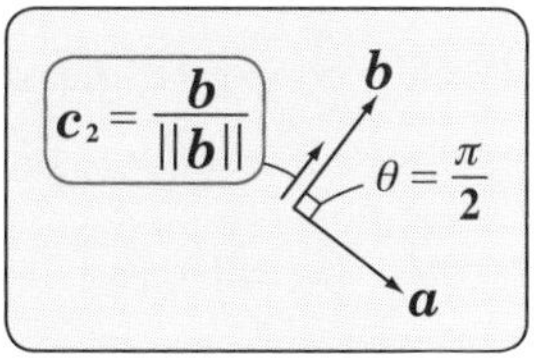

である。よって，このとき，$\boldsymbol{b}$ と同じ向きの単位ベクトル $\boldsymbol{c}_2$ は，

$$\boldsymbol{c}_2=\frac{\boldsymbol{b}}{\|\boldsymbol{b}\|}=\frac{1}{2}[1,\ \sqrt{3}]=\left[\frac{1}{2},\ \frac{\sqrt{3}}{2}\right]$$ である。……………………(答)

演習問題 3	●空間ベクトルの内積と外積●

xyz 座標空間上に，原点 $\mathbf{O}$，点 $\mathbf{A}(2,\ 1,\ -2)$，点 $\mathbf{B}(3,\ 1,\ 0)$ がある。ここで，$\boldsymbol{a}=\overrightarrow{\mathrm{OA}}$，$\boldsymbol{b}=\overrightarrow{\mathrm{OB}}$ とおいて，次の各問いに答えよ。

(1) 内積 $\boldsymbol{a}\cdot\boldsymbol{b}$ を求め，$\triangle\mathrm{OAB}$ の面積 S を，公式：

$$S=\frac{1}{2}\sqrt{\|\boldsymbol{a}\|^2\|\boldsymbol{b}\|^2-(\boldsymbol{a}\cdot\boldsymbol{b})^2}\ \cdots\cdots(*)$$ を用いて求めよ。

(2) 外積 $\boldsymbol{a}\times\boldsymbol{b}$ を求め，$\triangle\mathrm{OAB}$ の面積 S を，公式：

$$S=\frac{1}{2}\|\boldsymbol{a}\times\boldsymbol{b}\|\ \cdots\cdots(*)'$$ を用いて求めよ。

ヒント！ 空間内の 3 点 O，A，B を頂点とする $\triangle\mathrm{OAB}$ の面積 S は，$(*)$ と $(*)'$ の公式により求めることができる。(1) $\boldsymbol{a}$ と $\boldsymbol{b}$ のなす角を θ とおくと，$S=\frac{1}{2}\cdot\|\boldsymbol{a}\|\|\boldsymbol{b}\|\sin\theta$ より，$S=\frac{1}{2}\|\boldsymbol{a}\|\|\boldsymbol{b}\|\cdot\sqrt{1-\cos^2\theta}=\frac{1}{2}\sqrt{\|\boldsymbol{a}\|^2\|\boldsymbol{b}\|^2(1-\cos^2\theta)}$ $=\frac{1}{2}\sqrt{\|\boldsymbol{a}\|^2\|\boldsymbol{b}\|^2-(\|\boldsymbol{a}\|\|\boldsymbol{b}\|\cos\theta)^2}=\frac{1}{2}\sqrt{\|\boldsymbol{a}\|^2\|\boldsymbol{b}\|^2-(\boldsymbol{a}\cdot\boldsymbol{b})^2}$ となって，$(*)$ の公式が導ける。(2) $\boldsymbol{a}$ と $\boldsymbol{b}$ の外積の大きさ（ノルム）$\|\boldsymbol{a}\times\boldsymbol{b}\|$ は，$\boldsymbol{a}=\overrightarrow{\mathrm{OA}}$ と $\boldsymbol{b}=\overrightarrow{\mathrm{OB}}$ を 2 辺とする平行四辺形の面積に等しいので，$\triangle\mathrm{OAB}$ の面積 S は，$S=\frac{1}{2}\|\boldsymbol{a}\times\boldsymbol{b}\|\ \cdots\cdots(*)'$ の公式で求めても，(1) と同じ結果になるんだね。

解答＆解説

$\boldsymbol{a}=\overrightarrow{\mathrm{OA}}=[2,\ 1,\ -2]$，$\boldsymbol{b}=\overrightarrow{\mathrm{OB}}=[3,\ 1,\ 0]$ について，

> $\boldsymbol{a}=[x_1,\ y_1,\ z_1]$，
> $\boldsymbol{b}=[x_2,\ y_2,\ z_2]$ のとき，
> $\boldsymbol{a}\cdot\boldsymbol{b}=x_1x_2+y_1y_2+z_1z_2$

(1) 内積 $\boldsymbol{a}\cdot\boldsymbol{b}$ は，

$\boldsymbol{a}\cdot\boldsymbol{b}=2\times3+1\times1+\cancel{(-2)\times0}=6+1=7$ ………① である。……(答)

また，$\|\boldsymbol{a}\|^2=2^2+1^2+(-2)^2=4+1+4=9$ ……②

$\|\boldsymbol{b}\|^2=3^2+1^2+0^2=9+1=10$ ……………③ より，

$\triangle\mathrm{OAB}$ の面積 S は，公式：

$$S=\frac{1}{2}\sqrt{\underbrace{\|\boldsymbol{a}\|^2}_{9}\underbrace{\|\boldsymbol{b}\|^2}_{10}-\underbrace{(\boldsymbol{a}\cdot\boldsymbol{b})^2}_{7}}\ \cdots\cdots\cdots(*)$$ に

←（①，②，③より）

①，②，③を代入して，

イメージ

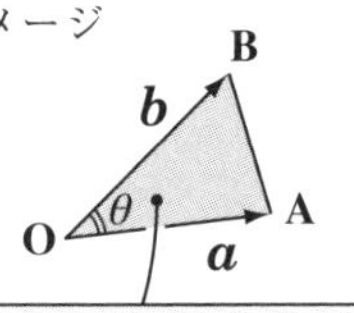

> 面積 $S=\frac{1}{2}\|\boldsymbol{a}\|\|\boldsymbol{b}\|\underline{\sin\theta}$
> $0<\theta<\pi$ より → ⊕
> $=\frac{1}{2}\sqrt{\|\boldsymbol{a}\|^2\|\boldsymbol{b}\|^2-(\boldsymbol{a}\cdot\boldsymbol{b})^2}$

$S=\frac{1}{2}\sqrt{9\times10-7^2}=\frac{1}{2}\sqrt{90-49}=\frac{\sqrt{41}}{2}$ ……④ である。……………(答)

(2) 外積 $\boldsymbol{a}\times\boldsymbol{b}$ を右図のように求めると，

$\boldsymbol{a}\times\boldsymbol{b}=[2,-6,-1]$ ……⑤ となる。…(答)

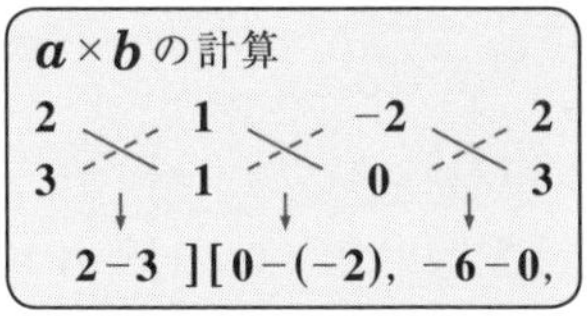
a×b の計算
2 1 −2 2
3 1 0 3
2−3][0−(−2), −6−0,

⑤の外積の結果のベクトルを $\boldsymbol{c}=\boldsymbol{a}\times\boldsymbol{b}$ とおくと，このノルム (大きさ) $\|\boldsymbol{c}\|$ は，$\overrightarrow{\mathrm{OA}}$ と $\overrightarrow{\mathrm{OB}}$ を 2 辺とする平行四辺形の面積に等しい。

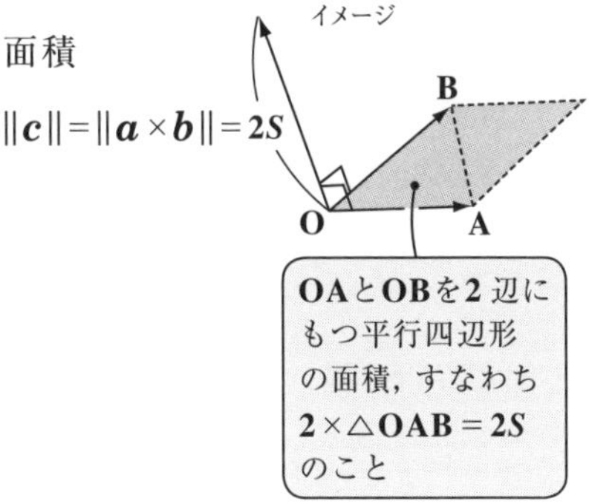
イメージ
‖c‖=‖a×b‖=2S
B
O
A
OAとOBを2辺に
もつ平行四辺形
の面積，すなわち
2×△OAB=2S
のこと

よって，△OAB の面積 S は，

$S=\frac{1}{2}\underbrace{\|\boldsymbol{a}\times\boldsymbol{b}\|}_{\sqrt{2^2+(-6)^2+(-1)^2}\ (⑤より)}$ ……(＊)′

となる。ここで，

$\|\boldsymbol{c}\|=\|\boldsymbol{a}\times\boldsymbol{b}\|=\sqrt{2^2+(-6)^2+(-1)^2}$

$=\sqrt{4+36+1}=\sqrt{41}$ ……⑥ となるので，⑥を (＊)′ に代入すると，

$S=\frac{\sqrt{41}}{2}$ ……⑦ となる。 ………………………………………………(答)

参考

$\boldsymbol{c}=\boldsymbol{a}\times\boldsymbol{b}$ は，$\boldsymbol{a}\perp\boldsymbol{c}$，$\boldsymbol{b}\perp\boldsymbol{c}$ であり，かつその大きさ (ノルム) $\|\boldsymbol{c}\|$ は，OA と OB を 2 辺とする平行四辺形の面積と等しい。よって△OAB の面積 S は，公式：

$S=\frac{1}{2}\|\boldsymbol{c}\|=\frac{1}{2}\|\boldsymbol{a}\times\boldsymbol{b}\|$ …(＊)′ で求めることができる。この計算結果の⑦は (1) の公式：$S=\frac{1}{2}\sqrt{\|\boldsymbol{a}\|^2\|\boldsymbol{b}\|^2-(\boldsymbol{a}\cdot\boldsymbol{b})^2}$ …(＊) を用いて求めた結果④と当然一致する。

(＊) は高校で習う△OAB の面積 S を求める公式であるが，外積をマスターすると，このように外積を用いた S の計算公式 (＊)′ の方が，計算が楽になるかもしれない。

演習問題 4　●スカラー 3 重積●

次の各 3 つの空間ベクトル $\boldsymbol{a}, \boldsymbol{b}, \boldsymbol{c}$ についてスカラー 3 重積 $\boldsymbol{a}\cdot(\boldsymbol{b}\times\boldsymbol{c})$ を求めよ。

(1) $\boldsymbol{a}=[2,\ 0,\ 1]$, $\boldsymbol{b}=[3,\ 3,\ -1]$, $\boldsymbol{c}=[1,\ -1,\ 2]$

(2) $\boldsymbol{a}=[1,\ 0,\ 2]$, $\boldsymbol{b}=[0,\ 3,\ 1]$, $\boldsymbol{c}=[1,\ -1,\ -1]$

ヒント！ スカラー 3 重積 $\boldsymbol{a}\cdot(\boldsymbol{b}\times\boldsymbol{c})$ は，(ベクトル)・{(ベクトル)×(ベクトル)} ＝(ベクトル)・(ベクトル)＝(スカラー) となるので，結果はスカラー (ある数値) になるんだね。そして $\overrightarrow{OA}=\boldsymbol{a}$, $\overrightarrow{OB}=\boldsymbol{b}$, $\overrightarrow{OC}=\boldsymbol{c}$ とすると，このスカラー 3 重積の絶対値をとったものが線分 OA, OB, OC を 3 辺にもつ平行六面体の体積になる。これについては最後に参考として詳しく解説しよう。

解答＆解説

(1) $\boldsymbol{a}=[2,\ 0,\ 1]$, $\boldsymbol{b}=[3,\ 3,\ -1]$, $\boldsymbol{c}=[1,\ -1,\ 2]$ について，

スカラー 3 重積 $\boldsymbol{a}\cdot(\boldsymbol{b}\times\boldsymbol{c})$ を求める。

まず，外積 $\boldsymbol{b}\times\boldsymbol{c}$ は右図のように計算して，

$\boldsymbol{b}\times\boldsymbol{c}=[5,\ -7,\ -6]$ となる。

$\boldsymbol{b}\times\boldsymbol{c}$ の計算
3　3　−1　3
1　−1　2　1
−3−3][6−1,　−1−6,

$\therefore\ \boldsymbol{a}\cdot(\boldsymbol{b}\times\boldsymbol{c})=[2,\ 0,\ 1]\cdot[5,\ -7,\ -6]$

$=2\times5+\cancel{0\times(-7)}+1\times(-6)=10-6=\underline{\underline{4}}$ である。……(答)

$\boldsymbol{a}=\overrightarrow{OA}$, $\boldsymbol{b}=\overrightarrow{OB}$, $\boldsymbol{c}=\overrightarrow{OC}$ とおくとき，この 4 は OA, OB, OC を 3 辺にもつ平行六面体の体積を表す。

(2) $\boldsymbol{a}=[1,\ 0,\ 2]$, $\boldsymbol{b}=[0,\ 3,\ 1]$, $\boldsymbol{c}=[1,\ -1,\ -1]$ について，

スカラー 3 重積 $\boldsymbol{a}\cdot(\boldsymbol{b}\times\boldsymbol{c})$ を求める。

まず，外積 $\boldsymbol{b}\times\boldsymbol{c}$ は右図のように計算して，

$\boldsymbol{b}\times\boldsymbol{c}=[-2,\ 1,\ -3]$ となる。

$\boldsymbol{b}\times\boldsymbol{c}$ の計算
0　3　1　0
1　−1　−1　1
0−3][−3+1,　1−0,

$\therefore\ \boldsymbol{a}\cdot(\boldsymbol{b}\times\boldsymbol{c})=[1,\ 0,\ 2]\cdot[-2,\ 1,\ -3]$

$=1\times(-2)+\cancel{0\times1}+2\times(-3)=-2-6=\underline{\underline{-8}}$ である。

……(答)

これは，負 (⊖) より，OA, OB, OC を 3 辺にもつ平行六面体の体積はこの絶対値をとって，$|-8|=8$ となる。

参考

$\boldsymbol{a} = \overrightarrow{OA}$，$\boldsymbol{b} = \overrightarrow{OB}$，$\boldsymbol{c} = \overrightarrow{OC}$ とおいたとき，線分 OA，OB，OC を 3 辺にもつ平行六面体のイメージを図 1 に示す。ここで，$\boldsymbol{b} \times \boldsymbol{c}$ は，$\boldsymbol{b}$ と $\boldsymbol{c}$ の両ベクトルと直交するベクトルで，その大きさ(ノルム)は，OB と OC を 2 辺にもつ平行四辺形の面積 S に等しい。ここで，この S は平行六面体の底面積と考える。

図 1　スカラー 3 重積 $\boldsymbol{a}\cdot(\boldsymbol{b} \times \boldsymbol{c})$ と平行六面体の体積 V

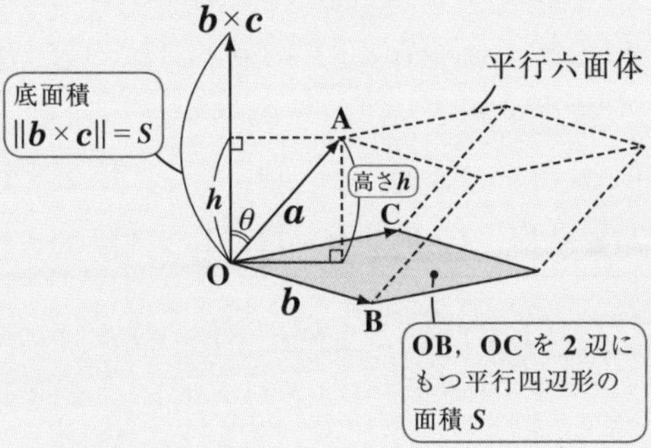

次に，$\boldsymbol{a}$ と $\boldsymbol{b} \times \boldsymbol{c}$ のなす角を θ とおくと，この平行六面体の高さ h は，$h = \|\boldsymbol{a}\|\cdot\underline{\cos\theta}$ とおける。

ただし，θ が鈍角 $\left(\frac{\pi}{2} < \theta < \pi\right)$ のときは，この絶対値をとって正(⊕)とする。

［OA，OB，OC を 3 辺にもつ平行六面体の体積 V は，
$V = \underset{\text{底面積}}{S} \cdot \underset{\text{高さ}}{h} = \|\boldsymbol{b} \times \boldsymbol{c}\|\cdot\|\boldsymbol{a}\|\cdot\cos\theta$
$= \|\boldsymbol{a}\|\cdot\|\boldsymbol{b} \times \boldsymbol{c}\|\cdot\cos\underset{\boldsymbol{a}\text{ と }\boldsymbol{b}\times\boldsymbol{c}\text{ のなす角}}{\theta} = \boldsymbol{a}\cdot(\boldsymbol{b} \times \boldsymbol{c})$ となる。］

以上より，この平行六面体の体積 V は，

$$V = \underset{\text{底面積}}{S} \cdot \underset{\text{高さ}}{h} = \|\boldsymbol{b} \times \boldsymbol{c}\|\cdot\|\boldsymbol{a}\|\cdot\cos\theta = \|\boldsymbol{a}\|\|\boldsymbol{b} \times \boldsymbol{c}\|\underset{\text{これは，⊕，⊖となり得る。}}{\cos\theta} = \boldsymbol{a}\cdot(\boldsymbol{b} \times \boldsymbol{c})$$

となるので，スカラー 3 重積 $\boldsymbol{a}\cdot(\boldsymbol{b} \times \boldsymbol{c})$ は OA，OB，OC を 3 辺にもつ平行六面体の体積 V を表す。ただし，θ が鈍角のとき (2) の結果のように，これは負 (⊖) となる。この場合は絶対値をとった，正の値を V とすればよい。

演習問題 5	● ベクトル 3 重積 ●

次の各 3 つの空間ベクトル $\boldsymbol{a}$, $\boldsymbol{b}$, $\boldsymbol{c}$ についてベクトル 3 重積 $\boldsymbol{a}\times(\boldsymbol{b}\times\boldsymbol{c})$ を

(Ⅰ) 直接 2 回外積計算を行うことにより求め，かつ，

(Ⅱ) 公式：$\boldsymbol{a}\times(\boldsymbol{b}\times\boldsymbol{c})=(\boldsymbol{a}\cdot\boldsymbol{c})\boldsymbol{b}-(\boldsymbol{a}\cdot\boldsymbol{b})\boldsymbol{c}$ ……(＊) を用いることにより求めて，これらの結果が一致することを確認せよ。

(1) $\boldsymbol{a}=[1,\ 1,\ 2]$, $\boldsymbol{b}=[2,\ 1,\ -1]$, $\boldsymbol{c}=[-1,\ 1,\ 1]$

(2) $\boldsymbol{a}=[4,\ 1,\ 0]$, $\boldsymbol{b}=[1,\ 2,\ -1]$, $\boldsymbol{c}=[3,\ 1,\ 1]$

ヒント！ ベクトル 3 重積 $\boldsymbol{a}\times(\boldsymbol{b}\times\boldsymbol{c})$ は，(ベクトル)×{(ベクトル)×(ベクトル)} ＝(ベクトル)×(ベクトル)＝(ベクトル) となるので，結果はベクトルになるんだね。ベクトル 3 重積は，(i) 直接 2 回外積を行って求めてもいいし，(ii)(＊) の公式を使って求めてもいい。

(＊) の公式について，$\boldsymbol{a}\times(\boldsymbol{b}\times\boldsymbol{c})=(\boldsymbol{a}\cdot\boldsymbol{c})\boldsymbol{b}-(\boldsymbol{a}\cdot\boldsymbol{b})\boldsymbol{c}$ のように覚えておくと忘れないはずだ。（$(\boldsymbol{a}\cdot\boldsymbol{c})$：(i) スカラー(係数)，$(\boldsymbol{a}\cdot\boldsymbol{b})$：(ii) スカラー(係数)）(＊) の公式では，2 つの内積計算だけでいいので，計算は楽になる。

解答＆解説

(1) $\boldsymbol{a}=[1,\ 1,\ 2]$, $\boldsymbol{b}=[2,\ 1,\ -1]$, $\boldsymbol{c}=[-1,\ 1,\ 1]$ について，

ベクトル 3 重積 $\boldsymbol{a}\times(\boldsymbol{b}\times\boldsymbol{c})$ を 2 通りの方法により求める。

(Ⅰ) まず，$\boldsymbol{b}\times\boldsymbol{c}$ を右図のように求めて，

$\boldsymbol{b}\times\boldsymbol{c}=[2,\ -1,\ 3]$ となる。

よって，$\boldsymbol{a}\times(\boldsymbol{b}\times\boldsymbol{c})$ は，

$\boldsymbol{a}\times(\boldsymbol{b}\times\boldsymbol{c})=[1,\ 1,\ 2]\times[2,\ -1,\ 3]$

$=[5,\ 1,\ -3]$ ……① である。……(答)

$\boldsymbol{b}\times\boldsymbol{c}$ の計算

2	1	−1	2
−1	1	1	−1

2+1][1+1, 1−2,

$\boldsymbol{a}\times(\boldsymbol{b}\times\boldsymbol{c})$ の計算

1	1	2	1
2	−1	3	2

−1−2][3+2, 4−3,

(Ⅱ) まず，2 つの内積 $\boldsymbol{a}\cdot\boldsymbol{c}$ と $\boldsymbol{a}\cdot\boldsymbol{b}$ を求めると，

(i) $\boldsymbol{a}\cdot\boldsymbol{c}=[1,\ 1,\ 2]\cdot[-1,\ 1,\ 1]=1\times(-1)+1^2+2\times1=-1+1+2=2$

(ii) $\boldsymbol{a}\cdot\boldsymbol{b}=[1,\ 1,\ 2]\cdot[2,\ 1,\ -1]=1\cdot2+1^2+2\cdot(-1)=2+1-2=1$ となる。

よって，(＊) の公式を用いて，ベクトル 3 重積 $\boldsymbol{a}\times(\boldsymbol{b}\times\boldsymbol{c})$ を求めると，

$$\boldsymbol{a}\times(\boldsymbol{b}\times\boldsymbol{c})=\underbrace{(\boldsymbol{a}\cdot\boldsymbol{c})}_{2}\boldsymbol{b}-\underbrace{(\boldsymbol{a}\cdot\boldsymbol{b})}_{1}\boldsymbol{c}=2[2,\ 1,\ -1]-1\cdot[-1,\ 1,\ 1]$$

$=[4,\ 2,\ -2]-[-1,\ 1,\ 1]=[5,\ 1,\ -3]$ …② となる。…(答)

以上①, ②より，2 通りの方法で求めたベクトル 3 重積の結果は一致することが確認できた。 ……………………………………………………(終)

(2) $\boldsymbol{a}=[4,\ 1,\ 0]$, $\boldsymbol{b}=[1,\ 2,\ -1]$, $\boldsymbol{c}=[3,\ 1,\ 1]$ について，

ベクトル 3 重積 $\boldsymbol{a}\times(\boldsymbol{b}\times\boldsymbol{c})$ を 2 通りの方法により求める。

(Ⅰ) まず，$\boldsymbol{b}\times\boldsymbol{c}$ を右図のように求めて，

$\boldsymbol{b}\times\boldsymbol{c}=[3,\ -4,\ -5]$ となる。

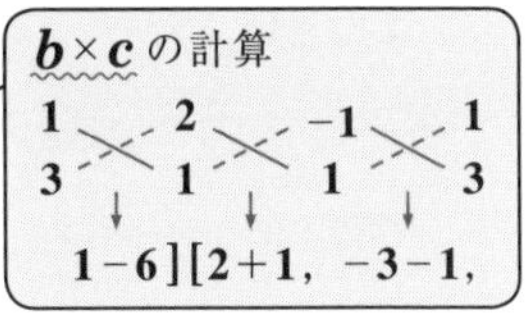
b×c の計算
1 2 −1 1
3 1 1 3
1−6][2+1, −3−1,

よって，$\boldsymbol{a}\times(\boldsymbol{b}\times\boldsymbol{c})$ は，

$\boldsymbol{a}\times(\boldsymbol{b}\times\boldsymbol{c})=[4,\ 1,\ 0]\times[3,\ -4,\ -5]$

$=[-5,\ 20,\ -19]$ ……③ である。

……(答)

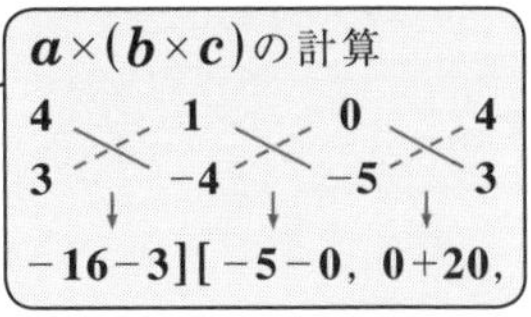
a×(b×c) の計算
4 1 0 4
3 −4 −5 3
−16−3][−5−0, 0+20,

(Ⅱ) まず，2 つの内積 $\boldsymbol{a}\cdot\boldsymbol{c}$ と $\boldsymbol{a}\cdot\boldsymbol{b}$ を求めると，

(i) $\boldsymbol{a}\cdot\boldsymbol{c}=[4,\ 1,\ 0]\cdot[3,\ 1,\ 1]=4\times3+1^2+\cancel{0\times1}=12+1=\underline{\underline{13}}$

(ii) $\boldsymbol{a}\cdot\boldsymbol{b}=[4,\ 1,\ 0]\cdot[1,\ 2,\ -1]=4\times1+1\times2+\cancel{0\times(-1)}=4+2=\underline{6}$ となる。

よって，(＊) の公式を用いて，$\boldsymbol{a}\times(\boldsymbol{b}\times\boldsymbol{c})$ を求めると，

$$\boldsymbol{a}\times(\boldsymbol{b}\times\boldsymbol{c})=\underbrace{(\boldsymbol{a}\cdot\boldsymbol{c})}_{13}\boldsymbol{b}-\underbrace{(\boldsymbol{a}\cdot\boldsymbol{b})}_{6}\boldsymbol{c}=13[1,\ 2,\ -1]-6[3,\ 1,\ 1]$$

$=[13,\ 26,\ -13]-[18,\ 6,\ 6]=[-5,\ 20,\ -19]$ …④ となる。…(答)

以上③, ④より，2 通りの方法で求めたベクトル 3 重積の結果は一致することが確認できた。 ……………………………………………………(終)

演習問題 6　●平面スカラー場と等位曲線●

次の各問いに答えよ。

(1) 平面スカラー場 $f(x,\ y)=2x+y-1$ ……① について，次の各等位曲線（直線）を xy 平面上に描け。

(i) $f(x,\ y)=-2$　(ii) $f(x,\ y)=0$　(iii) $f(x,\ y)=2$

(2) 平面スカラー場 $g(x,\ y)=x^2+y^2-2$ ……② について，次の各等位曲線を xy 平面上に描け。

(i) $g(x,\ y)=-2$　(ii) $g(x,\ y)=0$　(iii) $g(x,\ y)=2$

(3) 平面スカラー場 $h(x,\ y)=\dfrac{4}{x^2+y^2+2}$ ……③ について，次の各等位曲線を xy 平面上に描け。

(i) $h(x,\ y)=2$　(ii) $h(x,\ y)=1$　(iii) $h(x,\ y)=\dfrac{1}{2}$

ヒント！ (1) $z=f(x,\ y)$, (2) $z=g(x,\ y)$, (3) $z=h(x,\ y)$ とおくと，これらは xyz 座標空間上の平面や曲面を表す。したがって，たとえば (2) $z=g(x,\ y)=2$(定数) とおくと，これは $z=2$ をみたすこの曲面上の等位曲線を表すことになるんだね。（等位曲線：地図の等高線と同様）

解答＆解説

(1) $z=f(x,\ y)=2x+y-1$ ……① とおくと，この平面スカラー場は xyz 座標空間上の平面を表す。

(i) $z=f(x,\ y)=\boxed{2x+y-1=-2}$ のときの等位曲線は，$y=-2x-1$ であり，（直線も曲線の1種と考えよう。）

(ii) $z=f(x,\ y)=\boxed{2x+y-1=0}$ のときの等位曲線は，$y=-2x+1$ であり，

(iii) $z=f(x,\ y)=\boxed{2x+y-1=2}$ のときの等位曲線は，$y=-2x+3$ である。

以上3つの等位曲線を xy 座標平面上に描くと，右図のようになる。………(答)

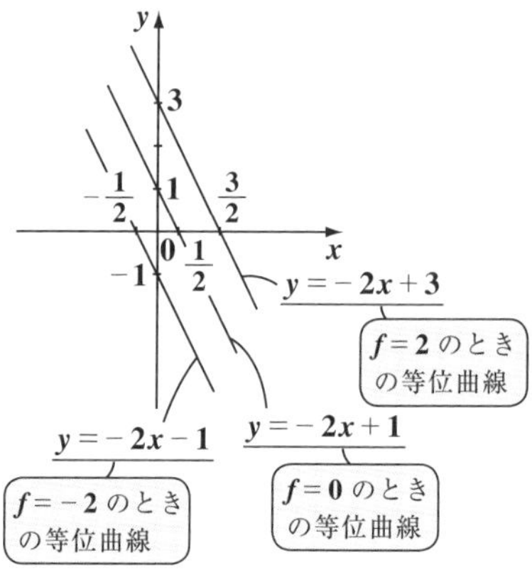

(2) $z = g(x,\ y) = x^2 + y^2 - 2$ …②とおくと，これは，xyz 座標空間上の曲面を表す。

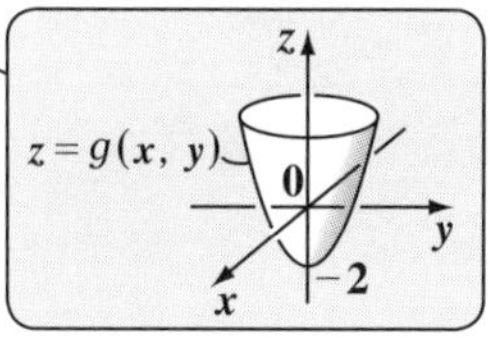

(i) $g(x,\ y) = \boxed{x^2 + y^2 - 2 = -2}$ のときの等位曲線は $x^2 + y^2 = 0$ より，これをみたすのは原点 $O(0,\ 0)$ のみである。

(ii) $g(x,\ y) = \boxed{x^2 + y^2 - 2 = 0}$ のときの等位曲線は $x^2 + y^2 = 2$ ← 半径$\sqrt{2}$の円

(iii) $g(x,\ y) = \boxed{x^2 + y^2 - 2 = 2}$ のときの等位曲線は $x^2 + y^2 = 4$ ← 半径 2 の円

以上 3 つの等位曲線を xy 座標平面上に描くと，右図のようになる。………(答)

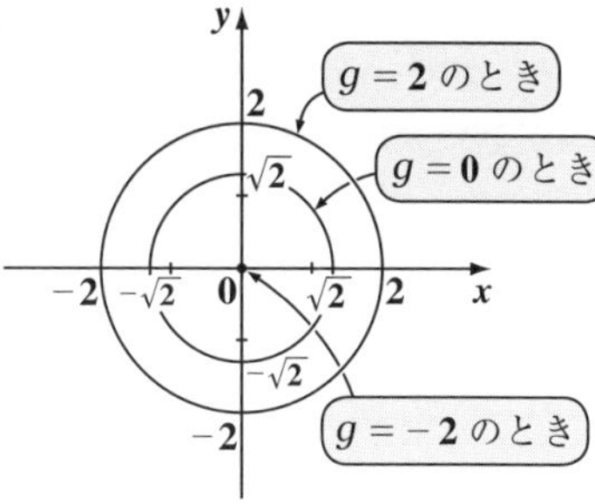

(3) $z = h(x,\ y) = \dfrac{4}{x^2+y^2+2}$ …③ とおくと，これは，xyz 座標空間上の曲面を表す。

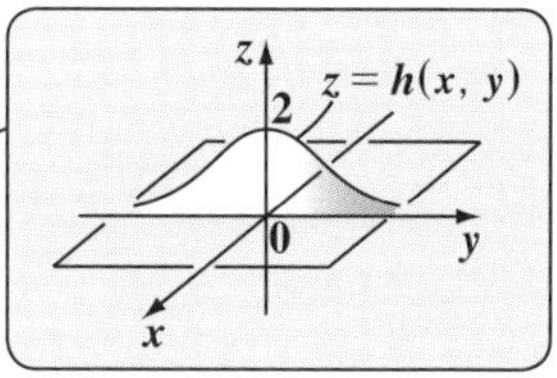

(i) $h(x,\ y) = \boxed{\dfrac{4}{x^2+y^2+2} = 2}$ のときの等位曲線は $2 = x^2 + y^2 + 2$ より，$x^2 + y^2 = 0$ となり，これは原点 $O(0,\ 0)$ のみを表す。

(ii) $h(x,\ y) = \boxed{\dfrac{4}{x^2+y^2+2} = 1}$ のときの等位曲線は $4 = x^2 + y^2 + 2$ より，$x^2 + y^2 = 2$ ← 半径$\sqrt{2}$の円

(iii) $h(x,\ y) = \boxed{\dfrac{4}{x^2+y^2+2} = \dfrac{1}{2}}$ のときの等位曲線は $8 = x^2 + y^2 + 2$ より，$x^2 + y^2 = 6$ ← 半径$\sqrt{6}$の円

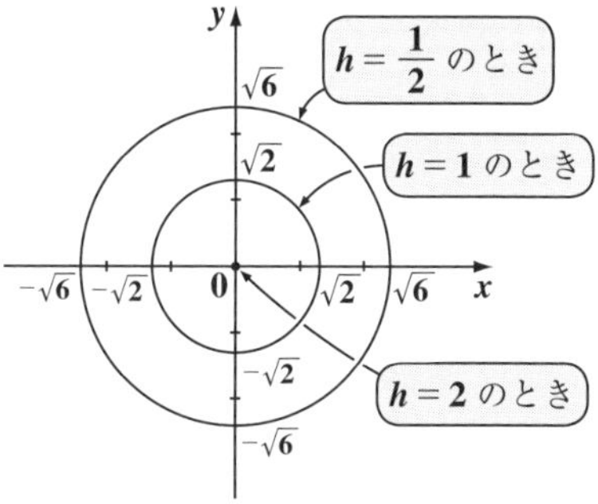

以上 3 つの等位曲線を xy 座標平面上に描くと，右図のようになる。……………(答)

演習問題 7　　● 空間スカラー場と等位曲面 ●

次の各問いに答えよ。

(1) 空間スカラー場 $f(x, y, z) = x + y - z + 1$ ……① について，次の各等位曲面（平面）を xyz 座標上に描け。

(i) $f(x, y, z) = 0$　　(ii) $f(x, y, z) = 2$

(2) 空間スカラー場 $g(x, y, z) = x^2 + y^2 + z^2 - 2$ ……② について，次の各等位曲面を xyz 座標上に描け。

(i) $g(x, y, z) = 0$　　(ii) $g(x, y, z) = 2$

(3) 空間スカラー場 $h(x, y, z) = \dfrac{4}{x^2+y^2+z^2+1}$ ……③ について，次の各等位曲面を xyz 座標上に描け。

(i) $h(x, y, z) = 2$　　(ii) $h(x, y, z) = 1$

ヒント！ 一般に，空間スカラー場 $f(x, y, z)$ を $w = f(x, y, z)$ とおいたとき，これは 4 変数 x, y, z, w の 4 次元問題になるので，これを図示することは難しい。しかし，空間上の任意の点 (x_1, y_1, z_1) に対して空間スカラー場では $f(x_1, y_1, z_1)$ という値（スカラー）が貼り付けられていると考えればいいんだね。そして，$f(x, y, z) = k$（定数）のとき，これを等位曲面と呼び，スカラー値が k で等しい曲面（または，平面）のことなんだね。この等位曲面は，xyz 座標上に表すことができる。

解答＆解説

(1) 空間スカラー場 $f(x, y, z) = x + y - z + 1$ ……①について，

(i) $f(x, y, z) = \boxed{x + y - z + 1 = 0}$ のときの等位曲面（平面）は，

$\underline{z = x + y + 1}$ であり，

（これは，3 点 $(-1, 0, 0)$，$(0, -1, 0)$，$(0, 0, 1)$ を通る平面）

(ii) $f(x, y, z) = \boxed{x + y - z + 1 = 2}$ のときの等位曲面（平面）は，

$\underline{z = x + y - 1}$ である。

（これは，3 点 $(1, 0, 0)$，$(0, 1, 0)$，$(0, 0, -1)$ を通る平面）

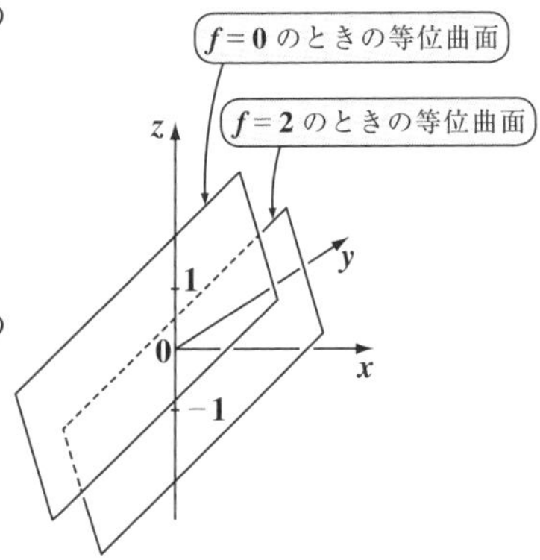

以上 2 つの等位曲面を xyz 座標上に描くと，上図のようになる。………(答)

(2) 空間スカラー場 $g(x,\ y,\ z) = x^2 + y^2 + z^2 - 2$ ……②について,

(i) $g(x,\ y,\ z) = \boxed{x^2 + y^2 + z^2 - 2 = 0}$ のときの等位曲面は,

$x^2 + y^2 + z^2 = 2$ である。 ← 原点中心, 半径 $\sqrt{2}$ の球面

(ii) $g(x,\ y,\ z) = \boxed{x^2 + y^2 + z^2 - 2 = 2}$ のときの等位曲面は,

$x^2 + y^2 + z^2 = 4$ である。 ← 原点中心, 半径 2 の球面

以上, 2 つの等位曲面を xyz 座標上に描くと, 右図のようになる。……(答)

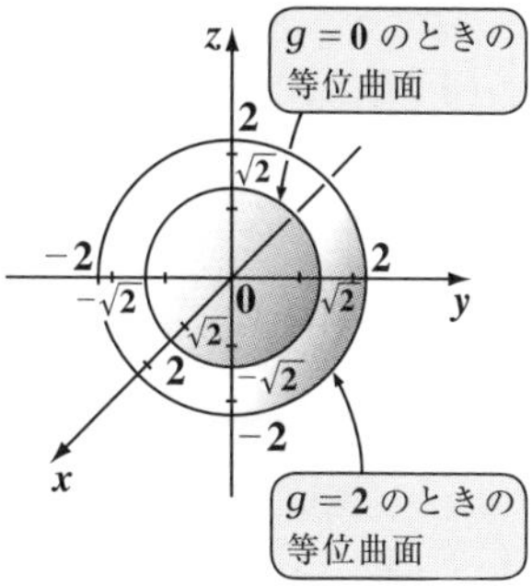

(3) 空間スカラー場 $h(x,\ y,\ z) = \dfrac{4}{x^2 + y^2 + z^2 + 1}$ ……③について,

(i) $h(x,\ y,\ z) = \boxed{\dfrac{4}{x^2 + y^2 + z^2 + 1} = 2}$ のときの等位曲面は,

$2 = x^2 + y^2 + z^2 + 1$ より,

$x^2 + y^2 + z^2 = 1$ である。 ← 原点中心, 半径 1 の球面

(ii) $h(x,\ y,\ z) = \boxed{\dfrac{4}{x^2 + y^2 + z^2 + 1} = 1}$ のときの等位曲面は,

$4 = x^2 + y^2 + z^2 + 1$ より,

$x^2 + y^2 + z^2 = 3$ である。 ← 原点中心, 半径 $\sqrt{3}$ の球面

以上, 2 つの等位曲面を xyz 座標上に描くと, 右図のようになる。……(答)

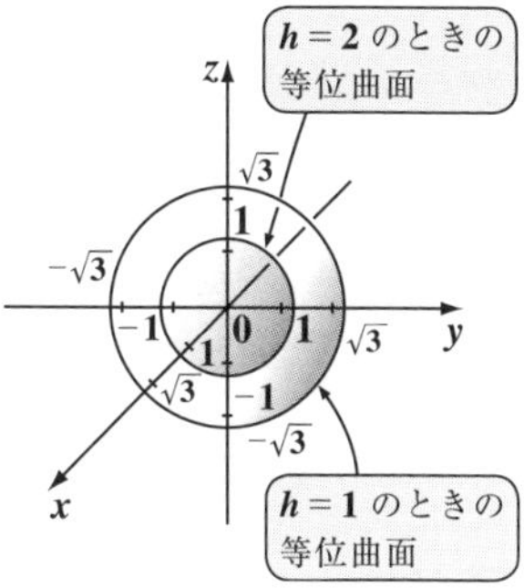

演習問題 8　●平面ベクトル場●

次の各平面ベクトル場を xy 座標上に図示せよ。

(1) $\boldsymbol{f}(x,\ y)=[2,\ 1]$　(2) $\boldsymbol{g}(x,\ y)=[1,\ y]$　(3) $\boldsymbol{h}(x,\ y)=\left[-\frac{1}{2}y,\ \frac{1}{2}x\right]$

ヒント！ (1) の $\boldsymbol{f}(x, y)$ は，定ベクトル場であり，(2) の $\boldsymbol{g}(x, y)$ は，x 軸方向のみは一定のベクトル場だ。そして，(3) の $\boldsymbol{h}(x, y)$ は渦を描くベクトル場なんだね。

解答＆解説

(1) $\boldsymbol{f}(x,\ y)=[2,\ 1]$ は，xy 平面上のいずれの点においても，定ベクトル $[2,\ 1]$ が貼り付けられていると考えられる。

よって，このベクトル場 $\boldsymbol{f}(x,\ y)$ は，右図のようになる。……………………(答)

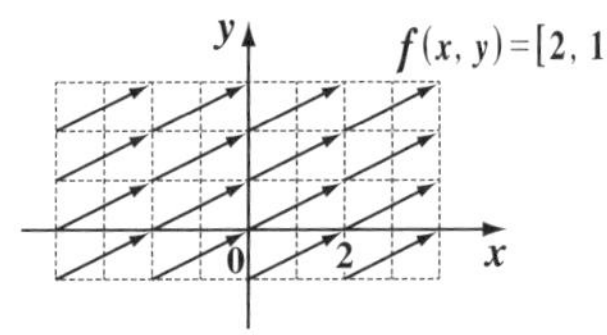

(2) $\boldsymbol{g}(x,\ y)=[1,\ y]$ について，x 成分は 1 で一定で，y 成分は y 座標により，たとえば，

$\boldsymbol{g}(0,\ 0)=\boldsymbol{g}(1,\ 0)=\boldsymbol{g}(2,\ 0)=\cdots=[1,\ 0]$

$\boldsymbol{g}(0,\ 1)=\boldsymbol{g}(1,\ 1)=\boldsymbol{g}(2,\ 1)=\cdots=[1,\ 1]$

$\boldsymbol{g}(0,\ 2)=\boldsymbol{g}(1,\ 2)=\boldsymbol{g}(2,\ 2)=\cdots=[1,\ 2]$

のように変化する。よって，このベクトル場 $\boldsymbol{g}(x,\ y)$ は，右図のようになる。…………(答)

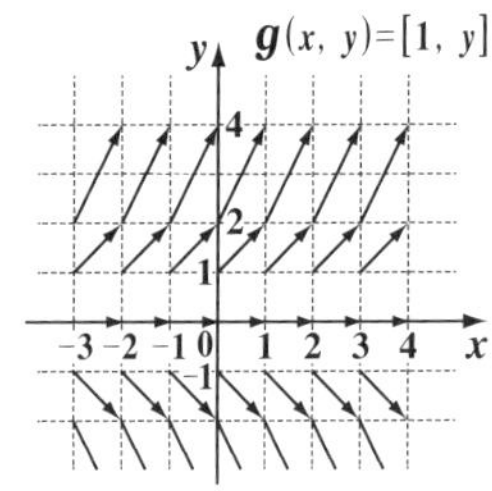

(3) $\boldsymbol{h}(x,\ y)=\left[-\frac{1}{2}y,\ \frac{1}{2}x\right]$ は，点の座標により，

$\boldsymbol{h}(0,\ 0)=[0,\ 0]$，$\boldsymbol{h}(1,\ 0)=\left[0,\ \frac{1}{2}\right]$，

$\boldsymbol{h}(1,\ 1)=\left[-\frac{1}{2},\ \frac{1}{2}\right]$，$\boldsymbol{h}(0,\ 1)=\left[-\frac{1}{2},\ 0\right]$，

$\boldsymbol{h}(-1,\ 1)=\left[-\frac{1}{2},\ -\frac{1}{2}\right]$，$\boldsymbol{h}(-1,\ 0)=\left[0,\ -\frac{1}{2}\right]$，

…のように変化する。よって，このベクトル場 $\boldsymbol{h}(x,\ y)$ は，右図のように，渦巻き状のベクトル場になる。………………………………(答)

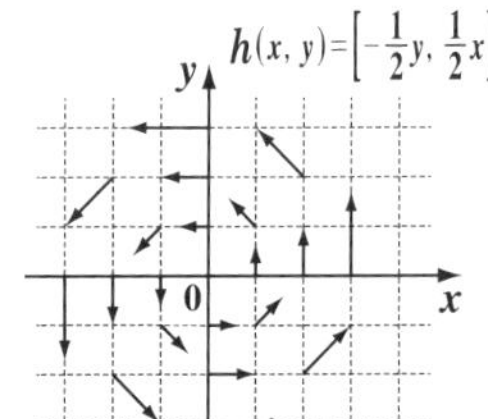

演習問題 9 ● 空間ベクトル場 ●

次の各問いに答えよ。

(1) 空間ベクトル場 $\boldsymbol{f}(x,\ y,\ z)=[x^2y,\ yz^2,\ z+x]$ において，次の各点 (i) $(1,\ 0,\ 0)$，(ii) $(1,\ -1,\ 1)$，(iii) $(2,\ 0,\ -1)$ におけるベクトル値を求めよ。

(2) 空間ベクトル場 $\boldsymbol{g}(x,\ y,\ z)=[x-y,\ 2z,\ x+1]$ において，次の各点 (i) $(0,\ 1,\ 0)$，(ii) $(2,\ 1,\ -1)$，(iii) $(3,\ 1,\ 2)$ におけるベクトル値を求めよ。

(3) 空間ベクトル場 $\boldsymbol{h}(x,\ y,\ z)=[\sin(x+y),\ \sin(y-z),\ \cos 2z]$ において，次の各点 (i) $\left(0,\ \frac{\pi}{2},\ 0\right)$，(ii) $\left(\frac{\pi}{4},\ \frac{\pi}{4},\ -\frac{\pi}{4}\right)$ におけるベクトル値を求めよ。

ヒント！ 空間ベクトル場は，図示しづらいので，ここでは各点に割り当てられたベクトル値を具体的に求めてみよう。

解答＆解説

(1) 空間ベクトル場 $\boldsymbol{f}(x,\ y,\ z)=[x^2y,\ yz^2,\ z+x]$ における各点のベクトル値を求めると，

(i) $\boldsymbol{f}(1,\ 0,\ 0)=[1^2\cdot 0,\ 0\cdot 0^2,\ 0+1]=[0,\ 0,\ 1]$

(ii) $\boldsymbol{f}(1,\ -1,\ 1)=[1^2\cdot(-1),\ -1\cdot 1^2,\ 1+1]=[-1,\ -1,\ 2]$

(iii) $\boldsymbol{f}(2,\ 0,\ -1)=[2^2\cdot 0,\ 0\cdot(-1)^2,\ -1+2]=[0,\ 0,\ 1]$ である。……(答)

(2) 空間ベクトル場 $\boldsymbol{g}(x,\ y,\ z)=[x-y,\ 2z,\ x+1]$ における各点のベクトル値を求めると，

(i) $\boldsymbol{g}(0,\ 1,\ 0)=[0-1,\ 2\cdot 0,\ 0+1]=[-1,\ 0,\ 1]$

(ii) $\boldsymbol{g}(2,\ 1,\ -1)=[2-1,\ 2\cdot(-1),\ 2+1]=[1,\ -2,\ 3]$

(iii) $\boldsymbol{g}(3,\ 1,\ 2)=[3-1,\ 2\cdot 2,\ 3+1]=[2,\ 4,\ 4]$ である。…………(答)

(3) 空間ベクトル場 $\boldsymbol{h}(x,\ y,\ z)=[\sin(x+y),\ \sin(y-z),\ \cos 2z]$ における各点のベクトル値を求めると，

(i) $\boldsymbol{h}\left(0,\ \frac{\pi}{2},\ 0\right)=\left[\sin\left(0+\frac{\pi}{2}\right),\ \sin\left(\frac{\pi}{2}-0\right),\ \cos(2\cdot 0)\right]=[1,\ 1,\ 1]$

(ii) $\boldsymbol{h}\left(\frac{\pi}{4},\ \frac{\pi}{4},\ -\frac{\pi}{4}\right)=\left[\sin\left(\frac{\pi}{4}+\frac{\pi}{4}\right),\ \sin\left(\frac{\pi}{4}+\frac{\pi}{4}\right),\ \cos\left\{2\cdot\left(-\frac{\pi}{4}\right)\right\}\right]$

$=[1,\ 1,\ 0]$ である。………………………………(答)

演習問題 10　●1変数関数の微分計算●

次の各関数を微分せよ。

(1) $y=(2x+1)\cdot\cos x$　(2) $y=x^2\cdot\log x$　(3) $y=\dfrac{x}{x^2+1}$

(4) $y=\dfrac{e^x}{x}$　(5) $y=(x^2+2)^5$　(6) $y=\sin 4x$

(7) $y=x^2\cdot\cos 2x$　(8) $y=\dfrac{\sin 2x}{x}$

ヒント! 1変数関数の常微分の計算問題だ。8つの基本公式：$(x^\alpha)'=\alpha x^{\alpha-1}$, $(\sin x)'=\cos x$, $(\cos x)'=-\sin x$, $(\tan x)'=\dfrac{1}{\cos^2 x}$, $(e^x)'=e^x$, $(a^x)'=a^x\cdot\log a$, $(\log x)'=\dfrac{1}{x}$, $\{\log f(x)\}'=\dfrac{f'(x)}{f(x)}$, および3つの微分公式 (i) $(f\cdot g)'=f'\cdot g+f\cdot g'$, (ii) $\left(\dfrac{g}{f}\right)'=\dfrac{g'\cdot f-g\cdot f'}{f^2}$, (iii) $y'=\dfrac{dy}{dx}=\dfrac{dy}{dt}\cdot\dfrac{dt}{dx}$ を用いて解いていこう。

解答＆解説

公式：$(f\cdot g)'=f'\cdot g+f\cdot g'$

(1) $y'=\{(2x+1)\cdot\cos x\}'=\underbrace{(2x+1)'}_{2}\cdot\cos x+(2x+1)\cdot\underbrace{(\cos x)'}_{-\sin x}$

$=2\cos x-(2x+1)\sin x$ ……………………(答)

(2) $y'=(x^2\cdot\log x)'=\underbrace{(x^2)'}_{2x}\cdot\log x+x^2\cdot\underbrace{(\log x)'}_{\frac{1}{x}}=2x\cdot\log x+x^2\times\dfrac{1}{x}$

$=x(2\log x+1)$ ……………………(答)

(3) $y'=\left(\dfrac{x}{x^2+1}\right)'$

$=\dfrac{\overset{1}{(x)'}\cdot(x^2+1)-x\cdot\overset{2x}{(x^2+1)'}}{(x^2+1)^2}$

公式：$\left(\dfrac{f}{g}\right)'=\dfrac{f'\cdot g-f\cdot g'}{g^2}$ は，

$\left(\dfrac{分子}{分母}\right)'=\dfrac{(分子)'\cdot 分母-分子\cdot(分母)'}{(分母)^2}$

と覚えよう！

$=\dfrac{1\cdot(x^2+1)-x\cdot 2x}{(x^2+1)^2}$

$=\dfrac{-x^2+1}{(x^2+1)^2}$ ……………………(答)

(4) $y' = \left(\dfrac{e^x}{x}\right)' = \dfrac{\boxed{(e^x)'}\cdot x - e^x \cdot \boxed{x'}}{x^2}$ ← 公式：$\left(\dfrac{g}{f}\right)' = \dfrac{g'\cdot f - g\cdot f'}{f^2}$

（$(e^x)' = e^x$, $x' = 1$）

$= \dfrac{e^x\cdot x - e^x\cdot 1}{x^2} = \dfrac{(x-1)e^x}{x^2}$ ……………………(答)

(5) $y = (x^2+2)^5$ の微分は，合成関数の微分公式：$y' = \dfrac{dy}{dx} = \dfrac{dy}{dt}\cdot\dfrac{dt}{dx}$ を利用して解く。ここで，$x^2+2 = t$ とおくと，$y = t^5$ となる。よって，

$y' = \dfrac{dy}{dx} = \dfrac{d\boxed{y}}{dt}\cdot\dfrac{d\boxed{t}}{dx} = \dfrac{dt^5}{dt}\cdot\dfrac{d(x^2+2)}{dx} = 5\boxed{t}^4\times 2x$

（$y = t^5$, $t = (x^2+2)$；(x^2+2) にもどす）

$= 10x(x^2+2)^4$ ……………………(答)

(6) $y = \sin\underbrace{4x}_{t}$ の微分も，$t = 4x$ とおいて，合成関数の微分を行うと，

$y' = \dfrac{dy}{dx} = \dfrac{dy}{dt}\cdot\dfrac{dt}{dx} = \dfrac{d(\sin t)}{dt}\cdot\dfrac{d(4x)}{dx} = \cos\boxed{t}\times 4 = 4\cos 4x$ ………(答)

（$4x$ にもどす）

(7) $y' = (x^2\cdot\cos 2x)' = \underbrace{(x^2)'}_{2x}\cdot\cos 2x + x^2\cdot\underline{(\cos 2x)'}$ ← 公式：$(f\cdot g)' = f'\cdot g + f\cdot g'$

$t = 2x$ とおいて，合成関数の微分 $-\sin t\times 2 = -2\sin 2x$ となる。

慣れると，この操作は頭の中だけでやれる！

$= 2x\cos 2x + x^2\cdot(-2\sin 2x)$

$= 2x(\cos 2x - x\sin 2x)$ ……………………(答)

$t = 2x$ とおいて，合成関数の微分 $\cos t\times 2 = 2\cos 2x$ となる。

(8) $y' = \left(\dfrac{\sin 2x}{x}\right)' = \dfrac{\boxed{(\sin 2x)'}\cdot x - \sin 2x\times\boxed{x'}}{x^2}$ ← 公式：$\left(\dfrac{g}{f}\right)' = \dfrac{g'\cdot f - g\cdot f'}{f^2}$

（$x' = 1$）

$= \dfrac{2x\cdot\cos 2x - \sin 2x}{x^2}$ ……………………(答)

演習問題 11	● 平面スカラー場の偏微分 ●

次の各平面スカラー場 $f(x,\ y)$ の偏微分 f_x と f_y を求めよ。

(1) $f(x,\ y) = 2x + y - 1$　　(2) $f(x,\ y) = x^2 + y^2 - 2$

(3) $f(x,\ y) = 2x^2y^3 + x$　　(4) $f(x,\ y) = \sin(2x - 3y)$

(5) $f(x,\ y) = \dfrac{4}{x^2+y^2+2}$

ヒント！ 平面スカラー場 (2 変数関数) $f(x,\ y)$ を，(i) x で偏微分して，$f_x = \dfrac{\partial f}{\partial x}$ を求めるときは y を定数として扱い，(ii) y で偏微分して，$f_y = \dfrac{\partial f}{\partial y}$ を求めるときは，x を定数として扱うんだね。

解答＆解説

(1) $f(x,\ y) = 2x + y - 1$ について，

(i) x での偏微分では y を定数扱いして，

$$f_x = \frac{\partial f}{\partial x} = \frac{\partial}{\partial x}(2x + \underbrace{\cancel{y-1}}_{\text{定数扱い}}) = 2$$ となる。……………………………(答)

(ii) y での偏微分では x を定数扱いして，

$$f_y = \frac{\partial f}{\partial y} = \frac{\partial}{\partial y}(\underbrace{\cancel{2x}}_{\text{定数扱い}} + y \underbrace{\cancel{-1}}) = 1$$ となる。……………………………(答)

(2) $f(x,\ y) = x^2 + y^2 - 2$ の偏微分 (i) f_x と (ii) f_y も同様に

(i) $f_x = \dfrac{\partial f}{\partial x} = \dfrac{\partial}{\partial x}(x^2 + \underbrace{\cancel{y^2-2}}_{\text{定数扱い}}) = 2x$ ……………………………(答)

(ii) $f_y = \dfrac{\partial f}{\partial y} = \dfrac{\partial}{\partial y}(\underbrace{\cancel{x^2}}_{\text{定数扱い}} + y^2 \underbrace{\cancel{-2}}) = 2y$ ……………………………(答)

(3) $f(x,\ y) = 2x^2y^3 + x$ の偏微分 (ⅰ) f_x と (ⅱ) f_y を求めると，

(ⅰ) $f_x = \dfrac{\partial f}{\partial x} = \dfrac{\partial}{\partial x}(\underbrace{2y^3}_{\text{定数扱い}} \cdot x^2 + x) = 2y^3 \cdot 2x + 1 = 4xy^3 + 1$ …………(答)

(ⅱ) $f_y = \dfrac{\partial f}{\partial y} = \dfrac{\partial}{\partial y}(\underbrace{2x^2}_{\text{定数扱い}} \cdot y^3 + \underbrace{x}_{\text{定数扱い}}) = 2x^2 \cdot 3y^2 = 6x^2y^2$ …………………(答)

(4) $f(x,\ y) = \sin(2x - 3y)$ の偏微分 (ⅰ) f_x と (ⅱ) f_y を求めると，

(ⅰ) $f_x = \dfrac{\partial f}{\partial x} = \dfrac{\partial}{\partial x}\sin(2x \underbrace{- 3y}_{\text{定数扱い}}) = \cos(2x - 3y) \cdot 2$

$= 2\cos(2x - 3y)$ ………………………………(答)

> $2x - 3y = t$ とおいて
> 合成関数の微分
> $\dfrac{\partial f}{\partial x} = \dfrac{d(\sin t)}{dt} \cdot \dfrac{\partial t}{\partial x}$
> $= \cos t \cdot 2$

(ⅱ) $f_y = \dfrac{\partial f}{\partial y} = \dfrac{\partial}{\partial y}\sin(\underbrace{2x}_{\text{定数扱い}} - 3y) = \cos(2x - 3y) \times (-3)$

$= -3\cos(2x - 3y)$ ……………………………(答)

> $2x - 3y = t$ とおいて
> 合成関数の微分
> $\dfrac{\partial f}{\partial y} = \dfrac{d(\sin t)}{dt} \cdot \dfrac{\partial t}{\partial y}$
> $= \cos t \cdot (-3)$

(5) $f(x,\ y) = \dfrac{4}{x^2 + y^2 + 2} = 4(x^2 + y^2 + 2)^{-1}$ の偏微分 (ⅰ) f_x と (ⅱ) f_y を求めると，

(ⅰ) $f_x = \dfrac{\partial f}{\partial x} = \dfrac{\partial}{\partial x}\{4(\overbrace{x^2 + \underbrace{y^2 + 2}_{\text{定数扱い}}}^{\text{これを}t\text{とおいて，合成関数の微分を行う。}})^{-1}\} = 4 \cdot (-1) \cdot (x^2 + y^2 + 2)^{-2} \cdot 2x$

$= -8x(x^2 + y^2 + 2)^{-2} = -\dfrac{8x}{(x^2 + y^2 + 2)^2}$ ……………………………(答)

(ⅱ) $f_y = \dfrac{\partial f}{\partial y} = \dfrac{\partial}{\partial y}\{4(\overbrace{y^2 + \underbrace{x^2 + 2}_{\text{定数扱い}}}^{\text{これを}t\text{とおいて，合成関数の微分を行う。}})^{-1}\} = 4 \cdot (-1) \cdot (x^2 + y^2 + 2)^{-2} \cdot 2y$

$= -8y(x^2 + y^2 + 2)^{-2} = -\dfrac{8y}{(x^2 + y^2 + 2)^2}$ ……………………………(答)

演習問題 12　●空間スカラー場の偏微分●

次の各空間スカラー場 $f(x, y, z)$ の偏微分 f_x, f_y, f_z を求めよ。

(1) $f(x, y, z) = x + y - z + 1$　　(2) $f(x, y, z) = x^2 + y^2 + z^2 - 2$

(3) $f(x, y, z) = xy^2 + 2zx$　　(4) $f(x, y, z) = \dfrac{4}{x^2 + y^2 + z^2 + 1}$

ヒント！ 空間スカラー場（3変数関数）$f(x, y, z)$ を，たとえば，x で偏微分して f_x を求めるとき，y と z は定数扱いにする。y や z で偏微分するときも同様だね。

解答＆解説

(1) $f(x, y, z) = x + y - z + 1$ の偏微分 (i) f_x，(ii) f_y，(iii) f_z を求めると，

(i) $f_x = \dfrac{\partial f}{\partial x} = \dfrac{\partial}{\partial x}(x + \underbrace{y - z + 1}_{\text{定数扱い}}) = 1$ ……………………(答)

(ii) $f_y = \dfrac{\partial f}{\partial y} = \dfrac{\partial}{\partial y}(y + \underbrace{x - z + 1}_{\text{定数扱い}}) = 1$ ……………………(答)

(iii) $f_z = \dfrac{\partial f}{\partial z} = \dfrac{\partial}{\partial z}(-z + \underbrace{x + y + 1}_{\text{定数扱い}}) = -1$ ……………………(答)

(2) $f(x, y, z) = x^2 + y^2 + z^2 - 2$ の偏微分 (i) f_x，(ii) f_y，(iii) f_z を求めると，

(i) $f_x = \dfrac{\partial f}{\partial x} = \dfrac{\partial}{\partial x}(x^2 + \underbrace{y^2 + z^2 - 2}_{\text{定数扱い}}) = 2x$ ……………………(答)

(ii) $f_y = \dfrac{\partial f}{\partial y} = \dfrac{\partial}{\partial y}(y^2 + \underbrace{x^2 + z^2 - 2}_{\text{定数扱い}}) = 2y$ ……………………(答)

(iii) $f_z = \dfrac{\partial f}{\partial z} = \dfrac{\partial}{\partial z}(z^2 + \underbrace{x^2 + y^2 - 2}_{\text{定数扱い}}) = 2z$ ……………………(答)

(3) $f(x, y, z) = xy^2 + 2zx$ の偏微分 (i) f_x, (ii) f_y, (iii) f_z を求めると,

(i) $f_x = \dfrac{\partial f}{\partial x} = \dfrac{\partial}{\partial x}(\underbrace{y^2}\cdot x + \underbrace{2z}\cdot x) = y^2\cdot 1 + 2z\cdot 1 = y^2 + 2z$ …………(答)

定数扱い

(ii) $f_y = \dfrac{\partial f}{\partial y} = \dfrac{\partial}{\partial y}(\underbrace{x}\cdot y^2 + \underbrace{2zx}) = x\cdot 2y = 2xy$ …………(答)

定数扱い

(iii) $f_z = \dfrac{\partial f}{\partial z} = \dfrac{\partial}{\partial z}(\underbrace{xy^2} + 2x\cdot \underbrace{z}) = 2x\cdot 1 = 2x$ …………(答)

定数扱い

(4) $f(x, y, z) = \dfrac{4}{x^2+y^2+z^2+1} = 4(x^2+y^2+z^2+1)^{-1}$ の偏微分 (i) f_x, (ii) f_y, (iii) f_z を求めると,

これを t とおいて, 合成関数の微分を行う。

(i) $f_x = \dfrac{\partial f}{\partial x} = \dfrac{\partial}{\partial x}\{4(x^2+\underbrace{y^2+z^2+1})^{-1}\} = 4\cdot(-1)\cdot(x^2+y^2+z^2+1)^{-2}\cdot 2x$

定数扱い

$= -8x\cdot(x^2+y^2+z^2+1)^{-2} = -\dfrac{8x}{(x^2+y^2+z^2+1)^2}$ …………(答)

これを t とおいて, 合成関数の微分を行う。

(ii) $f_y = \dfrac{\partial f}{\partial y} = \dfrac{\partial}{\partial y}\{4(y^2+\underbrace{x^2+z^2+1})^{-1}\} = 4\cdot(-1)\cdot(x^2+y^2+z^2+1)^{-2}\cdot 2y$

定数扱い

$= -8y\cdot(x^2+y^2+z^2+1)^{-2} = -\dfrac{8y}{(x^2+y^2+z^2+1)^2}$ …………(答)

これを t とおいて, 合成関数の微分を行う。

(iii) $f_z = \dfrac{\partial f}{\partial z} = \dfrac{\partial}{\partial z}\{4(z^2+\underbrace{x^2+y^2+1})^{-1}\} = 4\cdot(-1)\cdot(x^2+y^2+z^2+1)^{-2}\cdot 2z$

定数扱い

$= -8z\cdot(x^2+y^2+z^2+1)^{-2} = -\dfrac{8z}{(x^2+y^2+z^2+1)^2}$ …………(答)

演習問題 13　●スカラー場の全微分●

次のスカラー場の全微分を求めよ。

(1) $f(x,\ y) = 3x^2 - y^2 + 1$　　(2) $f(x,\ y) = -\dfrac{y}{x^2}$

(3) $f(x,\ y,\ z) = \sin(2x - 4y + 5z)$　　(4) $f(x,\ y,\ z) = \dfrac{2z}{x^2 + y^2 + 3}$

ヒント！ 平面スカラー場 $f(x,\ y)$ の全微分 df は，偏微分 f_x と f_y を用いて，$df = f_x dx + f_y dy$ として求める。また，空間スカラー場 $f(x,\ y,\ z)$ の全微分 df は，偏微分 f_x，f_y，f_z を用いて，$df = f_x dx + f_y dy + f_z dz$ として求めればいいんだね。頑張ろう！

解答＆解説

(1) 平面スカラー場 $f(x,\ y) = 3x^2 - y^2 + 1$ の偏微分 f_x，f_y を求めると，

$$f_x = \frac{\partial}{\partial x}(3x^2 \underbrace{- y^2 + 1}_{\text{定数扱い}}) = 6x,\quad f_y = \frac{\partial}{\partial y}(-y^2 + \underbrace{3x^2 + 1}_{\text{定数扱い}}) = -2y \text{ である。}$$

よって，求める全微分 df は，

$df = f_x dx + f_y dy = 6x dx - 2y dy$ である。……………………………………(答)

(2) 平面スカラー場 $f(x,\ y) = -\dfrac{y}{x^2} = -x^{-2} \cdot y$ の偏微分 f_x，f_y を求めると，

$$f_x = \frac{\partial}{\partial x}(\underbrace{-y}_{\text{定数扱い}} \cdot x^{-2}) = -y \cdot (-2) \cdot x^{-3} = \frac{2y}{x^3} \quad \cdots\cdots ①$$

$$f_y = \frac{\partial}{\partial y}(\underbrace{-x^{-2}}_{\text{定数扱い}} \cdot y) = -x^{-2} \cdot 1 = -\frac{1}{x^2} \quad \cdots\cdots\cdots\cdots\cdots ② \text{ である。}$$

よって，求める全微分 df は①，②を用いて，

$df = f_x dx + f_y dy = \dfrac{2y}{x^3} dx - \dfrac{1}{x^2} dy$ である。………………………………(答)

(3) 空間スカラー場 $f(x,\ y,\ z)=\sin(2x-4y+5z)$ の偏微分 f_x, f_y, f_z を求めると，

（これを t とおいて，合成関数の微分を行う。）

$$f_x=\frac{\partial}{\partial x}\{\sin(2x\underbrace{-4y+5z}_{\text{定数扱い}})\}=\cos(2x-4y+5z)\times 2=2\cos(2x-4y+5z) \quad \cdots\cdots③$$

同様に，

$$f_y=\frac{\partial}{\partial y}\{\sin(-4y+\underbrace{2x+5z}_{\text{定数扱い}})\}=\cos(2x-4y+5z)\times(-4)=-4\cos(2x-4y+5z) \quad \cdots\cdots④$$

$$f_z=\frac{\partial f}{\partial z}\{\sin(5z+\underbrace{2x-4y}_{\text{定数扱い}})\}=\cos(2x-4y+5z)\times 5=5\cos(2x-4y+5z) \quad \cdots\cdots⑤$$

よって，求める全微分 df は，③，④，⑤を用いて，

$$df=f_x dx+f_y dy+f_z dz$$

$$=2\cos(2x-4y+5z)dx-4\cos(2x-4y+5z)dy+5\cos(2x-4y+5z)dz$$

である。………(答)

(4) 空間スカラー場 $f(x,\ y,\ z)=2z\cdot(x^2+y^2+3)^{-1}$ の偏微分 f_x, f_y, f_z を求めると，

（これを t とおいて，合成関数の微分を行う。）

$$f_x=\frac{\partial}{\partial x}\{\underbrace{2z}_{\text{定数扱い}}\cdot(x^2+\underbrace{y^2+3}_{\text{定数扱い}})^{-1}\}=2z\times(-1)(x^2+y^2+3)^{-2}\cdot 2x=-\frac{4zx}{(x^2+y^2+3)^2} \quad \cdots\cdots⑥$$

同様に，

$$f_y=\frac{\partial}{\partial y}\{\underbrace{2z}_{\text{定数扱い}}\cdot(y^2+\underbrace{x^2+3}_{\text{定数扱い}})^{-1}\}=2z\cdot(-1)\cdot(x^2+y^2+3)^{-2}\cdot 2y=-\frac{4yz}{(x^2+y^2+3)^2} \quad \cdots\cdots⑦$$

$$f_z=\frac{\partial f}{\partial z}\{2z\cdot\underbrace{(x^2+y^2+3)^{-1}}_{\text{定数扱い}}\}=2\cdot 1\cdot(x^2+y^2+3)^{-1}=\frac{2}{x^2+y^2+3} \quad \cdots\cdots⑧$$

よって，求める全微分 df は，⑥，⑦，⑧を用いて，

$$df=f_x dx+f_y dy+f_z dz$$

$$=-\frac{4zx}{(x^2+y^2+3)^2}dx-\frac{4yz}{(x^2+y^2+3)^2}dy+\frac{2}{x^2+y^2+3}dz$$ である。……(答)

演習問題 14　● ベクトル場の偏微分 ●

次の各ベクトル値関数 $\boldsymbol{f}(x,\ y)$，または $\boldsymbol{f}(x,\ y,\ z)$ の偏微分をすべて求めよ。

(1) $\boldsymbol{f}(x,\ y) = [x^2y,\ -x+2y]$　　(2) $\boldsymbol{f}(x,\ y) = \left[\dfrac{y}{x},\ -\dfrac{x}{y}\right]$

(3) $\boldsymbol{f}(x,\ y,\ z) = [x+2y,\ y-2z,\ z+3x]$

(4) $\boldsymbol{f}(x,\ y,\ z) = [\sin(x-2y),\ \cos(2y+z),\ \sin(2x-z)]$

ヒント！ 平面ベクトル場 $\boldsymbol{f}(x,\ y) = [f_1,\ f_2]$ の x による偏微分は各成分を x で偏微分して，$\boldsymbol{f}_x = \left[\dfrac{\partial f_1}{\partial x},\ \dfrac{\partial f_2}{\partial x}\right]$ となる。また，空間ベクトル場 $\boldsymbol{f}(x,\ y,\ z) = [f_1,\ f_2,\ f_3]$ の z による偏微分も同様に各成分を z で偏微分して，$\boldsymbol{f}_z = \left[\dfrac{\partial f_1}{\partial z},\ \dfrac{\partial f_2}{\partial z},\ \dfrac{\partial f_3}{\partial z}\right]$ と計算すればいい。

解答＆解説

(1) 平面ベクトル場 $\boldsymbol{f}(x,\ y) = [x^2y,\ -x+2y]$ の偏微分 $\boldsymbol{f}_x$，$\boldsymbol{f}_y$ を求めると，

$$\boldsymbol{f}_x = \frac{\partial \boldsymbol{f}}{\partial x} = \left[\frac{\partial}{\partial x}(x^2\cdot \underbrace{y}_{}),\ \frac{\partial}{\partial x}(-x+\underbrace{2y}_{})\right] = [2xy,\ -1] \cdots\cdots(\text{答})$$

定数扱い

$$\boldsymbol{f}_y = \frac{\partial \boldsymbol{f}}{\partial y} = \left[\frac{\partial}{\partial y}(\underbrace{x^2}_{}\cdot y),\ \frac{\partial}{\partial y}(\underbrace{-x}_{}+2y)\right] = [x^2\cdot 1,\ 2\cdot 1] = [x^2,\ 2] \cdots(\text{答})$$

定数扱い

(2) 平面ベクトル場 $\boldsymbol{f}(x,\ y) = [x^{-1}\cdot y,\ -x\cdot y^{-1}]$ の偏微分 $\boldsymbol{f}_x$，$\boldsymbol{f}_y$ を求めると，

$$\boldsymbol{f}_x = \frac{\partial \boldsymbol{f}}{\partial x} = \left[\frac{\partial}{\partial x}(x^{-1}\cdot \underbrace{y}_{}),\ \frac{\partial}{\partial x}(-x\cdot \underbrace{y^{-1}}_{})\right] = [-x^{-2}\cdot y,\ -1\cdot y^{-1}] = \left[-\frac{y}{x^2},\ -\frac{1}{y}\right] \cdots\cdots(\text{答})$$

定数扱い

$$\boldsymbol{f}_y = \frac{\partial \boldsymbol{f}}{\partial y} = \left[\frac{\partial}{\partial y}(\underbrace{x^{-1}}_{}\cdot y),\ \frac{\partial}{\partial y}(\underbrace{-x}_{}\cdot y^{-1})\right] = [x^{-1}\cdot 1,\ -x\cdot(-1)y^{-2}] = \left[\frac{1}{x},\ \frac{x}{y^2}\right] \cdots\cdots(\text{答})$$

定数扱い

(3) 空間ベクトル場 $\boldsymbol{f}(x,\ y,\ z)=[x+2y,\ y-2z,\ z+3x]$ の偏微分 $\boldsymbol{f}_x$，$\boldsymbol{f}_y$，$\boldsymbol{f}_z$ を求めると，

$$\boldsymbol{f}_x=\frac{\partial \boldsymbol{f}}{\partial x}=\left[\frac{\partial}{\partial x}(x+\underbrace{2y}_{\text{定数扱い}}),\ \frac{\partial}{\partial x}\underbrace{(y-2z)}_{\text{定数扱い}},\ \frac{\partial}{\partial x}(\underbrace{z}_{\text{定数扱い}}+3x)\right]=[1,\ 0,\ 3]\ \cdots\cdots(\text{答})$$

$$\boldsymbol{f}_y=\frac{\partial \boldsymbol{f}}{\partial y}=\left[\frac{\partial}{\partial y}(\underbrace{x}_{\text{定数扱い}}+2y),\ \frac{\partial}{\partial y}(y-\underbrace{2z}_{\text{定数扱い}}),\ \frac{\partial}{\partial y}\underbrace{(z+3x)}_{\text{定数扱い}}\right]=[2,\ 1,\ 0]\ \cdots\cdots(\text{答})$$

$$\boldsymbol{f}_z=\frac{\partial \boldsymbol{f}}{\partial z}=\left[\frac{\partial}{\partial z}\underbrace{(x+2y)}_{\text{定数扱い}},\ \frac{\partial}{\partial z}(\underbrace{y}_{\text{定数扱い}}-2z),\ \frac{\partial}{\partial z}(z+\underbrace{3x}_{\text{定数扱い}})\right]=[0,\ -2,\ 1]\ \cdots(\text{答})$$

(4) 空間ベクトル場 $\boldsymbol{f}(x,\ y,\ z)=[\sin(x-2y),\ \cos(2y+z),\ \sin(2x-z)]$ の偏微分 $\boldsymbol{f}_x$，$\boldsymbol{f}_y$，$\boldsymbol{f}_z$ を求めると，

$$\boldsymbol{f}_x=\frac{\partial \boldsymbol{f}}{\partial x}=\left[\frac{\partial}{\partial x}\{\sin(\overbrace{x-\underbrace{2y}_{\text{定数扱い}}}^{\text{これを}t\text{とおいて，合成関数の微分}})\},\ \frac{\partial}{\partial x}\underbrace{\{\cos(2y+z)\}}_{\text{定数扱い}},\ \frac{\partial}{\partial x}\{\sin(\overbrace{2x-\underbrace{z}_{\text{定数扱い}}}^{\text{これを}u\text{とおいて，合成関数の微分}})\}\right]$$

$$=[\cos(x-2y)\times 1,\ 0,\ \cos(2x-z)\times 2]$$

$$=[\cos(x-2y),\ 0,\ 2\cos(2x-z)]\ \cdots\cdots(\text{答})$$

$$\boldsymbol{f}_y=\frac{\partial \boldsymbol{f}}{\partial y}=\left[\frac{\partial}{\partial y}\{\sin(\underbrace{x}_{\text{定数扱い}}-2y)\},\ \frac{\partial}{\partial y}\{\cos(2y+\underbrace{z}_{\text{定数扱い}})\},\ \frac{\partial}{\partial y}\underbrace{\{\sin(2x-z)\}}_{\text{定数扱い}}\right]$$

$$=[\cos(x-2y)\cdot(-2),\ -\sin(2y+z)\cdot 2,\ 0]$$

$$=[-2\cos(x-2y),\ -2\sin(2y+z),\ 0]\ \cdots\cdots(\text{答})$$

$$\boldsymbol{f}_z=\frac{\partial \boldsymbol{f}}{\partial z}=\left[\frac{\partial}{\partial z}\underbrace{\{\sin(x-2y)\}}_{\text{定数扱い}},\ \frac{\partial}{\partial z}\{\cos(\underbrace{2y}_{\text{定数扱い}}+z)\},\ \frac{\partial}{\partial z}\{\sin(\underbrace{2x}_{\text{定数扱い}}-z)\}\right]$$

$$=[0,\ -\sin(2y+z)\cdot 1,\ \cos(2x-z)\cdot(-1)]$$

$$=[0,\ -\sin(2y+z),\ -\cos(2x-z)]\ \cdots\cdots(\text{答})$$

演習問題 15　● クーロン力と万有引力 ●

他から何の影響も受けない宇宙空間に，質量 **1000 (t)** で共に等しい **2** つの質点 P_1 と P_2 を $1(km)$ だけ離しておいたものとする。これら **2** 質点は共に $+\frac{1}{3}(C)$ の電荷をもつものとする。このとき，次の各問いに答えよ。

(1) 万有引力の公式：$f_1 = G\frac{m_1m_2}{r^2}$ …(＊1) $(G = 6.7\times10^{-11}(Nm^2/kg^2))$ を用いて，P_1，P_2 に働く万有引力 $f_1(N)$ を求めよ。(ただし m_1，m_2 は P_1，P_2 の質量，r は距離を表す。)

(2) クーロンの法則：$f_2 = k\frac{q_1q_2}{r^2}$ ……(＊2) $(k = 9.0\times10^9(Nm^2/C^2))$ を用いて，P_1，P_2 に働く斥力(クーロン力) $f_2(N)$ を求めよ。(ただし q_1，q_2 は P_1，P_2 の電荷を表す。)

(3) $f_1 = f_2$ となるように，質量 m_1 と m_2 を $m_1 = m_2 = M$ に変化させたとき，質量 $M(kg)$ を求めよ。(ただし，M は有効数字 **3** 桁で求めよ。)

ヒント！ 万有引力の公式(＊1)とクーロンの法則(＊2)は，一見よく似ているが，用いられる係数 G と k に大きな差があるため，$m_1 = m_2 = 1000(t) = 10^6(kg)$ とかなり大きな質量であっても，これら質点に働く万有引力 f は，$q_1 = q_2 = +\frac{1}{3}(C)$ によるクーロン力 f_2 に比べて，$f_1 \ll f_2$ となるんだね。したがって(3)で，$f_1 = f_2$ とするためには，質量 M は相当大きな値になる。

解答＆解説

(1) 質量 $m_1 = m_2 = 10^3(t) = 10^6(kg)$ の **2** つの質点 P_1，P_2 を，$r = 1(km) = 10^3(m)$ 離しておいたとき，P_1(または P_2) に働く万有引力 f_1 は，(＊1)の公式より，

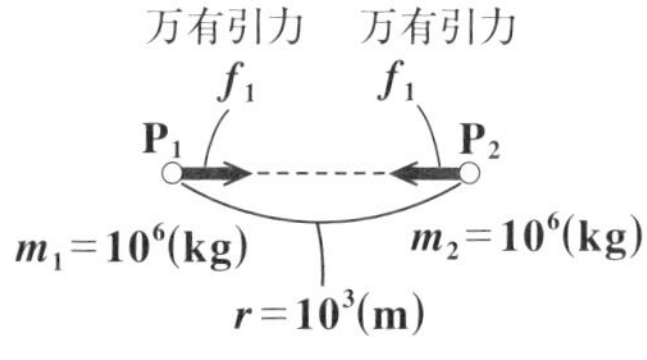

$$f_1 = G\frac{m_1m_2}{r^2} = 6.7\times10^{-11}\times\frac{10^6\times10^6}{(10^3)^2}$$ となる。

$$10^{-11}\times\frac{10^{12}}{10^6} = 10^{-11}\times10^{12}\times10^{-6} = 10^{-5}$$

$\therefore f_1 = 6.7\times10^{-5}(N)$ である。…………………………………………(答)

(2) $q_1 = q_2 = \frac{1}{3}$(C) に帯電させた 2 つの質点 P_1, P_2 を $r = 10^3$(m) 離しておいたとき，P_1(または P_2) に働くクーロン力 (斥力) f_2 は，(*2) の公式より，

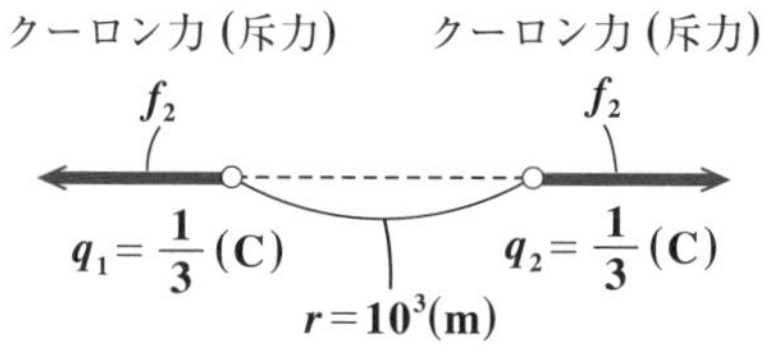

$$f_2 = k\frac{q_1 q_2}{r^2} = 9.0 \times 10^9 \times \frac{\frac{1}{3} \times \frac{1}{3}}{(10^3)^2} = 10^9 \times 10^{-6} = 10^3\,(\text{N})$$ である。……(答)

質量 $m_1 = m_2 = 10^3$(t) と，かなり大きな質量であっても，これら質点に働く万有引力 $f_1 = 6.7 \times 10^{-5}$(N) であり，これは，電荷 $q_1 = q_2 = \frac{1}{3}$(C) に帯電させた両質点に働くクーロン力 $f_2 = 10^3$(N) に比べて，無視できる程小さいことが分かる。

(3) 次に，2 質点の質量を $m_1 = m_2 = M$ として，万有引力 f_1 とクーロン力 f_2 が等しくなるようにすると，

$$\begin{cases} f_1 = G\dfrac{M^2}{r^2} = 6.7 \times 10^{-11} \times \dfrac{M^2}{(10^3)^2} = 6.7 \times 10^{-17} M^2 \\ f_2 = 10^3\,(\text{N}) \quad ((2)\text{ の結果より}) \end{cases}$$ から，

$f_1 = f_2$ のとき，$6.7 \times 10^{-17} M^2 = 10^3$ であるので，

$$M^2 = \frac{10^{20}}{6.7}$$

$$\therefore M = \sqrt{\frac{10^{20}}{6.7}} = \frac{10^{10}}{\sqrt{6.7}} = 3.8633\cdots \times 10^9 \fallingdotseq 3.86 \times 10^9\,(\text{kg})$$ ……………(答)

つまり，M は 38 億 6 千万 (kg)(＝386 万 (t)) もの非常に大きな値になるんだね。

演習問題 16　　● クローンの法則と電場 ●

xy 座標平面上の原点 $\mathbf{O}$ に，$q_1 = \frac{10^{-3}}{9}$ (C) の点電荷を置いた。このとき，原点以外の点 $\mathbf{P}(x,\ y)$ における q_1 による電場を $\boldsymbol{E}$ とおき，$\mathbf{O}$ から $\mathbf{P}$ に向かうベクトルを $\boldsymbol{r} = [x,\ y]$，またその大きさ（ノルム）を r とおくと，

$\boldsymbol{E} = k \cdot \frac{q_1}{r^3}\boldsymbol{r}$ ……(∗) と表される。（ただし，$k = 9 \times 10^9\ (\mathrm{Nm^2/C^2})$ とする。）

(∗) を利用して，次の各問いに答えよ。

(1) 公式 (∗) より，位置 $\boldsymbol{r} = [x,\ y]$ における電場 $\boldsymbol{E}$ を x と y で表せ。

(2) 次の各 $\boldsymbol{r}$ における電場 $\boldsymbol{E}$ を求めよ。

(i) $\boldsymbol{r} = \left[10,\ 10\sqrt{3}\right]$　　(ii) $\boldsymbol{r} = \left[-20\sqrt{2},\ 20\sqrt{2}\right]$

(iii) $\boldsymbol{r} = [-10,\ -20]$

ヒント！ ベクトル表示のクーロンの法則：$\boldsymbol{f} = k\frac{q_1 q_2}{r^3}\boldsymbol{r} = q_2\boldsymbol{E}$ より，q_1 による電場 $\boldsymbol{E}$ は公式 $\boldsymbol{E} = k \cdot \frac{q_1}{r^3}\boldsymbol{r}$ ……(∗) で表される。今回は，原点 $\mathbf{O}$ に電荷 $q_1 = \frac{10^{-3}}{9}$ (C) をおいたとき，この q_1 により xy 平面上に形成される電場 $\boldsymbol{E}$ を求める問題なんだね。

解答＆解説

(1) 右図に示すように，原点 $\mathbf{O}$ においた点電荷 q_1 により，xy 平面上の位置 $\boldsymbol{r} = [x,\ y]$ における電場は，

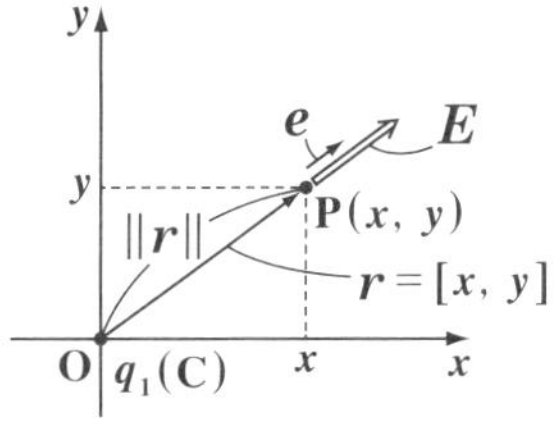

$$\boldsymbol{E} = k\frac{q_1}{\|\boldsymbol{r}\|^2}\boldsymbol{e} \quad \cdots\cdots ①$$

単位ベクトル $\boldsymbol{e} = \frac{\boldsymbol{r}}{\|\boldsymbol{r}\|}$ ……② ← $\boldsymbol{r}$ と同じ向きの単位ベクトル

となる。よって，②を①に代入し，$\|\boldsymbol{r}\| = r$ とおくと，

$\boldsymbol{E} = k\frac{q_1}{r^3}\boldsymbol{r}$ ……(∗) が導ける。ここで，

$\boldsymbol{r} = [x,\ y]$ より，$r = \sqrt{x^2 + y^2}$ であり，また $q_1 = \frac{10^{-3}}{9}$ (C)，$k = 9 \times 10^9$ $(\mathrm{Nm^2/C^2})$ を (∗) に代入すると，位置 $\boldsymbol{r} = [x,\ y]$ における電場 $\boldsymbol{E}$ は，

$$E = \not{9} \times 10^9 \times \frac{\frac{10^{-3}}{\not{9}}}{\left(\sqrt{x^2+y^2}\right)^3} \times [x,\ y] = \frac{10^6}{(x^2+y^2)^{\frac{3}{2}}}[x,\ y] \ \cdots\cdots③$$ となる。

………(答)

(2) (i) $\boldsymbol{r} = [x,\ y] = \left[10,\ 10\sqrt{3}\right]$ のとき，

$$(x^2+y^2)^{\frac{3}{2}} = \{\underbrace{10^2 + \left(10\sqrt{3}\right)^2}_{100+300=400=20^2}\}^{\frac{3}{2}} = (20^2)^{\frac{3}{2}} = 20^3 = 8000 = 8 \times 10^3$$

以上を③に代入して，

$$E = \underbrace{\frac{10^6}{8 \times 10^3}}_{\frac{10^3}{8}=125} \cdot \left[10,\ 10\sqrt{3}\right] = 1250\left[1,\ \sqrt{3}\right]$$ である。………………(答)

(ii) $\boldsymbol{r} = [x,\ y] = \left[-20\sqrt{2},\ 20\sqrt{2}\right]$ のとき，

$$(x^2+y^2)^{\frac{3}{2}} = \{\underbrace{\left(-20\sqrt{2}\right)^2 + \left(20\sqrt{2}\right)^2}_{800+800=1600=40^2}\}^{\frac{3}{2}} = (40^2)^{\frac{3}{2}} = 40^3 = 64 \times 10^3$$

以上を③に代入して，

$$E = \underbrace{\frac{10^6}{64 \times 10^3}}_{\frac{1000}{64}=\frac{125}{8}}\left[-20\sqrt{2},\ 20\sqrt{2}\right] = \frac{125}{8} \times 20\left[-\sqrt{2},\ \sqrt{2}\right]$$

$$= \frac{625}{2}\left[-\sqrt{2},\ \sqrt{2}\right]$$ である。………(答)

(iii) $\boldsymbol{r} = [x,\ y] = [-10,\ -20]$ のとき，

$$(x^2+y^2)^{\frac{3}{2}} = \{\underbrace{(-10)^2+(-20)^2}_{100+400=500}\}^{\frac{3}{2}} = (5 \times 10^2)^{\frac{3}{2}} = 5\sqrt{5} \times 10^3$$

以上を③に代入して，

$$E = \underbrace{\frac{10^6}{5\sqrt{5} \times 10^3}}_{\frac{200}{\sqrt{5}}}[-10,\ -20] = \underbrace{\frac{2000}{\sqrt{5}}}_{400\sqrt{5}}[-1,\ -2] = 400\sqrt{5}\,[-1,\ -2]$$

である。………(答)

演習問題 17　●アンペールの法則●

右図に示すように，無限に長い導線に直線電流 $I=\pi\times10^{-2}$(A) が流れている。この導線から r(m) だけ離れた位置に発生する磁場 H(A/m) が，$10^{-4}\leqq H\leqq10^{-3}$ となるような，r の取り得る値の範囲を求めよ。

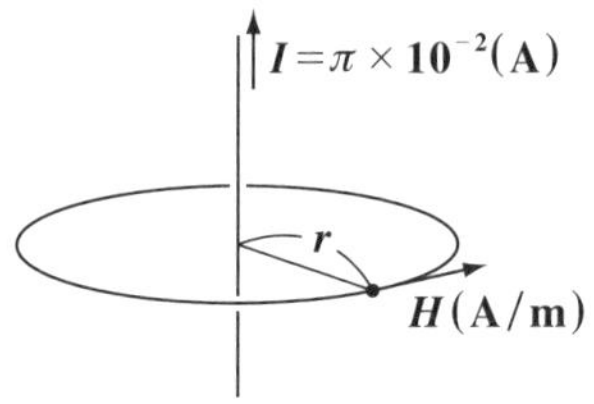

ヒント！ アンペールの法則より，$H=\dfrac{I}{2\pi r}$ となる。よって，$10^{-4}\leqq\dfrac{I}{2\pi r}\leqq10^{-3}$ をみたす距離 r の範囲を求めればいいんだね。

解答＆解説

無限に長い直線電流 $I=\pi\times10^{-2}$(A) から r(m) 離れた位置に生ずる磁場の大きさ H は，アンペールの法則より，

$$H=\frac{I}{2\pi r}=\frac{\pi\times10^{-2}}{2\pi r}=\frac{10^{-2}}{2r}\ \cdots\cdots\cdots\cdots ①$$ となる。

ここで，H が $10^{-4}\leqq H\leqq10^{-3}$ ……② をみたすような距離 r の取り得る値の範囲を求める。①を②に代入して，

$$\underbrace{10^{-4}\leqq\frac{10^{-2}}{2r}}_{(\text{i})}\leqq10^{-3}\quad(\text{ii}):\ \frac{10^{-2}}{2r}\leqq10^{-3}$$ ……③ となる。③は 2 つの不等式に分解できる。

(i) $10^{-4}\leqq\dfrac{10^{-2}}{2r}$ より，この両辺に $\dfrac{r}{10^{-4}}\ (>0)$ をかけて，

$$r\leqq\frac{10^{-2}}{2\times10^{-4}}=\frac{10^{-2+4}}{2}=\frac{100}{2}=50\qquad\therefore r\leqq50$$ ……④ となる。

(ii) $\dfrac{10^{-2}}{2r}\leqq10^{-3}$ より，この両辺に $\dfrac{r}{10^{-3}}\ (>0)$ をかけて，

$$\frac{10^{-2}}{2\times10^{-3}}=\frac{10}{2}=5\leqq r\qquad\therefore 5\leqq r$$ ……………………⑤ となる。

以上④，⑤より，求める距離 r の取り得る値の範囲は，

$5\leqq r\leqq50$ である。……………………………………………………………(答)

演習問題 18　● ファラデーの電磁誘導の法則 ●

右図に示すように，円形の導線の内部の電束 Φ を，次に示すような時刻 t(s) ($t \geqq 0$) の関数 $\Phi = f(t)$ として変化させたとき，この導線に生ずる誘導起電力 V(V) を求めよ。

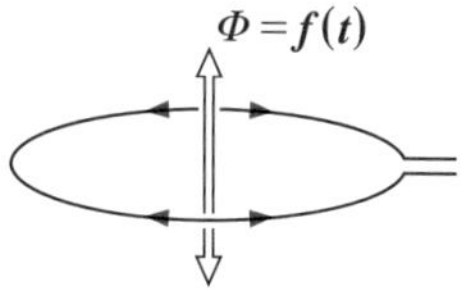

(i) $f(t) = \cos 2t$　　(ii) $f(t) = 1 - \dfrac{2}{t^2+2}$

ヒント！ ファラデー電磁誘導の法則：$V = -\dfrac{d\Phi}{dt}$ を利用して V を求めればいいんだね。

解答＆解説

(i) 電束 $\Phi(t) = f(t) = \cos 2t$ ($t \geqq 0$) であるとき，導線に生じる誘導起電力 V(V) は，ファラデーの電磁誘導の法則により，次のように求められる。

$$V = -\frac{d\Phi}{dt} = -\frac{df(t)}{dt} = -\frac{d}{dt}(\cos 2t) = -2\cdot(-\sin 2t)$$

（これを u とおく。）

（物理では，時刻 t での微分を $\dot{\Phi}$ で表すこともある。）

（$2t = u$ とおいて，合成関数の微分 $\dfrac{df}{dt} = \dfrac{d(\cos u)}{du}\cdot\dfrac{du}{dt} = -\sin u \times 2$）

$\therefore V = 2\sin 2t$　($t \geqq 0$) となる。………………(答)

(ii) 電束 $\Phi(t) = f(t) = 1 - \dfrac{2}{t^2+2} = 1 - 2(t^2+2)^{-1}$ ($t \geqq 0$) であるとき，導線に生じる誘導起電力 V(V) は，ファラデーの電磁誘導の法則により，次のように求められる。

$$V = -\frac{d\Phi}{dt} = -\frac{df(t)}{dt} = -\frac{d}{dt}\{1 - 2(t^2+2)^{-1}\}$$

$$= -2(t^2+2)^{-2} \times 2t$$

（これを u とおく。）

（$t^2+2 = u$ とおいて，合成関数の微分 $\dfrac{df}{dt} = \dfrac{df}{du}\cdot\dfrac{du}{dt} = \dfrac{d(1-2u^{-1})}{du}\cdot\dfrac{du}{dt} = 2u^{-2} \times 2t$）

$\therefore V = -\dfrac{4t}{(t^2+2)^2}$　($t \geqq 0$) となる。…………(答)

講義 Lecture 2 ベクトル解析 methods & formulae

§1. ベクトル解析の基本

“勾配ベクトル”(グラディエント)grad$f$の定義を下に示す。

勾配ベクトル(グラディエント)の定義

(Ⅰ) 平面スカラー場$f(x, y)$の“**勾配ベクトル**”(または“**グラディエント**”)は，grad$f$と表され，これは次のように定義される。

$$\mathrm{grad}f=\left[\frac{\partial f}{\partial x}, \frac{\partial f}{\partial y}\right]=[f_x, f_y] \quad \cdots\cdots(*1)$$

(Ⅱ) 空間スカラー場$f(x, y, z)$の“**勾配ベクトル**”(または“**グラディエント**”)は，grad$f$と表され，これは次のように定義される。

$$\mathrm{grad}f=\left[\frac{\partial f}{\partial x}, \frac{\partial f}{\partial y}, \frac{\partial f}{\partial z}\right]=[f_x, f_y, f_z] \quad \cdots\cdots(*1)'$$

(Ⅰ) 平面スカラー場$f(x, y)$のgrad$f$は，等位曲線と直交するベクトルであり，

(Ⅱ) 空間スカラー場$f(x, y, z)$のgrad$f$は，等位曲面と直交するベクトルである。

また，(Ⅰ) 平面スカラー場において，grad$f$は，ナブラ$\nabla=\left[\frac{\partial}{\partial x}, \frac{\partial}{\partial y}\right]$を用いて，grad$f=\nabla f$と表すこともある。

(Ⅱ) 空間スカラー場においても同様にgrad$f$は，ナブラ$\nabla=\left[\frac{\partial}{\partial x}, \frac{\partial}{\partial y}, \frac{\partial}{\partial z}\right]$を用いて，grad$f=\nabla f$と表してもよい。

$(ex1)$ $f(x, y)=xy$のとき，勾配ベクトルgrad$f$は，

$$\mathrm{grad}f=\nabla f=\left[\frac{\partial(xy)}{\partial x}, \frac{\partial(xy)}{\partial y}\right]=[y, x] \quad \text{である。}$$

$(ex2)$ $f(x, y, z)=x-y+2z$のとき，勾配ベクトルgrad$f$は，

$$\mathrm{grad}f=\nabla f=\left[\frac{\partial}{\partial x}(x-y+2z), \frac{\partial}{\partial y}(x-y+2z), \frac{\partial}{\partial z}(x-y+2z)\right]$$

$$=[1, -1, 2] \text{である。}$$

次に，“**発散**”（**ダイヴァージェンス**）$\mathbf{div}\boldsymbol{f}$ の定義を下に示す。

発散（ダイヴァージェンス）の定義

（Ⅰ）平面ベクトル場 $\boldsymbol{f}(x, y) = [f_1(x, y), f_2(x, y)]$ の “**発散**”（または “**ダイヴァージェンス**”）$\mathbf{div}\boldsymbol{f}$ は，次のように定義される。

$$\mathbf{div}\boldsymbol{f} = \frac{\partial f_1}{\partial x} + \frac{\partial f_2}{\partial y} \quad \cdots\cdots(*2)$$

← $\mathbf{div}\boldsymbol{f} = \nabla \cdot \boldsymbol{f}$ と表される。

（Ⅱ）空間ベクトル場 $\boldsymbol{f}(x, y, z) = [f_1(x, y, z), f_2(x, y, z), f_3(x, y, z)]$ の “**発散**”（または “**ダイヴァージェンス**”）$\mathbf{div}\boldsymbol{f}$ は，次のように定義される。

$$\mathbf{div}\boldsymbol{f} = \frac{\partial f_1}{\partial x} + \frac{\partial f_2}{\partial y} + \frac{\partial f_3}{\partial z} \quad \cdots\cdots(*2)'$$

← $\mathbf{div}\boldsymbol{f} = \nabla \cdot \boldsymbol{f}$ と表される。

（Ⅰ）平面ベクトル場，（Ⅱ）空間ベクトル場のいずれにおいても，$\mathbf{div}\boldsymbol{f}$ は，ナブラ ∇ を用いて $\mathbf{div}\boldsymbol{f} = \nabla \cdot \boldsymbol{f}$ と表すことができる。
発散と勾配ベクトルを組合わせて，$\mathbf{div}(\mathbf{grad} f)$ を求めると，空間スカラー場 f について，

$$\mathbf{div}(\mathbf{grad} f) = \nabla \cdot (\nabla f) = \left[\frac{\partial}{\partial x}, \frac{\partial}{\partial y}, \frac{\partial}{\partial z}\right] \cdot \left[\frac{\partial f}{\partial x}, \frac{\partial f}{\partial y}, \frac{\partial f}{\partial z}\right]$$

$$= \frac{\partial^2 f}{\partial x^2} + \frac{\partial^2 f}{\partial y^2} + \frac{\partial^2 f}{\partial z^2}$$ となる。

これは，Δ（デルタ）を用いて，$\mathbf{div}(\mathbf{grad} f) = \nabla \cdot (\nabla f) = \nabla^2 f = \Delta f$ のように表してもよい。

次に，空間ベクトル場 $\boldsymbol{f}$ の “**回転**”（または “**ローテイション**”）$\mathbf{rot}\,\boldsymbol{f}$ の定義を下に示す。

回転（ローテイション）の定義

空間ベクトル場 $\boldsymbol{f}(x, y, z) = [f_1(x, y, z), f_2(x, y, z), f_3(x, y, z)]$ の “**回転**”（または “**ローテイション**”）$\mathbf{rot}\,\boldsymbol{f}$ は，次のように定義される。

$$\mathbf{rot}\,\boldsymbol{f} = \left[\frac{\partial f_3}{\partial y} - \frac{\partial f_2}{\partial z}, \frac{\partial f_1}{\partial z} - \frac{\partial f_3}{\partial x}, \frac{\partial f_2}{\partial x} - \frac{\partial f_1}{\partial y}\right] \quad \cdots\cdots(*3)$$

← $\mathbf{rot}\,\boldsymbol{f} = \nabla \times \boldsymbol{f}$ と表される。

$\mathrm{rot}\,f$ は, (ナブラ) $\nabla = \left[\dfrac{\partial}{\partial x},\ \dfrac{\partial}{\partial y},\ \dfrac{\partial}{\partial z}\right]$ を用いて,

$\mathrm{rot}\,f = \nabla \times f$

と表すこともできる。
右に, $\nabla \times f$ の具体的
な計算法を示す。

$\nabla \times f$ の計算

$\dfrac{\partial}{\partial x} \qquad \dfrac{\partial}{\partial y} \qquad \dfrac{\partial}{\partial z} \qquad \dfrac{\partial}{\partial x}$

$f_1 \qquad \downarrow \quad f_2 \qquad \downarrow \quad f_3 \qquad \downarrow \quad f_1$

$\left[\dfrac{\partial f_2}{\partial x} - \dfrac{\partial f_1}{\partial y}\right] \left[\dfrac{\partial f_3}{\partial y} - \dfrac{\partial f_2}{\partial z},\quad \dfrac{\partial f_1}{\partial z} - \dfrac{\partial f_3}{\partial x},\right.$

$(ex3)\,f = [z,\ 2x,\ 3y]$ の $\mathrm{rot}\,f$ は,
　　　右図のように計算して,
　　　$\mathrm{rot}\,f = \nabla \times f = [3,\ 1,\ 2]$
　　　となる。

$\nabla \times f$ の計算

$\dfrac{\partial}{\partial x} \quad \dfrac{\partial}{\partial y} \quad \dfrac{\partial}{\partial z} \quad \dfrac{\partial}{\partial x}$

$z \quad 2x \quad 3y \quad z$

$2-0]\ [\ 3-0,\quad 1-0,$

$(ex4)\,f = [y,\ x,\ 1]$ の $\mathrm{rot}\,f$ は,
　　　右図のように計算して,
　　　$\mathrm{rot}\,f = [0,\ 0,\ 0] = \boldsymbol{0}$
　　　である。

$\nabla \times f$ の計算

$\dfrac{\partial}{\partial x} \quad \dfrac{\partial}{\partial y} \quad \dfrac{\partial}{\partial z} \quad \dfrac{\partial}{\partial x}$

$y \quad x \quad 1 \quad y$

$1-1]\ [\ 0-0,\quad 0-0,$

　　　このように $\mathrm{rot}\,f = \boldsymbol{0}$ をみ
たすような空間ベクトル場を "**渦のない場**" という。

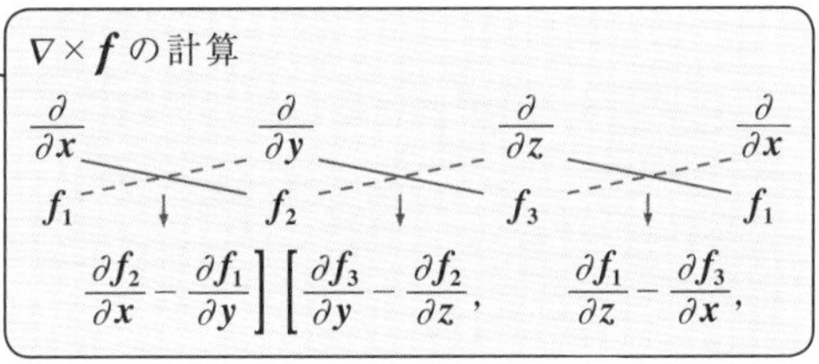

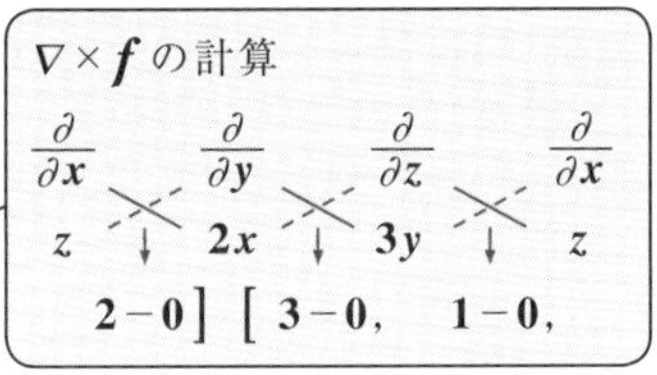

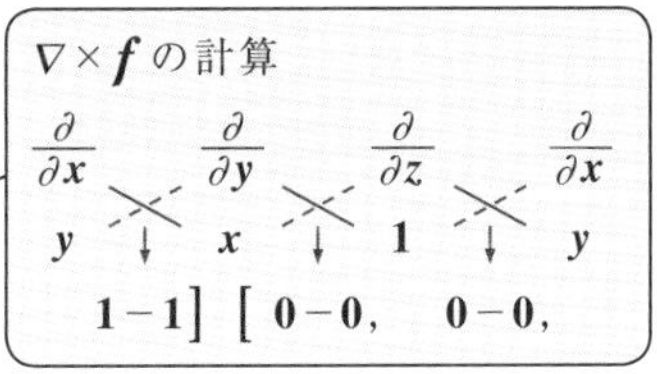

次に, $\mathrm{grad}\,f$, $\mathrm{div}\,f$, $\mathrm{rot}\,f$ を組み合わせた重要公式を下に示す。

grad, div, rotの応用公式

(I) $\mathrm{div}(\mathrm{rot}\,f) = 0$ ……(*4)　　　(II) $\mathrm{rot}(\mathrm{grad}\,f) = \boldsymbol{0}$ ……(*4)´

(I) の (*4) の公式は, どのような空間ベクトル場 f についても成り立つ公式であり, (II) の (*4)´ の公式は, どのような空間スカラー場 f についても成り立つ公式である。(*4), (*4)´ の公式の証明は, 演習問題 **23 (P50)**, **24 (P51)** で示す。

§2. ベクトル解析の応用

空間ベクトル場 $\boldsymbol{f}$ について，“**ガウスの発散定理**”を下に示す。

ガウスの発散定理

右図に示すようにベクトル場 $\boldsymbol{f}=[f_1,\ f_2,\ f_3]$ の中に，閉曲面 S で囲まれた領域 V があるとき，次式が成り立つ。

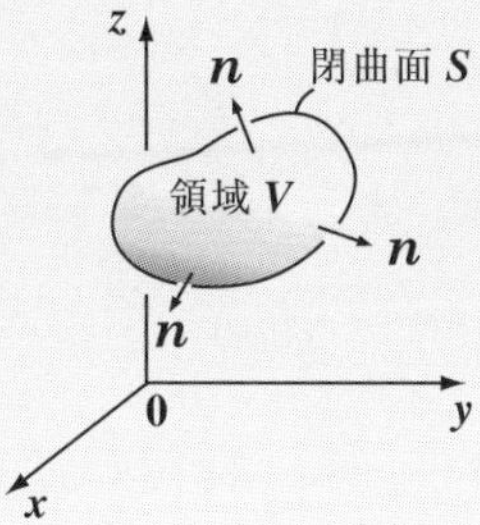

$$\iiint_V \mathrm{div}\boldsymbol{f}\,dV = \iint_S \boldsymbol{f}\cdot\boldsymbol{n}\,dS \quad \cdots\cdots(*5)$$

（ただし，単位法線ベクトル $\boldsymbol{n}$ は，閉曲面 S の内部から外部に向かう向きにとる。）

$(*5)$ の左辺は**体積分**であり，右辺は**面積分**である。

次に，空間ベクトル場 $\boldsymbol{f}$ について，“**ストークスの定理**”を下に示す。

ストークスの定理

右図に示すようにベクトル場 $\boldsymbol{f}=[f_1,\ f_2,\ f_3]$ の中に，閉曲線 C で囲まれた曲面 S があるとき，次式が成り立つ。

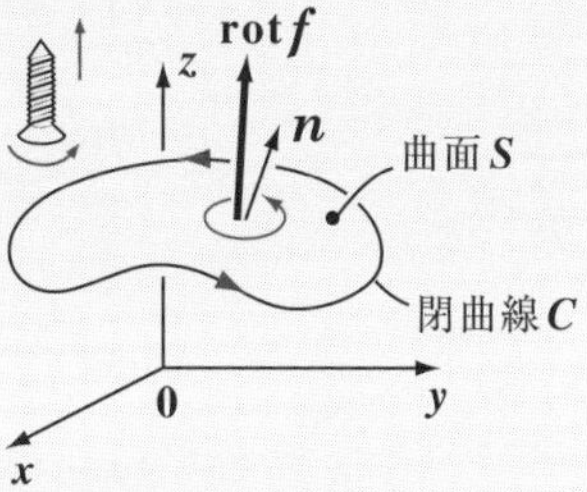

$$\iint_S \mathrm{rot}\boldsymbol{f}\cdot\boldsymbol{n}\,dS = \oint_C \boldsymbol{f}\cdot d\boldsymbol{r} \quad \cdots\cdots(*6)$$

（ただし，単位法線ベクトル $\boldsymbol{n}$ を S の正の向きとし，周回積分路 C は右上図に示すような向きに回るものとする。）

$(*6)$ の左辺は面積分であり，右辺は**接線線積分**である。

ガウスの発散定理とストークスの定理は，マクスウェルの方程式を導く際にも主要な役割を演じる重要公式である。これらをマスターするには，実際に演習問題を繰り返し解いて，慣れることが必要である。これらの公式の物理的な意味は，「**大学基礎物理 電磁気学キャンパス・ゼミ**」(**マセマ**) で学習するとよい。

演習問題 19　● 勾配ベクトル $\mathbf{grad}f$ ●

次の各スカラー値関数 f の勾配ベクトル $\mathbf{grad}f$ を求めよ。

(1) $f(x,\ y) = 2x + y - 1$　　(2) $f(x,\ y) = 2xy^2 + x - y$

(3) $f(x,\ y,\ z) = x^2 + y - 2z^2$　　(4) $f(x,\ y,\ z) = x^2y + 2yz^2 + z$

ヒント！ スカラー場 f をスカラー値関数と呼んでもいい。平面スカラー場 f の勾配ベクトルは，$\mathbf{grad}f = [f_x,\ f_y]$ であり，空間スカラー場 f の勾配ベクトルは $\mathbf{grad}f = [f_x,\ f_y,\ f_z]$ となるんだね。

解答＆解説

(1) $f(x,\ y) = 2x + y - 1$ の勾配ベクトル $\mathbf{grad}f$ は，

$$\mathbf{grad}f = \left[\frac{\partial f}{\partial x},\ \frac{\partial f}{\partial y}\right] = \left[\frac{\partial}{\partial x}(2x + \cancel{y - 1}),\ \frac{\partial}{\partial y}(y + \cancel{2x - 1})\right]$$

$= [2,\ 1]$ である。 ……………………………………(答)

(2) $f(x,\ y) = 2xy^2 + x - y$ の勾配ベクトル $\mathbf{grad}f$ は，

$$\mathbf{grad}f = \left[\frac{\partial f}{\partial x},\ \frac{\partial f}{\partial y}\right] = \left[\frac{\partial}{\partial x}(2y^2 \cdot x + x - \cancel{y}),\ \frac{\partial}{\partial y}(2x \cdot y^2 + \cancel{x} - y)\right]$$

$= [2y^2 \cdot 1 + 1,\ 2x \cdot 2y - 1] = [2y^2 + 1,\ 4xy - 1]$ である。 ……(答)

(3) $f(x,\ y,\ z) = x^2 + y - 2z^2$ の勾配ベクトル $\mathbf{grad}f$ は，

$$\mathbf{grad}f = \left[\frac{\partial f}{\partial x},\ \frac{\partial f}{\partial y},\ \frac{\partial f}{\partial z}\right]$$

$$= \left[\frac{\partial}{\partial x}(x^2 + \cancel{y - 2z^2}),\ \frac{\partial}{\partial y}(y + \cancel{x^2 - 2z^2}),\ \frac{\partial}{\partial z}(-2z^2 + \cancel{x^2 + y})\right]$$

$= [2x,\ 1,\ -4z]$ である。 ……………………………………(答)

(4) $f(x,\ y,\ z) = x^2y + 2yz^2 + z$ の勾配ベクトル $\mathbf{grad}f$ は，

$$\mathbf{grad}f = \left[\frac{\partial f}{\partial x},\ \frac{\partial f}{\partial y},\ \frac{\partial f}{\partial z}\right]$$

$$= \left[\frac{\partial}{\partial x}(y \cdot x^2 + \cancel{2yz^2 + z}),\ \frac{\partial}{\partial y}(x^2 \cdot y + 2z^2 \cdot y + \cancel{z}),\ \frac{\partial}{\partial z}(2y \cdot z^2 + z + \cancel{x^2y})\right]$$

$= [y \cdot 2x,\ x^2 \cdot 1 + 2z^2 \cdot 1,\ 2y \cdot 2z + 1]$

$= [2xy,\ x^2 + 2z^2,\ 4yz + 1]$ である。 ……………………………(答)

演習問題 20 ● 発散 div$\boldsymbol{f}$ ●

次の各ベクトル値関数 $\boldsymbol{f}$ の発散 div$\boldsymbol{f}$ を求めよ。

(1) $\boldsymbol{f}(x,\ y)=[-2x,\ y]$　(2) $\boldsymbol{f}(x,\ y)=[x\sin 2y,\ \cos^2 y]$

(3) $\boldsymbol{f}(x,\ y,\ z)=[2x,\ x-y,\ -z]$　(4) $\boldsymbol{f}(x,\ y,\ z)=[x^2y,\ yz^2,\ z+x]$

ヒント！ ベクトル場 $\boldsymbol{f}$ をベクトル値関数と呼んでもいい。平面ベクトル場 $\boldsymbol{f}=[f_1,\ f_2]$ の発散は，$\mathrm{div}\boldsymbol{f}=f_{1x}+f_{2y}$ であり，空間ベクトル場 $\boldsymbol{f}=[f_1,\ f_2,\ f_3]$ の発散は $\mathrm{div}\boldsymbol{f}=f_{1x}+f_{2y}+f_{3z}$ だね。

解答＆解説

(1) $\boldsymbol{f}(x,\ y)=[-2x,\ y]$ の発散 div$\boldsymbol{f}$ は，

$$\mathrm{div}\boldsymbol{f}=\underbrace{\frac{\partial(-2x)}{\partial x}}_{-2}+\underbrace{\frac{\partial y}{\partial y}}_{1}=-2+1=-1$$ である。 ……………………(答)

(2) $\boldsymbol{f}(x,\ y)=[x\sin 2y,\ \cos^2 y]$ の発散 div$\boldsymbol{f}$ は，

$$\mathrm{div}\boldsymbol{f}=\underbrace{\frac{\partial}{\partial x}(x\sin 2y)}_{1\cdot\sin 2y}+\underbrace{\frac{\partial}{\partial y}(\cos^2 y)}_{2\cos y\cdot(-\sin y)}$$

$$=\sin 2y-\underbrace{2\sin y\cos y}_{\sin 2y}=0$$ である。 ………(答)

・$\frac{\partial}{\partial y}(\cos^2 y)$ について，$\cos y=u$ とおくと，合成関数の微分
$\frac{\partial}{\partial y}(\cos^2 y)=\frac{d(u^2)}{du}\cdot\frac{du}{dy}=2\cos y\cdot(-\sin y)$

(3) $\boldsymbol{f}(x,\ y,\ z)=[2x,\ x-y,\ -z]$ の発散 div$\boldsymbol{f}$ は，

$$\mathrm{div}\boldsymbol{f}=\underbrace{\frac{\partial(2x)}{\partial x}}_{2}+\underbrace{\frac{\partial}{\partial y}(x-y)}_{-1}+\underbrace{\frac{\partial(-z)}{\partial z}}_{-1}$$

$$=2-1-1=0$$ である。 ……………………(答)

div$\boldsymbol{f}=0$ のとき，$\boldsymbol{f}$ は "湧き出しも吸い込みもない場" という。

(4) $\boldsymbol{f}(x,\ y,\ z)=[x^2y,\ yz^2,\ z+x]$ の発散 div$\boldsymbol{f}$ は，

$$\mathrm{div}\boldsymbol{f}=\underbrace{\frac{\partial}{\partial x}(y\cdot x^2)}_{y\cdot 2x}+\underbrace{\frac{\partial}{\partial y}(z^2\cdot y)}_{z^2\cdot 1}+\underbrace{\frac{\partial}{\partial z}(z+x)}_{1}$$

$$=2xy+z^2+1$$ である。 ……………………(答)

演習問題 21　● ラプラシアン $\Delta f = \mathbf{div}(\mathbf{grad} f)$ ●

次のスカラー値関数 f のラプラシアン $\Delta f = \mathbf{div}(\mathbf{grad} f)$ を求めよ。

(1) $f(x,\ y) = x^2 + 2y^2$　　(2) $f(x,\ y,\ z) = x^2y + 2y^2z - z^2x$

ヒント！ 平面スカラー場 f については，$\Delta f = \mathbf{div}(\mathbf{grad} f) = \mathbf{div}[f_x,\ f_y] = f_{xx} + f_{yy} = \dfrac{\partial^2 f}{\partial x^2} + \dfrac{\partial^2 f}{\partial y^2}$ となり，空間スカラー場 f については，$\Delta f = \mathbf{div}(\mathbf{grad} f) = \mathbf{div}[f_x,\ f_y,\ f_z] = f_{xx} + f_{yy} + f_{zz} = \dfrac{\partial^2 f}{\partial x^2} + \dfrac{\partial^2 f}{\partial y^2} + \dfrac{\partial^2 f}{\partial z^2}$ となるんだね。

解答＆解説

(1) スカラー値関数 $f(x,\ y) = x^2 + 2y^2$ のラプラシアン Δf を求めると，

$$\Delta f = \nabla^2 f = \mathbf{div}(\underbrace{\mathbf{grad} f}_{[f_x,\ f_y]})$$

$$= \mathbf{div}\left[\frac{\partial f}{\partial x},\ \frac{\partial f}{\partial y}\right] = \mathbf{div}\left[\underbrace{\frac{\partial}{\partial x}(x^2 + \cancel{2y^2})}_{2x},\ \underbrace{\frac{\partial}{\partial y}(\cancel{x^2} + 2y^2)}_{4y}\right]$$

$$= \mathbf{div}[2x,\ 4y] = \frac{\partial(2x)}{\partial x} + \frac{\partial(4y)}{\partial y}$$

$= 2 + 4 = 6$ である。 ……………………………………(答)

(2) スカラー値関数 $f(x,\ y,\ z) = x^2y + 2y^2z - z^2x$ のラプラシアン Δf を求めると，

$$\Delta f = \nabla^2 f = \mathbf{div}(\underbrace{\mathbf{grad} f}_{[f_x,\ f_y,\ f_z]}) = \mathbf{div}\left[\frac{\partial f}{\partial x},\ \frac{\partial f}{\partial y},\ \frac{\partial f}{\partial z}\right]$$

$$= \mathbf{div}\left[\underbrace{\frac{\partial}{\partial x}(y\cdot x^2 + \cancel{2y^2z} - z^2x)}_{y\cdot 2x - z^2\cdot 1},\ \underbrace{\frac{\partial}{\partial y}(x^2\cdot y + 2z\cdot y^2 - \cancel{z^2x})}_{x^2\cdot 1 + 2z\cdot 2y},\ \underbrace{\frac{\partial}{\partial z}(\cancel{x^2y} + 2y^2\cdot z - x\cdot z^2)}_{2y^2\cdot 1 - x\cdot 2z}\right]$$

$$= \mathbf{div}[2xy - z^2,\ x^2 + 4yz,\ 2y^2 - 2zx]$$

$$= \frac{\partial}{\partial x}(2y\cdot x - \cancel{z^2}) + \frac{\partial}{\partial y}(\cancel{x^2} + 4z\cdot y) + \frac{\partial}{\partial z}(\cancel{2y^2} - 2x\cdot z)$$

$$= 2y\cdot 1 + 4z\cdot 1 - 2x\cdot 1 = -2x + 2y + 4z$$

$= 2(-x + y + 2z)$ である。 ……………………………………(答)

演習問題 22　● 回転 $\mathrm{rot}\,\boldsymbol{f}$ ●

次のベクトル値関数 $\boldsymbol{f}(x,\ y,\ z)$ の回転 $\mathrm{rot}\,\boldsymbol{f}$ を求めよ。

(1) $\boldsymbol{f}(x,\ y,\ z)=[3x+1,\ 2y,\ z-1]$

(2) $\boldsymbol{f}(x,\ y,\ z)=[0,\ -2z,\ 3y]$

(3) $\boldsymbol{f}(x,\ y,\ z)=[yz,\ zx^2,\ x^2y]$

ヒント！ 空間ベクトル場 $\boldsymbol{f}=[f_1,\ f_2,\ f_3]$ の回転（ローテイション）$\mathrm{rot}\,\boldsymbol{f}$ は，外積と同様に模式図を利用して，$\mathrm{rot}\,\boldsymbol{f}=[f_{3y}-f_{2z},\ f_{1z}-f_{3x},\ f_{2x}-f_{1y}]$ として計算すればいいんだね。

解答＆解説

(1) 空間ベクトル場 $\boldsymbol{f}=[3x+1,\ 2y,\ z-1]$ の回転 $\mathrm{rot}\,\boldsymbol{f}$ を，右の模式図のように求めると，

$$\mathrm{rot}\,\boldsymbol{f}=[0-0,\ 0-0,\ 0-0]$$
$$=[0,\ 0,\ 0]=\boldsymbol{0}$$ である。………(答)

$\mathrm{rot}\,\boldsymbol{f}=\boldsymbol{0}$ のとき $\boldsymbol{f}$ を“**渦のない場**”という。

$\mathrm{rot}\,\boldsymbol{f}$ の計算

$\frac{\partial}{\partial x}$　$\frac{\partial}{\partial y}$　$\frac{\partial}{\partial z}$　$\frac{\partial}{\partial x}$

$3x+1$　$2y$　$z-1$　$3x+1$

$0-0]\ [0-0,\ \ 0-0,$

(2) 空間ベクトル場 $\boldsymbol{f}=[0,\ -2z,\ 3y]$ の回転 $\mathrm{rot}\,\boldsymbol{f}$ を，右の模式図のように求めると，

$$\mathrm{rot}\,\boldsymbol{f}=[3+2,\ 0-0,\ 0-0]$$
$$=[5,\ 0,\ 0]$$ である。……………(答)

$\mathrm{rot}\,\boldsymbol{f}$ の計算

$\frac{\partial}{\partial x}$　$\frac{\partial}{\partial y}$　$\frac{\partial}{\partial z}$　$\frac{\partial}{\partial x}$

0　$-2z$　$3y$　0

$0-0]\ [3-(-2),\ 0-0,$

(3) 空間ベクトル場 $\boldsymbol{f}=[yz,\ zx^2,\ x^2y]$ の回転 $\mathrm{rot}\,\boldsymbol{f}$ を，右の模式図のように求めると，

$$\mathrm{rot}\,\boldsymbol{f}=[x^2-x^2,\ y-2x\cdot y,\ z\cdot 2x-z]$$
$$=[0,\ y(1-2x),\ z(2x-1)]$$
$$=(1-2x)[0,\ y,\ -z]$$ である。……………………………………(答)

$\mathrm{rot}\,\boldsymbol{f}$ の計算

$\frac{\partial}{\partial x}$　$\frac{\partial}{\partial y}$　$\frac{\partial}{\partial z}$　$\frac{\partial}{\partial x}$

yz　zx^2　x^2y　yz

$z\cdot 2x-z]\ [x^2-x^2,\ \ y-2xy,$

演習問題 23 ● $\mathbf{div}(\mathbf{rot}\,\boldsymbol{f})=\mathbf{0}$ の証明 ●

空間ベクトル場 $\boldsymbol{f}=[f_1,\ f_2,\ f_3]$ に対して，公式：

$\mathbf{div}(\mathbf{rot}\,\boldsymbol{f})=\mathbf{0}$ ……(∗) が成り立つことを示せ。

（シュワルツの定理：$\dfrac{\partial^2 f}{\partial x\partial y}=\dfrac{\partial^2 f}{\partial y\partial x}$ を用いてよい。）

ヒント！ (∗)の公式については，実際に，$\boldsymbol{f}=[f_1,\ f_2,\ f_3]$，の回転 $\mathbf{rot}\,\boldsymbol{f}=[f_{3y}-f_{2z},\ f_{1z}-f_{3x},\ f_{2x}-f_{1y}]$ を求めて，この発散 **div** を計算して，これが $\mathbf{0}$（スカラー）となることを確認すればいい。もちろん，その際にシュワルツの定理を利用しよう。

解答＆解説

空間ベクトル場 $\boldsymbol{f}=[f_1,\ f_2,\ f_3]$ の回転 $\mathbf{rot}\,\boldsymbol{f}$ を，右図のように求めると，

> $\mathbf{rot}\,\boldsymbol{f}$ の計算
>
> $\dfrac{\partial}{\partial x}\quad\dfrac{\partial}{\partial y}\quad\dfrac{\partial}{\partial z}\quad\dfrac{\partial}{\partial x}$
>
> $f_1\quad f_2\quad f_3\quad f_1$
>
> $\dfrac{\partial f_2}{\partial x}-\dfrac{\partial f_1}{\partial y}\Big]\Big[\dfrac{\partial f_3}{\partial y}-\dfrac{\partial f_2}{\partial z},\ \dfrac{\partial f_1}{\partial z}-\dfrac{\partial f_3}{\partial x},$

$$\mathbf{rot}\,\boldsymbol{f}=\left[\frac{\partial f_3}{\partial y}-\frac{\partial f_2}{\partial z},\ \frac{\partial f_1}{\partial z}-\frac{\partial f_3}{\partial x},\ \frac{\partial f_2}{\partial x}-\frac{\partial f_1}{\partial y}\right]$$

$=[f_{3y}-f_{2z},\ f_{1z}-f_{3x},\ f_{2x}-f_{1y}]$ ……① となる。

この①の発散 **div** を計算すると，

$$\mathbf{div}(\mathbf{rot}\,\boldsymbol{f})=\frac{\partial}{\partial x}(f_{3y}-f_{2z})+\frac{\partial}{\partial y}(f_{1z}-f_{3x})+\frac{\partial}{\partial z}(f_{2x}-f_{1y})$$

$$=f_{3yx}-f_{2zx}+f_{1zy}-f_{3xy}+f_{2xz}-f_{1yz}$$

（先）（後）（他も同じ）

$$=(f_{3yx}-f_{3xy})+(f_{2xz}-f_{2zx})+(f_{1zy}-f_{1yz})$$

（$f_{3yx}=f_{3xy}$，$f_{2xz}=f_{2zx}$，$f_{1zy}=f_{1yz}$）

> シュワルツの定理
> $\dfrac{\partial^2 f}{\partial x\partial y}=\dfrac{\partial^2 f}{\partial y\partial x}$
> $(f_{yx}=f_{xy})$ を
> 利用した！

$$=(f_{3xy}-f_{3xy})+(f_{2zx}-f_{2zx})+(f_{1yz}-f_{1yz})$$

$=\mathbf{0}$ となって，公式：

$\mathbf{div}(\mathbf{rot}\,\boldsymbol{f})=\mathbf{0}$ ……(∗) は成り立つ。 ……………………………………………(終)

> 公式(∗)から，どのような空間ベクトル場 $\boldsymbol{f}$ であっても，この回転 **rot** をとった後，発散 **div** を求めれば，その結果は必ず $\mathbf{0}$ となることが分かるんだね。

演習問題 24　● $\mathbf{rot}(\mathbf{grad}f)=\mathbf{0}$ の証明 ●

空間スカラー場 $f(x, y, z)$ に対して，公式：

$\mathbf{rot}(\mathbf{grad}f)=\mathbf{0}$ ……(＊＊) が成り立つことを示せ。

（シュワルツの定理：$\dfrac{\partial^2 f}{\partial x \partial y}=\dfrac{\partial^2 f}{\partial y \partial x}$ を用いてよい。）

ヒント！ (＊＊) の公式の証明は，空間スカラー場 $f(x, y, z)$ の勾配ベクトル $\mathbf{grad}f=[f_x, f_y, f_z]$ に対して，この回転 $\mathbf{rot}$ を実際に計算して $\mathbf{0}$ となることを示せばいいんだね。ここでも，シュワルツの定理は，重要な役割を演じる。

解答＆解説

空間スカラー場 $f(x, y, z)$ について，この勾配ベクトル $\mathbf{grad}f$ を求めると，

$$\mathbf{grad}f=\left[\frac{\partial f}{\partial x}, \frac{\partial f}{\partial y}, \frac{\partial f}{\partial z}\right]=[f_x, f_y, f_z] \quad \cdots\cdots ①$$ となる。

この①の回転 $\mathbf{rot}$ を右の模式図のように計算して求めると，

$$\mathbf{rot}(\mathbf{grad}f)=\left[\frac{\partial^2 f}{\partial y \partial z}-\frac{\partial^2 f}{\partial z \partial y}, \frac{\partial^2 f}{\partial z \partial x}-\frac{\partial^2 f}{\partial x \partial z}, \frac{\partial^2 f}{\partial x \partial y}-\frac{\partial^2 f}{\partial y \partial x}\right]$$

$$=[\underbrace{f_{zy}}_{f_{yz}}-f_{yz}, \underbrace{f_{xz}}_{f_{zx}}-f_{zx}, \underbrace{f_{yx}}_{f_{xy}}-f_{xy}]$$

$$=[\underbrace{f_{yz}-f_{yz}}_{0}, \underbrace{f_{zx}-f_{zx}}_{0}, \underbrace{f_{xy}-f_{xy}}_{0}]$$

$=[0, 0, 0]=\mathbf{0}$ となって，公式：

$\mathbf{rot}(\mathbf{grad}f)=\mathbf{0}$ ……(＊＊) は成り立つ。……………………………………………(終)

$\mathbf{rot}(\mathbf{grad}f)$ の計算
$\dfrac{\partial}{\partial x}$　$\dfrac{\partial}{\partial y}$　$\dfrac{\partial}{\partial z}$　$\dfrac{\partial}{\partial x}$
f_x　f_y　f_z　f_x
$f_{yx}-f_{xy}][f_{zy}-f_{yz}, f_{xz}-f_{zx},$

シュワルツの定理
$\dfrac{\partial^2 f}{\partial x \partial y}=\dfrac{\partial^2 f}{\partial y \partial x}$
$(f_{yx}=f_{xy})$

この公式(＊＊)から，どのような空間スカラー場 $f(x, y, z)$ であっても，勾配ベクトル ($\mathbf{grad}$) をとった後で，回転 ($\mathbf{rot}$) をとれば，必ず $\mathbf{0}$ になることが分かったんだね。

演習問題 25	●ガウスの発散定理(Ⅰ)●

空間ベクトル場 $\boldsymbol{g} = [yz^2,\ zx^2,\ xy^2]$ の回転 $\mathbf{rot}\,\boldsymbol{g}$ を，$\boldsymbol{f} = \mathbf{rot}\,\boldsymbol{g}$ ……① とおく。この空間ベクトル場 $\boldsymbol{f}$ が存在する空間に，右図に示すように，4 点 $\mathrm{O}(0,\ 0,\ 0)$，$\mathrm{A}(2,\ 0,\ 0)$，$\mathrm{B}(0,\ 3,\ 0)$，$\mathrm{C}(0,\ 0,\ 3)$ を頂点とする四面体 OABC がある。この四面体の 4 つの面を併せて閉曲面 S とし，この S で囲まれる領域を V とおく。このとき，次の各問いに答えよ。

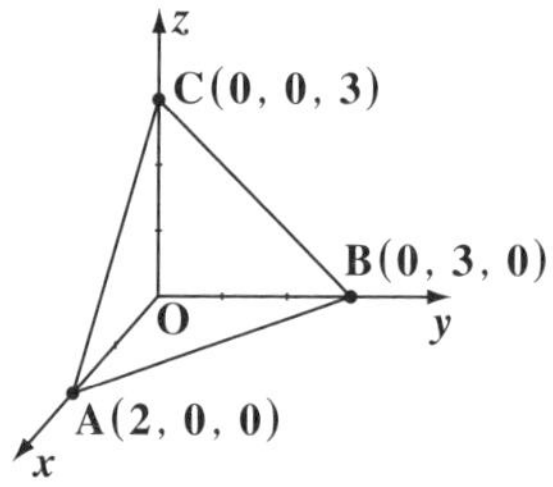

(1) 空間ベクトル場 $\boldsymbol{f}(x,\ y,\ z)$ を求めよ。

(2) 面積分 $\iint_S \boldsymbol{f}\cdot\boldsymbol{n}\,dS$ を求めよ。(ただし $\boldsymbol{n}$ は S の内部から外部に向かう単位法線ベクトルを表す。)

ヒント！ (1) $\boldsymbol{f} = \mathbf{rot}\,\boldsymbol{g}$ ……①より，$\boldsymbol{g}$ の回転を模式図を使って求めればいい。
(2) ガウスの発散定理：$\iint_S \boldsymbol{f}\cdot\boldsymbol{n}\,dS = \iiint_V \mathrm{div}\,\boldsymbol{f}\,dV$ ……$(*)$ を用いて，面積分を体積分に持ち込んで計算すればいいんだね。今回は，$\mathrm{div}(\mathbf{rot}\,\boldsymbol{g}) = 0$ となるので，計算はとても簡単になる。

解答＆解説

(1) 空間スカラー場 $\boldsymbol{g} = [yz^2,\ zx^2,\ xy^2]$ の回転 $\mathbf{rot}\,\boldsymbol{g}$ が $\boldsymbol{f}$ であるので，右の模式図の計算により，

> $\mathbf{rot}\,\boldsymbol{g}$ の計算
>
> $\frac{\partial}{\partial x}$ $\frac{\partial}{\partial y}$ $\frac{\partial}{\partial z}$ $\frac{\partial}{\partial x}$
>
> yz^2 zx^2 xy^2 yz^2
>
> $2zx - z^2]\ [2xy - x^2,\ 2yz - y^2,$

$$\boldsymbol{f} = \mathbf{rot}\,\boldsymbol{g} = [2xy - x^2,\ 2yz - y^2,\ 2zx - z^2]$$

$$= [x(2y - x),\ y(2z - y),\ z(2x - z)] \text{ ……② となる。} \cdots\cdots\cdots\cdots\text{(答)}$$

(2) 面積分 $\iint_S \boldsymbol{f}\cdot\boldsymbol{n}\,dS$ は，次のガウスの発散定理を用いて，体積分の計算に持ち込むことができる。

$$\iint_S \boldsymbol{f}\cdot\boldsymbol{n}\,dS = \iiint_V \mathrm{div}\,\boldsymbol{f}\,dV \text{ ……}(*)$$

(ここで，$\boldsymbol{n}$：S の内部から外部に向かう単位法線ベクトル)

ここで，$\boldsymbol{f} = \mathbf{rot}\,\boldsymbol{g}$ ……① より，

$\mathrm{div}\boldsymbol{f} = \mathrm{div}(\mathbf{rot}\,\boldsymbol{g}) = 0$ ……③ となる。

公式：
$\cdot\, \mathrm{div}(\mathbf{rot}\boldsymbol{f}) = 0$
$\cdot\, \mathbf{rot}(\mathbf{grad}f) = \mathbf{0}$

③を $(*)$ の右辺に代入すると，求める面積分は，

$$\iint_S \boldsymbol{f}\cdot\boldsymbol{n}\,dS = \iiint_V \underbrace{\mathrm{div}\boldsymbol{f}}_{0\,(③より)}\,dV = \iiint_V 0\,dV = 0$$ である。……………………(答)

参考

$\boldsymbol{f}(x,\ y,\ z) = [2xy - x^2,\ 2yz - y^2,\ 2zx - z^2]$ ……② の発散 $\mathrm{div}\boldsymbol{f}$ を実際に計算してみると，$\mathrm{div}\boldsymbol{f} = \dfrac{\partial}{\partial x}(2y\cdot x - x^2) + \dfrac{\partial}{\partial y}(2z\cdot y - y^2) + \dfrac{\partial}{\partial z}(2x\cdot z - z^2)$

$= 2y - 2x + 2z - 2y + 2x - 2z = 0$ となることが分かる。

次に，面積分 $\iint_S \boldsymbol{f}\cdot\boldsymbol{n}\,dS$ を直接計算することを考えてみよう。

この場合，4つの面を S_1，S_2，S_3，S_4 とおき，また，それぞれに対応する

(S_1：△OAB，S_2：△OBC，S_3：△OCA，S_4：△ABC)

法線ベクトルを順に $\boldsymbol{n}_1$，$\boldsymbol{n}_2$，$\boldsymbol{n}_3$，$\boldsymbol{n}_4$ とおくと，求める面積分は，

$$\iint_S \boldsymbol{f}\cdot\boldsymbol{n}\,dS = \iint_{S_1} \boldsymbol{f}\cdot\boldsymbol{n}_1 dS_1 + \iint_{S_2} \boldsymbol{f}\cdot\boldsymbol{n}_2 dS_2 + \iint_{S_3} \boldsymbol{f}\cdot\boldsymbol{n}_3 dS_3 + \iint_{S_4} \boldsymbol{f}\cdot\boldsymbol{n}_4 dS_4$$

となって，計算がかなり大変になる。

したがって，ガウスの発散定理を用いて，面積分を体積分に持ち込んだんだね。

演習問題 26　● ガウスの発散定理 (Ⅱ) ●

空間ベクトル場 $\boldsymbol{f} = [x^3,\ y^3,\ z^3]$ において，原点 O を中心とする半径 1 の球面 (閉曲面) を S とおき，この S で囲まれる領域を V とおく。このとき，ガウスの発散定理を用いて，$\iint_S \boldsymbol{f}\cdot\boldsymbol{n}dS$ ……① を求めよ。(ただし，$\boldsymbol{n}$ は，S の内部から外部に向かう単位法線ベクトルを表す。)

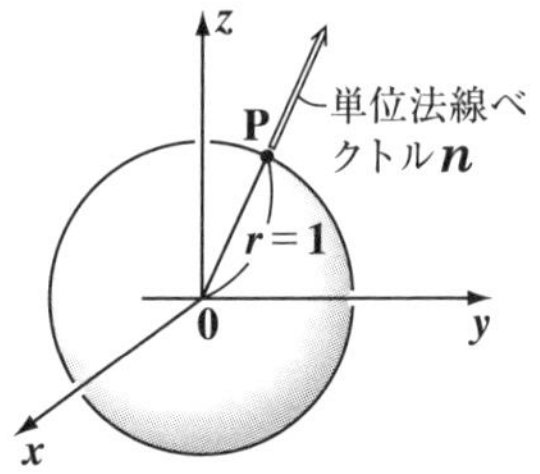

ヒント！ ①の面積分は，$\iint_S \boldsymbol{f}\cdot\boldsymbol{n}dS = \iint_S [x^3,\ y^3,\ z^3]\cdot[x,\ y,\ z]\,dS = \iint_S (x^4 + y^4 + z^4)dS$ となるので，これを直接求めるのは難しい。したがって，ガウスの発散定理を用いて，$\iint_S \boldsymbol{f}\cdot\boldsymbol{n}dS = \iiint_V \mathrm{div}\boldsymbol{f}dV$ により，体積分として計算するとうまくいくんだね。

解答＆解説

空間ベクトル場 $\boldsymbol{f} = [x^3,\ y^3,\ z^3]$ の発散 $\mathrm{div}\boldsymbol{f}$ を求めると，

$$\mathrm{div}\boldsymbol{f} = \frac{\partial(x^3)}{\partial x} + \frac{\partial(y^3)}{\partial y} + \frac{\partial(z^3)}{\partial z} = 3x^2 + 3y^2 + 3z^2$$

$= 3(x^2 + y^2 + z^2)$ ……② となる。

よって，求める①の面積分を，ガウスの発散定理を用いて体積分として求めると，

$$\iint_S \boldsymbol{f}\cdot\boldsymbol{n}dS = \iiint_V \underbrace{\mathrm{div}\boldsymbol{f}}_{3(x^2+y^2+z^2)\ (②より)}dV = 3\iiint_V (x^2 + y^2 + z^2)dV \quad ……③ \quad (②より)$$

となる。

③の右辺の被積分関数について，

$x^2 + y^2 + z^2 = r^2$ ……④ $(0 \leqq r \leqq 1)$ とおくと，

これは，原点，および原点を中心とする半径 $r\,(0 < r \leqq 1)$ の球面の方程式を表す。

次に，③の右辺の微小体積 dV について考える。

右図に示すように，原点を中心とする半径 r，微小な厚さ dr の球殻の体積を微小体積 dV とおくと，

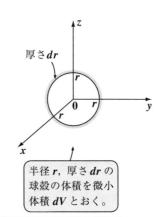

$dV = \underbrace{4\pi r^2}_{\text{半径}r\text{の球面の面積}} \cdot \underbrace{dr}_{\text{微小な厚さ}}$ ……⑤ となる。

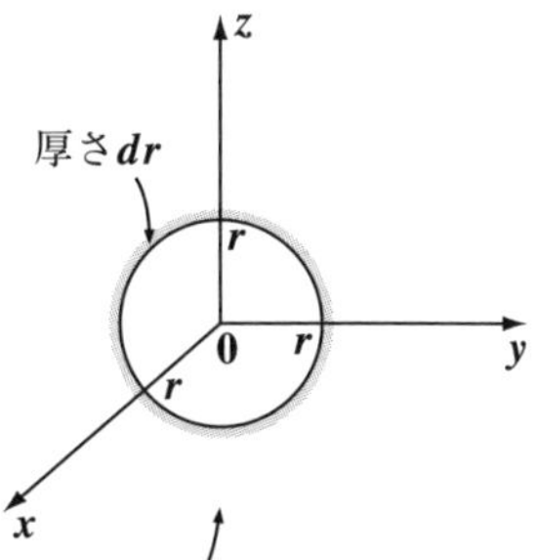

参考

③の体積分 $3\iiint_V (x^2+y^2+z^2)dV$ は，一般には，3 変数 x，y，z による 3 重積分であるが，④，⑤を用いると，1 変数 r のみによる積分に帰着するんだね。

よって，④，⑤を③の右辺に代入すると，求める面積分は，

$$\iint_S \boldsymbol{f}\cdot\boldsymbol{n}\,dS = 3\iiint_V \underbrace{(x^2+y^2+z^2)}_{r^2}\underbrace{dV}_{4\pi r^2\cdot dr} \leftarrow ④，⑤より$$

$$= 3\int_0^1 r^2\cdot 4\pi r^2 dr = 12\pi\int_0^1 r^4 dr$$

$$= 12\pi\cdot\left[\frac{1}{5}r^5\right]_0^1 = 12\pi\left(\frac{1}{5}\times 1^5 - \cancel{\frac{1}{5}\times 0^5}\right)$$

$$= \frac{12}{5}\pi$$ となる。 ……………………………………………(答)

演習問題 27　●ガウスの発散定理(Ⅲ)●

空間ベクトル場 $\boldsymbol{f}=[x^2,\ y^2,\ 2z^2]$ において，右図に示すような直方体 **OABC－DEFG** の **6** つの面を併せて S とおき，この S で囲まれる領域を V とおく。
このとき，ガウスの発散定理を用いて，
$\iint_S \boldsymbol{f}\cdot\boldsymbol{n}dS$ ……① を求めよ。(ただし，$\boldsymbol{n}$ は S の内部から外部に向かう単位法線ベクトルを表す。)

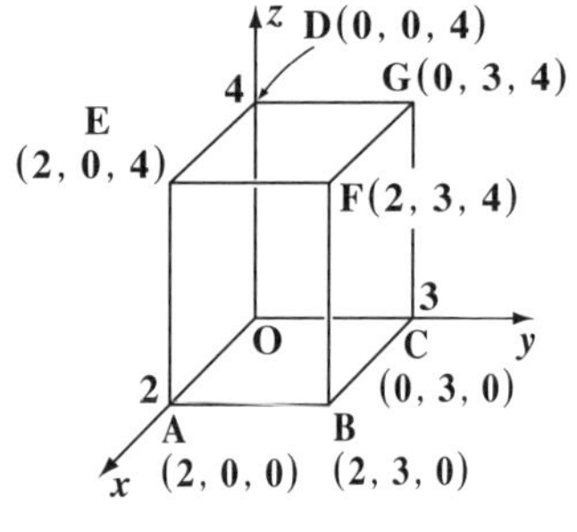

ヒント！ ①の面積分は，**6** つの面積分の総和となるため，これを直接計算するのはメンドウなんだね。よって，ガウスの発散定理：$\iint_S \boldsymbol{f}\cdot\boldsymbol{n}dS=\iiint_V \mathrm{div}\boldsymbol{f}dV$ を用いて体積分に持ち込んで解けばいい。今回は，**3** 変数 x，y，z による **3** 重積分を行うことになる。

解答＆解説

空間ベクトル場 $\boldsymbol{f}=[x^2,\ y^2,\ 2z^2]$ の発散 $\mathrm{div}\boldsymbol{f}$ を求めると，

$$\mathrm{div}\boldsymbol{f}=\frac{\partial(x^2)}{\partial x}+\frac{\partial(y^2)}{\partial y}+\frac{\partial(2z^2)}{\partial z}=2x+2y+4z$$

$$=2(x+y+2z)\ \cdots\cdots②$$ となる。

よって，求める①の面積分を，ガウスの発散定理を用いて，体積分として求めると，

$$\iint_S \boldsymbol{f}\cdot\boldsymbol{n}dS=\iiint_V \underbrace{\mathrm{div}\boldsymbol{f}}_{2(x+y+2z)\ (②より)}dV=2\iiint_V(x+y+2z)\underbrace{dV}_{dx\cdot dy\cdot dz}\ \cdots\cdots③$$ となる。

ここで，領域 V，すなわち直方体 **OABC－DEFG** は，
$0\leqq x\leqq 2$，かつ $0\leqq y\leqq 3$，かつ $0\leqq z\leqq 4$ で表されるので，
③の体積分を具体的に示すと，

$$\iint_S \boldsymbol{f}\cdot\boldsymbol{n}dS=2\int_0^4\int_0^3\int_0^2(x+y+2z)dxdydz\ \cdots\cdots③'$$ となる。

よって，この **3** 重積分を x，y，z での積分として順に実行すると，

$$\iint_S \boldsymbol{f}\cdot\boldsymbol{n}\,dS = 2\int_0^4\left[\int_0^3\left\{\int_0^2 (x+\overbrace{y+2z}^{\text{定数扱い}})\,dx\right\}dy\right]dz$$

(i) まず，x での積分

$$\left[\frac{1}{2}x^2+(y+2z)x\right]_0^2 = \frac{1}{2}\cdot 2^2+(y+2z)\cdot 2-\cancel{\frac{1}{2}\cdot 0^2}-\cancel{(y+2z)\cdot 0}$$
$$=2+2y+4z=2(y+2z+1)$$

$$=2\times 2\int_0^4\left\{\int_0^3 (y+\overbrace{2z+1}^{\text{定数扱い}})\,dy\right\}dz$$

(ii) 次に，y での積分

$$\left[\frac{1}{2}y^2+(2z+1)\cdot y\right]_0^3 = \frac{1}{2}\cdot 3^2+(2z+1)\cdot 3-\cancel{\frac{1}{2}\cdot 0^2}-\cancel{(2z+1)\cdot 0}$$
$$=\frac{9}{2}+6z+3=6z+\frac{15}{2}$$

$$=4\int_0^4\left(6z+\frac{15}{2}\right)dz$$

(iii) 最後に，z での積分

$$\left[3z^2+\frac{15}{2}\cdot z\right]_0^4 = 3\cdot 4^2+\frac{15}{2}\cdot 4\cancel{-3\cdot 0^2}-\cancel{\frac{15}{2}\cdot 0}$$
$$=48+30=78$$

$=4\times 78=312$ となる。……………………………………………(答)

このように，**3** 重積分の場合，(i)x での積分，(ii)y での積分，(iii)z での積分の順に，積分計算していけばいいんだね。大丈夫だった？

演習問題 28　●ストークスの定理(Ⅰ)●

空間スカラー場 $g(x,\ y,\ z)=xy+z^2$ の勾配ベクトル場を空間ベクトル場 $\boldsymbol{f}$ とおく。すなわち $\boldsymbol{f}=\mathbf{grad}\,g$ とおく。

また，xy 平面上に原点を中心とする半径 3 の閉曲線(円) C：$x^2+y^2=9\ (z=0)$ があり，C に囲まれる xy 平面上の曲面(円)を S とおく。このとき，

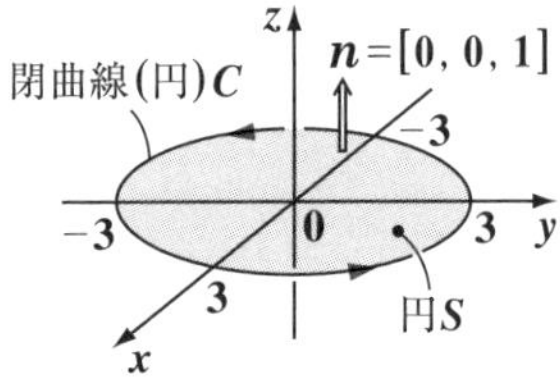

(ⅰ) 接線線積分：$\displaystyle\oint_C \boldsymbol{f}\cdot d\boldsymbol{r}$ ……① と(ⅱ) 面積分 $\displaystyle\iint_S \mathbf{rot}\,\boldsymbol{f}\cdot\boldsymbol{n}\,dS$ ……② を求めて，ストークスの定理：$\displaystyle\oint_C \boldsymbol{f}\cdot d\boldsymbol{r}=\iint_S \mathbf{rot}\,\boldsymbol{f}\cdot\boldsymbol{n}\,dS$ ……(＊) が成り立つことを確認せよ。(ただし，S に対する単位法線ベクトル $\boldsymbol{n}$ の z 成分は正とする。)

ヒント！ (ⅱ)の②の面積分が 0 になることが分かる人は，よく復習している人だね。(ⅰ)の①の接線線積分は，$x=3\cos\theta$，$y=3\sin\theta\ (0\leqq\theta\leqq2\pi)$ とおいて計算して，これも 0 となることを確認すればいいんだね。頑張ろう！

解答＆解説

空間スカラー場 $g=xy+z^2$ の勾配ベクトル $\mathbf{grad}\,g$ を求めて，これを空間ベクトル場 $\boldsymbol{f}$ とおくと，

（定数扱い）　（定数扱い）　（定数扱い）

$$\boldsymbol{f}(x,\ y,\ z)=\mathbf{grad}\,g=\left[\frac{\partial}{\partial x}(x\cdot y+z^2),\ \frac{\partial}{\partial y}(x\cdot y+z^2),\ \frac{\partial}{\partial z}(xy+z^2)\right]$$

$$=[1\cdot y+0,\ x\cdot1+0,\ 0+2z]=[y,\ x,\ 2z]\ \cdots\cdots③$$ となる。

(ⅰ) 接線線積分 $\displaystyle\oint_C \boldsymbol{f}\cdot d\boldsymbol{r}$ について，

閉曲線(円) C：$x^2+y^2=9$ は右図に示すように，媒介変数 θ を用いて，

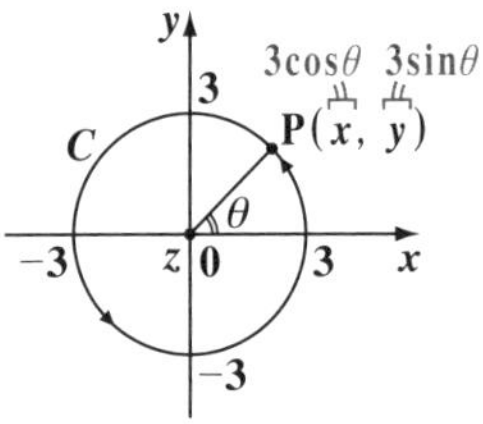

$$\begin{cases}x=3\cos\theta\ \cdots\cdots④\\ y=3\sin\theta\ \cdots\cdots⑤\end{cases}\ (0\leqq\theta\leqq2\pi,\ z=0)$$ と表せる。

よって，④，⑤より，dx と dy を求めると，

$dx = -3\sin\theta d\theta$, $dy = 3\cos\theta d\theta$ となる。また，

（dx：④の左辺の x を x で微分して，dx をかけた $1\cdot dx$ のこと。）（$-3\sin\theta d\theta$：④の右辺の $3\cos\theta$ を θ で微分して，$d\theta$ をかけた $3\cdot(-\sin\theta)d\theta$ のこと。）（dy：⑤の左辺の y を y で微分して，dy をかけた $1\cdot dy$ のこと。）（$3\cos\theta d\theta$：⑤の右辺の $3\sin\theta$ を θ で微分して，$d\theta$ をかけた $3\cdot\cos\theta d\theta$ のこと。）

xy 平面上の円なので，$z=0$ より，$dz=0$ となる。

$\therefore\ d\boldsymbol{r} = [dx,\ dy,\ dz] = [-3\sin\theta d\theta,\ 3\cos\theta d\theta,\ 0]$

これと③，④，⑤より，求める接線線積分は，

$$\oint_C \boldsymbol{f}\cdot d\boldsymbol{r} = \oint_C [y,\ x,\ 2\underbrace{z}_{0}]\cdot[dx,\ dy,\ \underbrace{dz}_{0}]$$

公式：$\cos 2\theta = \cos^2\theta - \sin^2\theta$

$$= \int_0^{2\pi} \underbrace{[3\sin\theta,\ 3\cos\theta,\ 0]\cdot[-3\sin\theta d\theta,\ 3\cos\theta d\theta,\ 0]}_{-9\sin^2\theta d\theta + 9\cos^2\theta d\theta = 9(\cos^2\theta - \sin^2\theta)d\theta = 9\cos 2\theta d\theta}$$

$$= 9\int_0^{2\pi} \cos 2\theta d\theta = 9\times\frac{1}{2}[\sin 2\theta]_0^{2\pi} = \frac{9}{2}(\underbrace{\sin 4\pi}_{0} - \underbrace{\sin 0}_{0}) = 0$$

$\therefore\ \oint_C \boldsymbol{f}\cdot d\boldsymbol{r} = 0$ ……①′ である。…………………………………………(答)

(ⅱ) 面積分 $\iint_S \mathrm{rot}\,\boldsymbol{f}\cdot\boldsymbol{n}dS$ ……② について，

公式：$\mathrm{rot}(\mathrm{grad} f) = \boldsymbol{0}$

$\boldsymbol{f} = \mathrm{grad}\,g$ より，$\mathrm{rot}\,\boldsymbol{f} = \mathrm{rot}(\mathrm{grad}\,g) = \boldsymbol{0}$ ……⑥ である。

また，$\boldsymbol{n} = [0,\ 0,\ 1]$ より，求める面積分は，

$$\iint_S \mathrm{rot}\,\boldsymbol{f}\cdot\boldsymbol{n}dS = \iint_S \underbrace{\boldsymbol{0}\cdot\boldsymbol{n}}_{[0,\ 0,\ 0]\cdot[0,\ 0,\ 1] = 0+0+0 = 0}dS = \iint_S 0dS = 0$$

$\therefore\ \iint_S \mathrm{rot}\,\boldsymbol{f}\cdot\boldsymbol{n}dS = 0$ ……②′ である。………………………………(答)

以上(ⅰ)(ⅱ)の①′，②′より，今回の問題においても，ストークスの定理：

$\oint_C \boldsymbol{f}\cdot d\boldsymbol{r} = \iint_S \mathrm{rot}\,\boldsymbol{f}\cdot\boldsymbol{n}dS$ ……(＊) が成り立つことが確認できた。………(終)

演習問題 29　●ストークスの定理(Ⅱ)●

空間ベクトル場 $\boldsymbol{f}=[-2y,\ 3x,\ 0]$ において，xy 平面上に原点を中心とする半径 2 の閉曲線(円) C：$x^2+y^2=4$ $(z=0)$ があり，C に囲まれる xy 平面上の曲面(円)を S とおく。このとき，

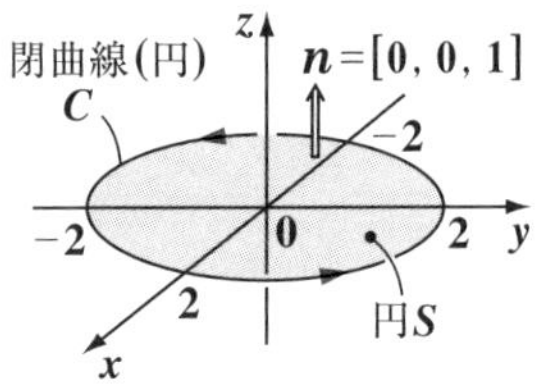

(ⅰ) $\displaystyle\iint_S \mathrm{rot}\,\boldsymbol{f}\cdot\boldsymbol{n}\,dS$ ……① と

(ⅱ) $\displaystyle\oint_C \boldsymbol{f}\cdot d\boldsymbol{r}$ ……………②　を求めて，

ストークスの定理：$\displaystyle\iint_S \mathrm{rot}\,\boldsymbol{f}\cdot\boldsymbol{n}\,dS=\oint_C \boldsymbol{f}\cdot d\boldsymbol{r}$ ……(∗) が成り立つことを確認せよ。(ただし，$\boldsymbol{n}$ は S に対する単位法線ベクトルであり，その z 成分は正とする。)

ヒント！ (ⅰ)の①の面積分は，$\mathrm{rot}\,\boldsymbol{f}\cdot\boldsymbol{n}$ が定数となるので，簡単に求められる。(ⅱ)の②の接線線積分では，媒介変数 θ を用いて，$x=2\cos\theta$，$y=2\sin\theta$ とおいて計算すればいい。

解答＆解説

(ⅰ) 面積分：$\displaystyle\iint_S \mathrm{rot}\,\boldsymbol{f}\cdot\boldsymbol{n}\,dS$ ……① について，

$\boldsymbol{f}=[-2y,\ 3x,\ 0]$ の回転 $\mathrm{rot}\,\boldsymbol{f}$ を右の模式図から求めると，

$\mathrm{rot}\,\boldsymbol{f}=[0,\ 0,\ 5]$ ……③ である。

rot $\boldsymbol{f}$ の計算

$$\frac{\partial}{\partial x}\quad \frac{\partial}{\partial y}\quad \frac{\partial}{\partial z}\quad \frac{\partial}{\partial x}$$
$$-2y\quad 3x\quad 0\quad -2y$$
$$3-(-2)]\,[0-0,\quad 0-0,$$

また，S の単位法線ベクトル $\boldsymbol{n}$ は，

$\boldsymbol{n}=[0,\ 0,\ 1]$ ……④ である。よって，③と④の内積は，

$\mathrm{rot}\,\boldsymbol{f}\cdot\boldsymbol{n}=[0,\ 0,\ 5]\cdot[0,\ 0,\ 1]=0^2+0^2+5\times1=5$ ……⑤ となる。

⑤を①に代入して，

$$\iint_S \underbrace{\mathrm{rot}\,\boldsymbol{f}\cdot\boldsymbol{n}}_{⑤}\,dS=5\underbrace{\iint_S dS}_{\pi\cdot2^2=4\pi}=5\times4\pi=20\pi \text{ ……⑥ である。} \cdots\cdots\cdots\text{(答)}$$

($\pi\cdot2^2=4\pi$) ← (S は，半径 $r=2$ の円より)

(ii) 接線線積分：$\oint_C \boldsymbol{f}\cdot d\boldsymbol{r}$ ……② について，

閉曲線 C：$x^2+y^2=4\ (z=0)$ は，xy 平面上の原点を中心とする半径 2 の円より，媒介変数 θ を用いて，円 C 上の点 $\mathrm{P}(x,\ y,\ z)$ の座標は，

$x=2\cos\theta$ ……⑦　　$y=2\sin\theta$ ……⑧　　$z=0$ ……⑨

$(0\leqq\theta\leqq 2\pi)$ と表される。また，この微分量 $dx,\ dy,\ dz$ は，

$\underbrace{dx}_{1\cdot dx}=\underbrace{-2\sin\theta d\theta}_{2\cdot(-\sin\theta)d\theta}$ ……⑦′，$\underbrace{dy}_{1\cdot dy}=\underbrace{2\cos\theta d\theta}_{2\cdot\cos\theta\cdot d\theta}$ ……⑧′，$dz=0$ ……⑨′ となる。

以上より，$\boldsymbol{f}=[-2y,\ 3x,\ 0]=[-2\cdot\underbrace{2\sin\theta}_{y\ (⑧より)},\ 3\cdot\underbrace{2\cos\theta}_{x\ (⑦より)},\ 0]=[-4\sin\theta,\ 6\cos\theta,\ 0]$

$d\boldsymbol{r}=[dx,\ dy,\ dz]=[\underbrace{-2\sin\theta d\theta}_{dx\ (⑦'より)},\ \underbrace{2\cos\theta d\theta}_{dy\ (⑧'より)},\ 0]$　となるので，

求める接線線積分は，

$$\oint_C \boldsymbol{f}\cdot d\boldsymbol{r}=\int_0^{2\pi}\underbrace{[-4\sin\theta,\ 6\cos\theta,\ 0]\cdot[-2\sin\theta d\theta,\ 2\cos\theta d\theta,\ 0]}_{8\sin^2\theta d\theta+12\cos^2\theta d\theta+0=4(2\sin^2\theta+3\cos^2\theta)d\theta}$$

$$=4\int_0^{2\pi}\underbrace{(2\sin^2\theta+3\cos^2\theta)}_{2(\underbrace{\sin^2\theta+\cos^2\theta}_{1})+\underbrace{\cos^2\theta}_{\frac{1+\cos 2\theta}{2}}=2+\frac{1}{2}(1+\cos 2\theta)=\frac{5}{2}+\frac{1}{2}\cos 2\theta}d\theta$$

$$=4\int_0^{2\pi}\left(\frac{5}{2}+\frac{1}{2}\cos 2\theta\right)d\theta=4\left[\frac{5}{2}\theta+\frac{1}{4}\sin 2\theta\right]_0^{2\pi}$$

公式：$\int\cos m\theta d\theta=\frac{1}{m}\sin m\theta$

$$=4\left(\frac{5}{2}\times 2\pi+\frac{1}{4}\underbrace{\sin 4\pi}_{0}-\frac{5}{2}\times 0-\frac{1}{4}\underbrace{\sin 0}_{0}\right)$$

$=4\times 5\pi=20\pi$ ……⑩ である。 ……………………………(答)

以上 (i)(ii) の⑥，⑩より，今回の問題においても，ストークスの定理：

$\iint_S \mathrm{rot}\boldsymbol{f}\cdot\boldsymbol{n}dS=\oint_C \boldsymbol{f}\cdot d\boldsymbol{r}$ ……(＊) が成り立つことが確認できた。………(終)

演習問題 30　●ストークスの定理 (Ⅲ)●

空間ベクトル場 $\boldsymbol{f}=[-y,\ x,\ 0]$ において，xy 平面上に 4 点 O(0, 0, 0), A(1, 0, 0), B(1, 1, 0), C(0, 1, 0) を頂点とする正方形 OABC を閉曲線 C とおき，C に囲まれる xy 平面上の曲面 (正方形) を S とおく。このとき，

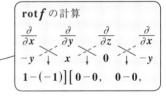

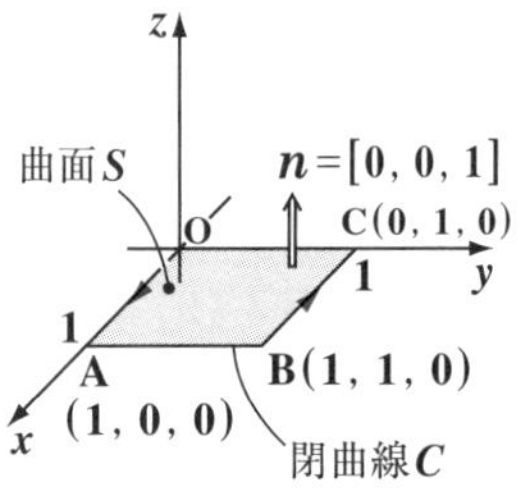

ストークスの定理：$\iint_S \mathrm{rot}\,\boldsymbol{f}\cdot\boldsymbol{n}\,dS=\oint_C \boldsymbol{f}\cdot d\boldsymbol{r}$ ……(＊) が成り立つことを確認せよ。(ただし，$\boldsymbol{n}$ は S に対する単位法線ベクトルで，その z 成分は正とする。)

ヒント！ $\mathrm{rot}\,\boldsymbol{f}\cdot\boldsymbol{n}$ は定数となるので，(＊) の左辺の面積分は容易に計算できる。(＊) の右辺の接線線積分は，今回は正方形なので，(ⅰ) O→A，(ⅱ) A→B，(ⅲ) B→C，(ⅳ) C→O の 4 つに分解して計算し，その総和を求めないといけないんだね。頑張ろう！

解答＆解説

(Ⅰ) (＊) の左辺の面積分：$\iint_S \mathrm{rot}\,\boldsymbol{f}\cdot\boldsymbol{n}\,dS$ ……① について，

$\boldsymbol{f}=[-y,\ x,\ 0]$ の回転 $\mathrm{rot}\,\boldsymbol{f}$ を右の模式図により求めると，

$\mathrm{rot}\,\boldsymbol{f}=[0,\ 0,\ 2]$ ……② となる。

rot $\boldsymbol{f}$ の計算

$$\begin{array}{cccc} \dfrac{\partial}{\partial x} & \dfrac{\partial}{\partial y} & \dfrac{\partial}{\partial z} & \dfrac{\partial}{\partial x} \\ -y & x & 0 & -y \\ 1-(-1)] & [0-0, & 0-0, & \end{array}$$

また，正方形 S の単位法線ベクトル $\boldsymbol{n}$ は，$\boldsymbol{n}=[0,\ 0,\ 1]$ ……③ である。よって，②，③を①に代入して，面積分①は，

$$\iint_S \underbrace{\mathrm{rot}\,\boldsymbol{f}}_{[0,\,0,\,2]}\cdot\underbrace{\boldsymbol{n}}_{[0,\,0,\,1]}dS=\iint_S \underbrace{[0,\ 0,\ 2]\cdot[0,\ 0,\ 1]}_{0^2+0^2+2\cdot 1=2}dS$$

$$=2\underbrace{\iint_S dS}_{\text{正方形 OABC の面積 } 1^2=1}=2\times 1=\underline{\underline{2}} \text{ ……④}$$ である。

(II) (＊)の右辺の接線線積分：

$\oint_C \boldsymbol{f}\cdot d\boldsymbol{r}$ ……⑤ について，

$\boldsymbol{f}\cdot d\boldsymbol{r} = [-y,\ x,\ 0]\cdot[dx,\ dy,\ 0]$

$z=0$ (一定)より，変化しないので，この微小な変化分 $dz=0$ となる。

$= -y\cdot dx + x\cdot dy$ ……⑥

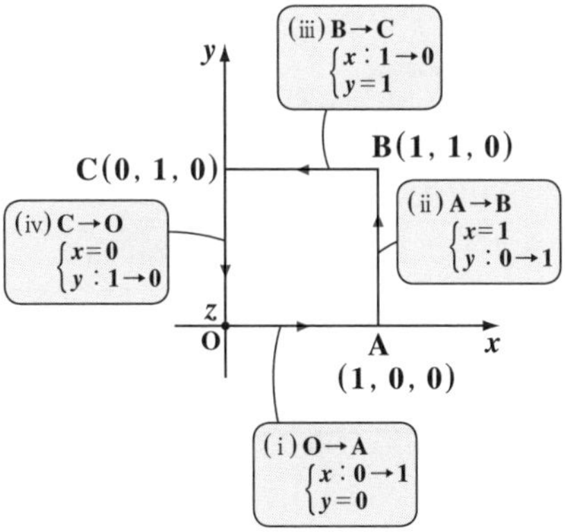

⑥を⑤に代入して，これを線積分する場合，右図に示すように，(i) O→A，(ii) A→B，(iii) B→C，(iv) C→O の4つに場合分けして行う。よって，

$$\oint_C \boldsymbol{f}\cdot d\boldsymbol{r} = \oint_C (-ydx + xdy) \ \cdots\cdots ⑦,$$

$$\oint_C \boldsymbol{f}\cdot d\boldsymbol{r} = \underbrace{\int_{O\to A}}_{(i)} + \underbrace{\int_{A\to B}}_{(ii)} + \underbrace{\int_{B\to C}}_{(iii)} + \underbrace{\int_{C\to O}}_{(iv)} \ \cdots\cdots ⑦' \text{ となる。}$$

参考

右上図から分かるように

(i) $\int_{O\to A}$ では，x は，$x: 0\to 1$ に変化するが，
y は，$y=0$ (一定)で変化しないので，当然の微小変化分 $dy=0$ となる。

よって，$\int_{O\to A} = \int_0^1 (\underbrace{-y\cdot dx}_{0} + \underbrace{x\cdot dy}_{0}) = 0$ となる。

同様に，(ii) $\int_{A\to B}$ では，$x=1$ (一定)より，$dx=0$，$y: 0\to 1$

(iii) $\int_{B\to C}$ では，$x: 1\to 0$，$y=1$ (一定)より，$dy=0$

(iv) $\int_{C\to O}$ では，$x=0$ (一定)より，$dx=0$，$y: 1\to 0$ となるんだね。

$$\iint_S \text{rot}\, \boldsymbol{f}\cdot\boldsymbol{n}\,dS = 2 \quad \cdots\cdots ④$$

$$\oint_C \boldsymbol{f}\cdot d\boldsymbol{r} = \oint_C (-y\,dx + x\,dy) \quad \cdots\cdots ⑦$$

$$\oint_C \boldsymbol{f}\cdot d\boldsymbol{r} = \int_{O\to A} + \int_{A\to B} + \int_{B\to C} + \int_{C\to O} \quad \cdots\cdots ⑦'$$

(i) $\int_{O\to A}$ について，

$x : 0 \to 1$，$y = 0$（一定）より

$dy = 0$

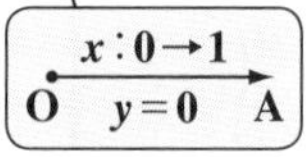

これらを⑦に代入して，

$$\int_{O\to A} = \int_0^1 (-\cancel{\underbrace{y}_{0}dx} + \cancel{x\underbrace{dy}_{0}}) = 0 \quad \cdots\cdots ⑧$$ である。

(ii) $\int_{A\to B}$ について，

$x = 1$（一定）より $dx = 0$，$y : 0 \to 1$

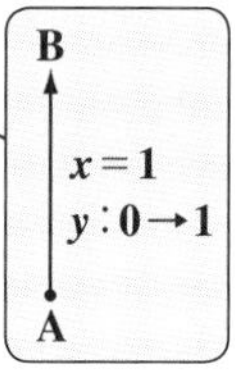

これらを⑦に代入して，

$$\int_{A\to B} = \int_0^1 (-\cancel{y\underbrace{dx}_{0}} + \underbrace{x}_{1}dy)$$

$$= \int_0^1 dy = [y]_0^1 = 1 - 0 = 1 \quad \cdots\cdots ⑨$$ である。

(iii) $\int_{B\to C}$ について，

$x : 1 \to 0$，$y = 1$（一定）より $dy = 0$

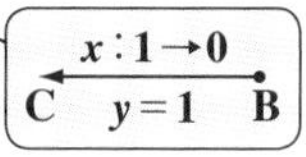

これらを⑦に代入して，

$$\int_{B\to C} = \int_1^0 (-\underbrace{y}_{1}dx + \cancel{x\underbrace{dy}_{0}})$$

$$= -\int_1^0 dx = \int_0^1 dx$$

$$= [x]_0^1 = 1 - 0 = 1 \quad \cdots\cdots ⑩$$ である。

(iv) $\int_{C \to O}$ について，

$x = 0$ (一定) より $dx = 0$，$y : 1 \to 0$

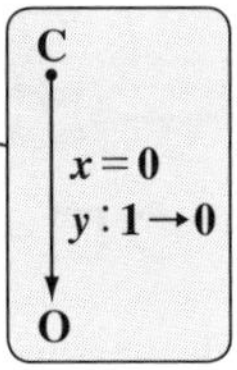

これらを⑦に代入して，

$$\int_{C \to O} = \int_1^0 (-\underbrace{y\,dx}_{0} + \underbrace{x\,dy}_{0}) = 0 \quad \cdots\cdots ⑪ \text{ である。}$$

以上 (i)(ii)(iii)(iv) の⑧，⑨，⑩，⑪を⑦′に代入して，

接線線積分 $\oint_C \boldsymbol{f} \cdot d\boldsymbol{r}$ ……⑤ は，

$$\oint_C \boldsymbol{f} \cdot d\boldsymbol{r} = \underbrace{0}_{\int_{O \to A}} + \underbrace{1}_{\int_{A \to B}} + \underbrace{1}_{\int_{B \to C}} + \underbrace{0}_{\int_{C \to O}} = \underline{\underline{2}} \quad \cdots\cdots ⑫ \text{ である。}$$

以上 (I) の $\iint_S \text{rot}\,\boldsymbol{f} \cdot \boldsymbol{n}\,dS = \underline{\underline{2}}$ ……④と⑫より，

今回の問題において，ストークスの定理：

$\iint_S \text{rot}\,\boldsymbol{f} \cdot \boldsymbol{n}\,dS = \oint_C \boldsymbol{f} \cdot d\boldsymbol{r}$ ……(＊) が成り立つことが確認できた。………(終)

講義 Lecture 3 静電場 ● methods & formulae

§1. クローンの法則とマクスウェルの方程式

図1に示すように，r(m)だけ離れた2つの**点電荷** q_1(C)と q_2(C)に互いに作用する力について，q_1 が q_2 に及ぼす**クーロン力** $\boldsymbol{f}_{12}$ は，

図1　クーロンの法則

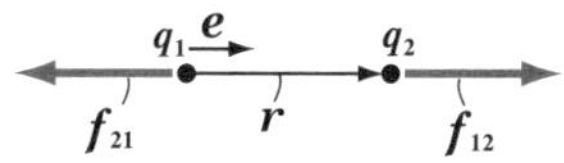

$$\boldsymbol{f}_{12} = k\frac{q_1q_2}{r^2}\boldsymbol{e} = k\frac{q_1q_2}{r^3}\boldsymbol{r}$$

$\left(r = \|\boldsymbol{r}\|,\ \boldsymbol{e} = \frac{\boldsymbol{r}}{r},\ k = \frac{1}{4\pi\varepsilon_0}\right)$

図は $q_1q_2 > 0$ のイメージ

$$\boldsymbol{f}_{12} = \frac{1}{4\pi\varepsilon_0}\cdot\frac{q_1q_2}{r^2}\boldsymbol{e} \quad \cdots\cdots①$$ または，

$$\boldsymbol{f}_{12} = \frac{1}{4\pi\varepsilon_0}\cdot\frac{q_1q_2}{r^3}\boldsymbol{r} \quad \cdots\cdots①'$$ （ε_0：**真空の誘電率**）

と表される。q_2 が q_1 に及ぼすクーロン力 $\boldsymbol{f}_{21}$ は，作用・反作用の法則より，$\boldsymbol{f}_{21} = -\boldsymbol{f}_{12}$ となる。

①，①′の比例定数 $k = \frac{1}{4\pi\varepsilon_0}$ は，**光速** $c = 2.998\times10^8$ (m/s) を用いて，

$$k = \frac{1}{4\pi\varepsilon_0} = c^2\times10^{-7} = 8.988\times10^9\ (\mathrm{Nm^2/C^2})$$ ←（①より，$k = \frac{fr^2}{q_1q_2}$ (Nm²/C²)）

$$\therefore \varepsilon_0 = \frac{1}{4\pi\times c^2\times10^{-7}} = \frac{1}{4\pi\times8.988\times10^9} = 8.854\times10^{-12}\ (\mathrm{C^2/Nm^2})$$ となる。

次に，図2に示すように，複数の点電荷 q_1，q_2，…，q_n が点電荷 q に及ぼす合力を $\boldsymbol{f}$ とおく。また，点 q_k から点 q に向かうベクトルを $\boldsymbol{r}_k$ とおき，q_k が q に及ぼすクーロン力を $\boldsymbol{f}_k$ とおくと，①′より，

図2　クーロン力の重ね合わせ

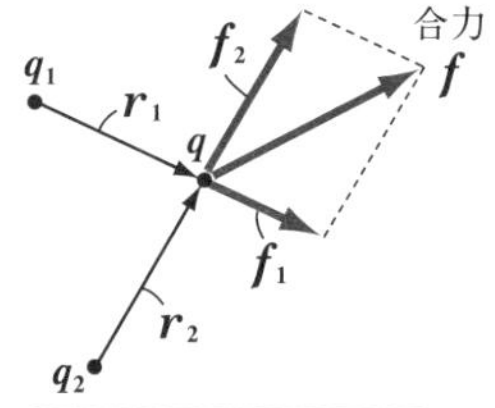

図は，$n = 2$ のイメージ

$$\boldsymbol{f}_k = \frac{1}{4\pi\varepsilon_0}\cdot\frac{qq_k}{r_k^3}\boldsymbol{r}_k \quad \cdots\cdots③ \quad (k = 1,\ 2,\ 3,\ \cdots,\ n)$$ となる。$(r_k = \|\boldsymbol{r}_k\|)$

ここで，複数の点電荷 q_1，q_2，…，q_n が点電荷 q に及ぼすクーロン力の合力 $\boldsymbol{f}$ は，③を単純に足し合わせたもの，すなわち，

$$\boldsymbol{f} = \sum_{k=1}^{n}\boxed{\frac{1}{4\pi\varepsilon_0}\cdot q}\frac{q_k}{r_k^3}\boldsymbol{r}_k = \frac{q}{4\pi\varepsilon_0}\sum_{k=1}^{n}\frac{q_k}{r_k^3}\boldsymbol{r}_k$$ となる。

（定数）

これを，クーロン力の**重ね合わせの原理**という。

点電荷 Q が $r(=\|\boldsymbol{r}\|)$ だけ離れた点電荷 q に及ぼすクーロン力 $\boldsymbol{f}$ を，

$$\boldsymbol{f}=q\cdot\underbrace{\frac{1}{4\pi\varepsilon_0}\cdot\frac{Q}{r^2}\boldsymbol{e}}_{\boldsymbol{E}}\quad\cdots\cdots④\quad\left(\boldsymbol{e}=\frac{\boldsymbol{r}}{r}\right)$$

と変形し，

$$\boldsymbol{E}=\frac{1}{4\pi\varepsilon_0}\cdot\frac{Q}{r^2}\boldsymbol{e}\quad\left(=\frac{1}{4\pi\varepsilon_0}\cdot\frac{Q}{r^3}\boldsymbol{r}\right)$$

とおくと，④は，$\boldsymbol{f}=q\boldsymbol{E}$ となる。ここで，点電荷 q の位置を任意に変化させると，$\boldsymbol{r}$ は点 Q を始点として，空間全体を動くベクトルとなるため，$\boldsymbol{E}$ は $\boldsymbol{r}$ の関数として $\boldsymbol{E}(\boldsymbol{r})$ と表せる。この $\boldsymbol{E}(\boldsymbol{r})$ を点 Q が空間に作る**電場**という。(図 3 (i)(ii))

図 3 クーロンの法則と電場

(i) Q が作る電場 $\boldsymbol{E}$

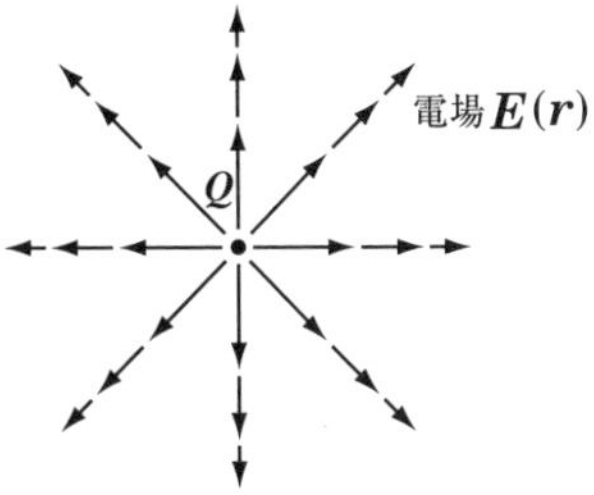

(ii) 電場 $\boldsymbol{E}$ より q が受ける力

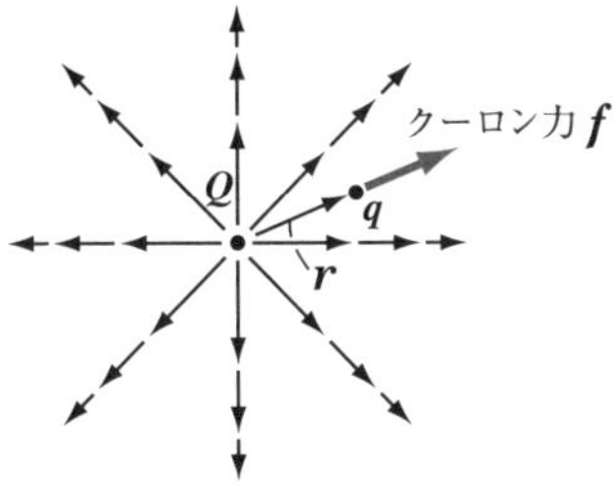

次，図 4 に示すように，任意の閉曲面 S をとり，その内部に点電荷 Q があるとき，これが表面 S 上に作る電場を $\boldsymbol{E}$ とすると，次の"**ガウスの法則の積分形**"が成り立つ。

$$\underbrace{\iint_S \boldsymbol{E}\cdot\boldsymbol{n}dS}_{\iiint_V \mathrm{div}\boldsymbol{E}dV\ (\text{ガウスの発散定理より})}=\frac{Q}{\varepsilon_0}\quad\cdots\cdots(*1)$$

ここで，"**ガウスの発散定理**"を用いると，$(*1)$は，

$$\iiint_V \mathrm{div}\boldsymbol{E}dV=\frac{Q}{\varepsilon_0}\quad\cdots\cdots(*1)'$$

となり，

図 4　ガウスの法則 $\iint_S \boldsymbol{E}\cdot\boldsymbol{n}dS=\frac{Q}{\varepsilon_0}$

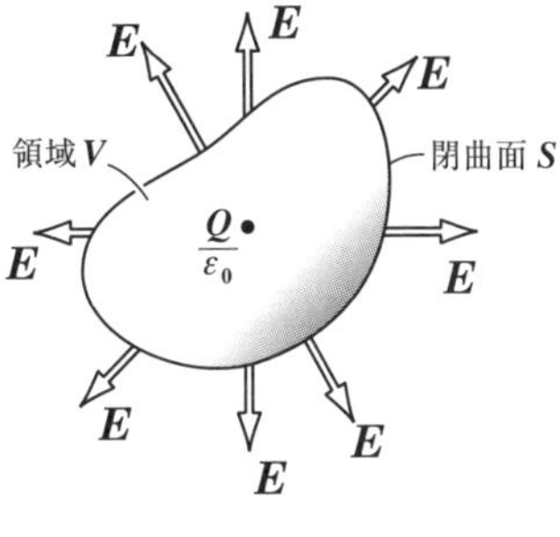

ここで，電荷 Q が領域 V 内に連続的に分布しているものと考えて，領域 V 内の微小な体積 ΔV とそれに含まれる微小な電荷 ΔQ に着目すると $(*1)'$ は，

$\mathrm{div}\boldsymbol{E}\cdot\Delta V=\dfrac{\Delta Q}{\varepsilon_0}$ となり，これから，$\mathrm{div}\boldsymbol{E}=\dfrac{\rho}{\varepsilon_0}\quad\cdots\cdots(*2)\quad\left(\rho=\dfrac{\Delta Q}{\Delta V}\right)$ が導かれる。これを"**ガウスの法則の微分形式**"という。

ここで，新たに**電束密度** $\boldsymbol{D}=\varepsilon_0\boldsymbol{E}$ を用いると，
$(*2)$ は次のように簡単化される。
$\mathrm{div}\boldsymbol{D}=\rho$ ……$(*2)'$　この $(*2)'$，または $\mathrm{div}\boldsymbol{E}=\dfrac{\rho}{\varepsilon_0}$ ……$(*2)$ は，
"マクスウェルの方程式" の **1** つである。

空間に，電場 $\boldsymbol{E}$ が存在するとき，空間内の各点の電場 $\boldsymbol{E}$ を接線とする曲線が描ける。この曲線を**電気力線**と呼ぶ。

図 5 に示すように，静電場の場合，この電気力線は正電荷から始まり，負電荷で終わることになる。そして，電気力線の密度によって，電場の大きさの大小が分かり，その向きも分かるので電場の様子をイメージとしてとらえやすくなる。ここで，真空中においては，$\boldsymbol{D}=\varepsilon_0\boldsymbol{E}$ から分かるように，電場 $\boldsymbol{E}$ と電束密度 $\boldsymbol{D}$ には比例関係があるので，電気力線の代わりに，電束密度の曲線 (**電束線**) として，正電荷から負電荷に向けて曲線を描いてもいい。マクスウェルの方程式

図5　電気力線 (電束密度) のイメージ

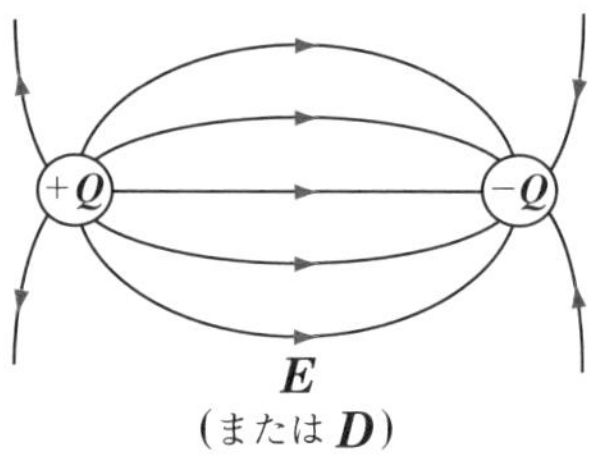

$\mathrm{div}\boldsymbol{E}=\dfrac{\rho}{\varepsilon_0}$ ……$(*2)$，または

$\mathrm{div}\boldsymbol{D}=\rho$ ………$(*2)'$ で，$\rho=0$ の場合の $\boldsymbol{E}$ (電気力線) または $\boldsymbol{D}$ (電束線) のイメージを図 6 に示す。$\rho=0$ より，微小領域 ΔV に電荷がないので，$\boldsymbol{E}$ (または $\boldsymbol{D}$) は，入ってきたものと同じ量 (本数) のものが外に流出することになる。

図6　電気力線 (電束密度)

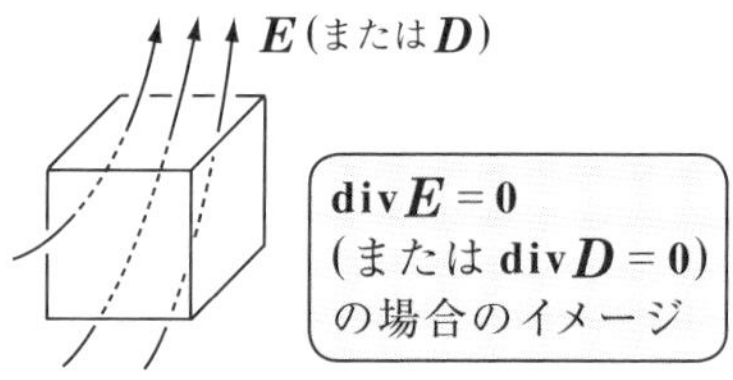

§2. 電位と電場

静電場 $\boldsymbol{E}$ の中で q(C) の点電荷を経路 C_0 に沿って，点 P_0 から P_1 までゆっくりと移動させるのに要する仕事 W を求め，これから**電位** ϕ を定義し，さらに静電場 $\boldsymbol{E}$ と電位 ϕ との関係について調べよう。点電荷 q は静電場 $\boldsymbol{E}$ から $\boldsymbol{f}=q\boldsymbol{E}$ の力を受ける。この力に逆らって微小な変位 $d\boldsymbol{r}$ だけゆっくりと移動させるのに必要な仕事 dW は，$dW=-\boldsymbol{f}\cdot d\boldsymbol{r}=-q\boldsymbol{E}\cdot d\boldsymbol{r}$ となる。よって，これを経路 C_0 に沿って接線線積分すれば，点電荷 q を P_0 から P_1 まで C_0 に沿って移動させるのに要する仕事 W が求まるので，

$W=-q\int_{C_0}\boldsymbol{E}\cdot d\boldsymbol{r}$ ……① と表される。

ここで，図1に示すように，原点Oに点電荷 Q をおくことによって電場 $\boldsymbol{E}$ が生じたものとすると，

$\boldsymbol{E}=\frac{1}{4\pi\varepsilon_0}\cdot\frac{Q}{r^2}\boldsymbol{e}$ ……② $\left(\boldsymbol{e}=\frac{\boldsymbol{r}}{r}\right)$

図1 仕事 W の計算

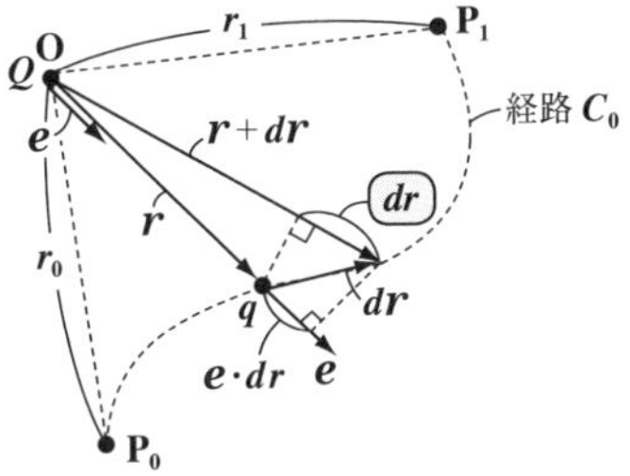

となる。②を①に代入して，

$W=-\frac{qQ}{4\pi\varepsilon_0}\int_{C_0}\frac{1}{r^2}\boldsymbol{e}\cdot d\boldsymbol{r}$ ……③

図1より，近似的に $\boldsymbol{e}\cdot d\boldsymbol{r}=dr$ ……④

となるので，④を③に代入し，$OP_0=r_0$，$OP_1=r_1$ とおくと，

$$W=\frac{qQ}{4\pi\varepsilon_0}\int_{r_0}^{r_1}\left(-\frac{1}{r^2}\right)dr=\frac{qQ}{4\pi\varepsilon_0}\left[\frac{1}{r}\right]_{r_0}^{r_1}$$

$\therefore W=\frac{qQ}{4\pi\varepsilon_0}\left(\frac{1}{r_1}-\frac{1}{r_0}\right)$ ……⑤ となる。⑤式から，

「点電荷 q を点 P_0 から点 P_1 まで移動させるのに必要な仕事 W は，始点 P_0 と終点 P_1 の位置のみで決まり，経路の取り方によらない」ことが分かる。

⑤の q に $q=1$ を代入すると，

$W=\frac{Q}{4\pi\varepsilon_0}\left(\frac{1}{r_1}-\frac{1}{r_0}\right)$ ……⑥ となる。

ここで，点$\mathbf{P}_0$を基準点として無限遠にとると，$r_0 \to \infty$ より，$\frac{1}{r_0} \to 0$ また，$\mathbf{P}_1$ を任意の点 $\mathbf{P}(\mathbf{OP} = r)$ に置き換えると，⑥は，

$W = \frac{1}{4\pi\varepsilon_0} \cdot \frac{Q}{r}$ ……⑦ (r：点電荷 Q から $\mathbf{P}$ までの距離) となる。

この⑦の仕事 W は，単位電荷 $1(\mathrm{C})$ を無限遠から $\mathbf{P}$ の位置まで，ゆっくりと運んでくる仕事を表し，この W を点 $\mathbf{P}$ の**電位**といい，$\phi(\mathbf{P})$ で表す。

電位 $\phi(\mathbf{P}) = \frac{1}{4\pi\varepsilon_0} \cdot \frac{Q}{r}$　　$(r = \mathbf{OP})$

この電位 ϕ と静電場 $\boldsymbol{E}$ との間には，$\boldsymbol{E} = -\nabla\phi = -\mathbf{grad}\,\phi$ ……$(*1)$ の関係がある。そして，静電場 $\boldsymbol{E}$ については，$\mathbf{rot}\,\boldsymbol{E} = \mathbf{0}$ ……$(*2)$ も導ける。

(Ⅰ) また，複数の点電荷 $Q_1, Q_2, \cdots, Q_n$ がある場合，電位にも**重ね合わせの原理**が成り立つので，点 $\mathbf{P}$ における電位 $\phi(\mathbf{P})$ は，

電位 $\phi(\mathbf{P}) = \frac{1}{4\pi\varepsilon_0} \sum_{k=1}^{n} \frac{Q_k}{r_k}$　となる。

(ただし，r_k：点電荷 Q_k から $\mathbf{P}$ までの距離)

(Ⅱ) さらに，電荷の体積密度 ρ で空間領域 V に連続的に電荷が分布する場合，点 $\mathbf{P}$ での電位 $\phi(\mathbf{P})$ は，

電位 $\phi(\mathbf{P}) = \frac{1}{4\pi\varepsilon_0} \iiint_V \frac{\rho}{r} dV$　と表すこともできる。

(ただし，r：微小領域 dV から $\mathbf{P}$ までの距離)

次に，図2に示すように，符号の異なる等しい大きさの電荷 $+q(\mathrm{C})$ と $-q(\mathrm{C})$ が，微小な固定された距離 l だけ隔てて存在するとき，これを1つの系とみて“**電気双極子**(でんきそうきょくし)”と呼ぶ。

図2　電気双極子

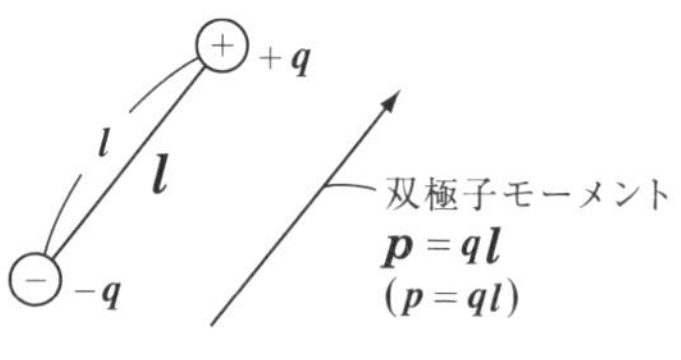

図2の電気双極子に対して“**電気双極子モーメント**”$\boldsymbol{p}$ を次のように定義する。

電気双極子モーメント $\boldsymbol{p} = q\boldsymbol{l}$ ……$(*3)$

そして，この電気双極子モーメントの大きさを p とおくと，

$p = ql$ ……$(*3)'$ となる。

§3. 導体

銅や鉄など，電気を通す物質，すなわち**導体**は，その内部を自由に移動できる**自由電荷**を十分にもつ。この導体を，静電場 $\boldsymbol{E}$ の中に置くと，置いた瞬間には導体内にも電場が存在するので，導体内の**自由電子**は電場 $\boldsymbol{E}$ と逆向きに速やかに移動して，電場は存在しなくなる。

図 1(ⅱ) に示すように，電場 $\boldsymbol{E}$ が左から右に向かうとき，導体の左端には ⊖ の，右端には ⊕ の電荷が現われる。このように，外部の電場の影響で導体表面に電荷分布が生じる現象を**静電誘導**という。これによって，導体内部には $\boldsymbol{E}$ と逆向きの電場が作られ，互いに電場が打ち消しあって，図 1(ⅲ) に示すように「導体内には電場が存在しない」状態になる。このとき，導体内の電位 ϕ について，導体内の電場 $\boldsymbol{E}=\boldsymbol{0}$ より，$\boldsymbol{E}$ と ϕ の関係式：$\boldsymbol{E}=-\mathbf{grad}\phi$ から，

$$\mathbf{grad}\phi=\left[\frac{\partial\phi}{\partial x},\ \frac{\partial\phi}{\partial y},\ \frac{\partial\phi}{\partial z}\right]=\underbrace{[0,\ 0,\ 0]}_{\boldsymbol{0}}$$

$$\therefore\ d\phi=\frac{\partial\phi}{\partial x}dx+\frac{\partial\phi}{\partial y}dy+\frac{\partial\phi}{\partial z}dz=0$$

となって，「導体内の至るところで電位は一定となる。」電位の連続性から，「導体表面は 1 つの等電位面になる。」等電位面に対して，電場は常に垂直になるので，「導体表面に対して電場は垂直になる。」

図 1　静電場の中の導体

(ⅰ) 静電場の中に導体を入れる

(ⅱ) 自由電子が速やかに移動

(ⅲ) 導体内に電場は存在しない

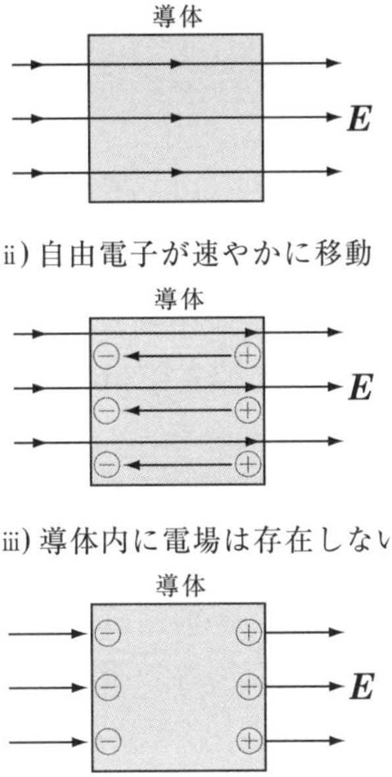

次に，図 2 に示すように，導体表面にのみ存在する電荷の面密度を $\sigma\,(\mathrm{C/m^2})$ とし，導体表面の微小な面積を ΔS とおくと，これから外部に垂直に出ている電場の大きさ E は，ガウスの法則より，

$$\Delta S\cdot E=\frac{\sigma\cdot\Delta S}{\varepsilon_0}\quad\therefore\ E=\frac{\sigma}{\varepsilon_0}$$ となる。

図 2　導体表面の電場 $\boldsymbol{E}$

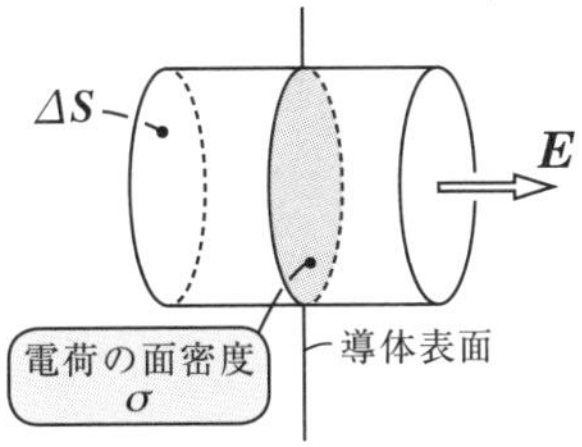

「導体に囲まれた空間には，導体の外部の電場が影響しない。」この現象を“**静電遮蔽**（せいでんしゃへい）”という。これは次のように表現してもよい。

「内部に空洞をもつ導体を，どのような外部電場の中に置いても，空洞内に電荷がない限り空洞内の電場は $\mathbf{0}$ であり，空洞と導体は等電位である。」

静電場では，$\mathrm{rot}\,\boldsymbol{E} = \mathbf{0}$ より，当然，空洞内には，回転する電場も存在しない。

図3　静電遮蔽

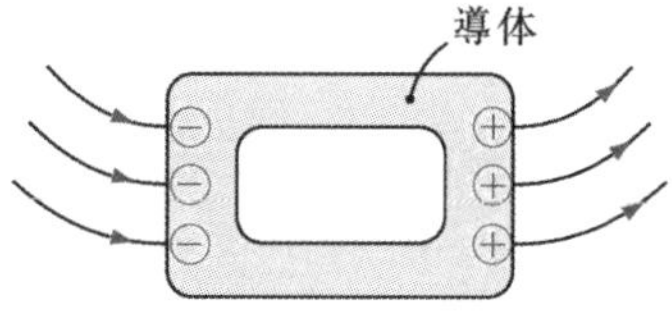
空洞の壁面に電荷が現れることはない
導体

次に，図4(i)に示すように，接地された無限に広い導体平板と，これから距離 L の位置にある点 $\mathbf{P}$ に正の点電荷 $+Q(\mathrm{C})$ を置いたとき，静電誘導により，導体の平板の表面上には ⊖ の電荷分布が生じる。よって，点電荷 $+Q(\mathrm{C})$ から導体平板の表面の負電荷(⊖)に向けて，電気力線が描け，電位 ϕ の分布が生じるはずである。

この電位 ϕ の分布を調べるには，図4(ii)のように，導体平板を取り去って，元の導体平板に関して，点電荷 $+Q(\mathrm{C})$ と対称となる位置 $\mathbf{P}'$ に $-Q(\mathrm{C})$ の点電荷が存在するものとして，計算すればよい。このように，幾何学的に，電位や電場の分布を調べる手法を“**鏡像法**（きょうぞうほう）”という。

図4　無限導体平板と鏡像法

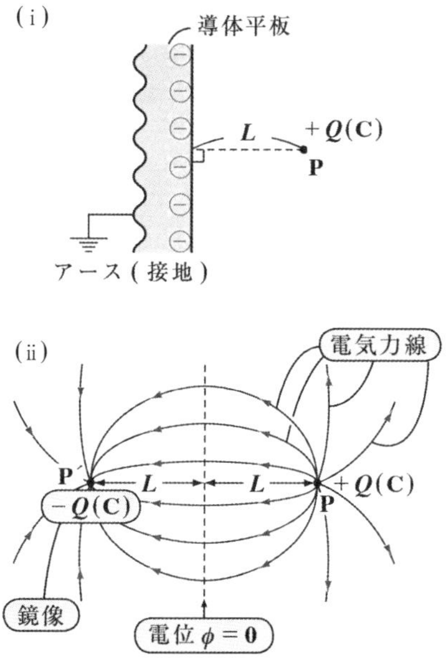

§ 4. コンデンサー

1 つの導体に帯電させても，同種の電荷は互いに反発し合うので，大きな電気量を蓄えることは難しい。これに対して，**2** 個の導体を近づけて置き，それぞれに正と負の等量の電荷を与えると電荷が互いに引き合うので，大量の電気量を蓄えることができる。このように，**2** 個の導体を使って電荷を蓄えるための装置を**コンデンサー**という。典型的なコンデンサーは，**2** 枚の平面導体板を向かい合わせた**平行平板コンデンサー**である。図 **1** に示すように，間隔 d，面積 S の **2** 枚の極板に，$+Q(\mathrm{C})$（電位 ϕ_1），$-Q(\mathrm{C})$（電位 ϕ_2）の電荷を与えた平行平板コンデンサーがある。

図 **1**　平行平板コンデンサー

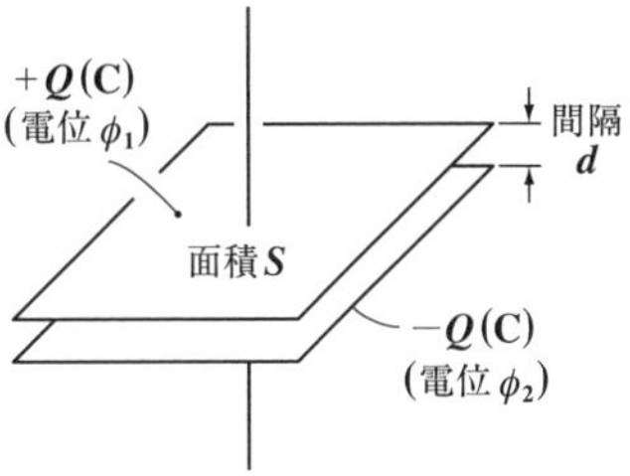

ここで，電位差 $V=\phi_1-\phi_2(\mathrm{V})$ とおき，この平行平板コンデンサーの**電気容量**を $C(\mathrm{F})$ とおくと，$Q=CV$ が成り立つ。

これも含めた平行平板コンデンサーの公式として次の **4** つがある。

(1) $Q=CV$ ← 蓄えられる電気量 Q は電圧（電位差）V に比例する。

(2) $E=\dfrac{V}{d}$ ← 電場（電界）E は電圧 V の傾きに等しい。

(3) $C=\dfrac{\varepsilon_0 S}{d}$ ← 電気容量 C は，面積 S に比例し，間隔 d に反比例する。

(4) $U=\dfrac{1}{2}CV^2$ ← 静電エネルギー U は $\dfrac{1}{2}QEd$ で与えられる。

平行平板コンデンサーの静電エネルギー $U=\dfrac{1}{2}CV^2$ を **2** つの極板に挟まれた体積 $S\cdot d$ で割ることにより，**静電場のエネルギー密度** u_e を次のように導くことができる。

$$u_e=\frac{1}{2}\varepsilon_0 E^2 \quad \cdots\cdots(*1)$$

そして，この u_e を基に，静電場 E の存在する領域を V とおくと，この領域全体に渡って u_e を体積分することにより，逆に静電場の全静電エネルギー U を求めることができる。つまり，

$$U=\iiint_V u_e dV=\frac{\varepsilon_0}{2}\iiint_V E^2 dV \quad \cdots\cdots(*2)$$ により，U が算出できる。

§5. 誘電体

ガラスやアクリルなど電気を通さない物質を**誘電体**という。誘電体は導体と違って自由電子をもたない物質である。

図1 コンデンサーと誘電体

(ⅰ) 極板間が真空のとき

(ⅱ) 極板間に誘電体を挟んだとき

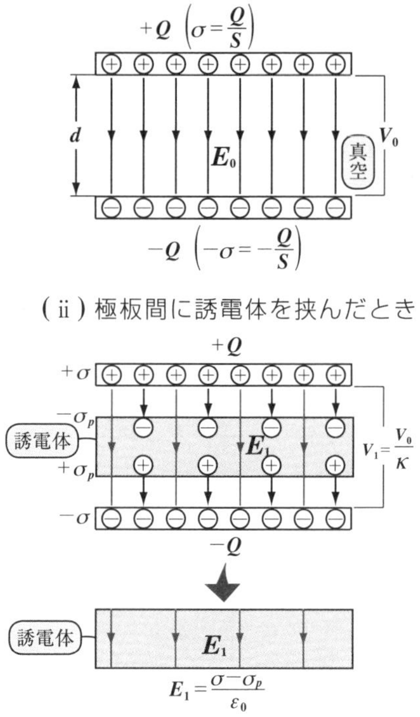

図1(ⅰ)に示すように，面積S，間隔dの平行平板コンデンサーに電圧V_0をかけて，それぞれの極板に一様な面密度$+\sigma(\mathrm{C/m^2})$と$-\sigma(\mathrm{C/m^2})$の電荷が分布したとする。このとき，極板間の電場$\boldsymbol{E}_0$の大きさE_0は，

$E_0=\dfrac{\sigma}{\varepsilon_0}$ ……①となる。

次に，図1(ⅱ)に示すように，電荷が一定の条件で，電場$\boldsymbol{E}_0$の中に誘電体を挿入すると，$\boldsymbol{E}_0$を打ち消すように，誘電体の表面に電荷(**分極電荷**)が現れる。この現象を**誘電分極**と呼ぶ。図1(ⅱ)に示すように，分極電荷により，誘電体内の電気力線の本数が減少しているので，誘電体中の電場$\boldsymbol{E}_1$の大きさE_1は，真空中の電場の大きさE_0より小さくなる。誘電体表面に面密度$+\sigma_p(\mathrm{C/m^2})$と$-\sigma_p(\mathrm{C/m^2})$の分極電荷が分布しているものとすると，誘電体内の電場の大きさE_1は，$E_1=\dfrac{\sigma-\sigma_p}{\varepsilon_0}$ ……②となる。

電場E_1はE_0より小さくなるので，$V=Ed$の関係より，極板間の電位差V_1もV_0より小さくなる。κを1より大きい定数として，$V_1=\dfrac{V_0}{\kappa}$とおき，$E_1=\dfrac{V_1}{d}$に代入すると，$E_1=\dfrac{1}{d}\cdot\dfrac{V_0}{\kappa}=\dfrac{1}{\kappa}\cdot\dfrac{V_0}{d}=\dfrac{1}{\kappa}\cdot E_0$となる。 $\therefore E_0=\kappa E_1$ …③

このκを誘電体の**比誘電率**と呼ぶ。$\kappa=\dfrac{\varepsilon_1}{\varepsilon_0}$ ……④とおくと，③より，

$E_0=\dfrac{\varepsilon_1}{\varepsilon_0}E_1$ $\therefore \varepsilon_0E_0=\varepsilon_1E_1$ …⑤となる。④のε_1を誘電体の**誘電率**という。

誘電体を構成する原子を電場 $\boldsymbol{E}_1$ の中におくと，$\boldsymbol{E}_1$ の影響により，$+q(\mathrm{C})$ の原子核の重心は $\boldsymbol{E}_1$ の向きに，$-q(\mathrm{C})$ の電子の重心は $\boldsymbol{E}_1$ とは逆向きに動いて，この原子は**分極**する。2つの点電荷 $-q(\mathrm{C})$ から $+q(\mathrm{C})$ に向かう微小なベクトルを $\boldsymbol{l}$(大きさ l) とおくと，これは電気双極子モーメント $\boldsymbol{p}=q\boldsymbol{l}$(大きさ $p=ql$) の電気双極子と考えていい。図2に，これら原子の集合体である誘電体を電場の中においたイメージを示す。これから，各原子が $\boldsymbol{E}_1$ によって分極しても，誘電体内部は正・負が相殺されて電気的に中性になるが，その左右の表面にはそれぞれ負と正の分極電荷が生じることが分かる。誘電体の単位体積当たりの原子数を η とおくと，$\sigma_p=p\eta$ $(p=ql)$ となる。ここで，電気双極子モーメント $\boldsymbol{p}$ を用いた新たなベクトル $\boldsymbol{P}=\boldsymbol{p}\eta$ を定義し，この $\boldsymbol{P}$ を**分極ベクトル**と呼ぶ。この $\boldsymbol{P}$ の大きさを $\widetilde{P}$ とおくと，$\widetilde{P}=p\eta=\sigma_p$ より，

図2 電場の中の誘電体

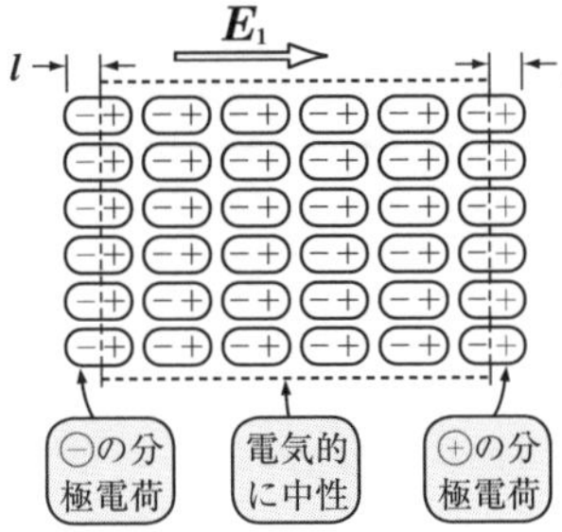

$\widetilde{P}=\sigma_p$ ……⑥となる。

この分極電荷と区別するために，コンデンサーの極板などに自由電荷により生じる電荷を**真電荷**という。

以上，出てきた公式を整理しておこう。

$\boldsymbol{E}_0=\dfrac{\sigma}{\varepsilon_0}$ …………①　　$\boldsymbol{E}_1=\dfrac{\sigma-\sigma_p}{\varepsilon_0}$ ……②

$\varepsilon_0\boldsymbol{E}_0=\varepsilon_1\boldsymbol{E}_1$ ……⑤　　$\widetilde{P}=\sigma_P$ ……………⑥

まず，①と⑤より，$\sigma=\varepsilon_0\boldsymbol{E}_0=\varepsilon_1\boldsymbol{E}_1$ …⑦ $(\varepsilon_0<\varepsilon_1$ より，$\boldsymbol{E}_0>\boldsymbol{E}_1)$ となる。⑥を②に代入してまとめると，$\sigma=\varepsilon_0\boldsymbol{E}_1+\widetilde{P}$ …⑧ となる。ここで，真空中の電束密度 $\boldsymbol{D}$ の定義は，$\boldsymbol{D}=\varepsilon_0\boldsymbol{E}_0$ …⑨ だったので，⑦と⑨より，$\boldsymbol{D}$ の大きさ D は，$D=\|\boldsymbol{D}\|=\sigma$ となる。以上より，

(ⅰ) 真空中では，$D=\varepsilon_0E_0$ $(=\sigma)$ …⑩
(ⅱ) 誘電体中では，$D=\varepsilon_0E_1+\widetilde{P}$ $(=\sigma)$ …⑪ となり，これをベクトルで表すと，

(ⅰ) 真空中では，$\boldsymbol{D}=\varepsilon_0\boldsymbol{E}_0$ …⑩′
(ⅱ) 誘電体中では，$\boldsymbol{D}=\underbrace{\varepsilon_0\boldsymbol{E}_1+\boldsymbol{P}}_{\varepsilon_1\boldsymbol{E}_1}$ …⑪′ となる。

以上は、すべて電場(または電束密度)が誘電体の表面と垂直の場合であることに注意しよう。

そして，物質中のマクスウェルの方程式は，

$\mathrm{div}\boldsymbol{D}=\rho$ $(\rho$：真電荷の体積密度) となる。

演習問題 31	● クーロン力の重ね合わせの原理 ●

xy 平面上の 4 点 O(0, 0), A(2, 0), B(0, 2), C(1, 3) にそれぞれ順に点電荷 $q_1 = \sqrt{10} \times 10^{-3}$(C), $q_2 = -\sqrt{10} \times 10^{-3}$(C), $q_3 = \sqrt{2} \times 10^{-3}$(C), $q = 10^{-6}$(C) があるとき, q_1 と q_2 と q_3 が, q に及ぼすクーロン力の合力 $\boldsymbol{f}$ を求めよ。(ただし, $k = 9 \times 10^9$ (Nm²/C²) とする。)

ヒント! クーロン力の重ね合わせの原理を用いると, q_1, q_2, q_3 が q に及ぼすクーロン力の合力 $\boldsymbol{f}$ は, $\boldsymbol{f} = kq\sum_{i=1}^{3} \frac{q_i}{r_i^3}\boldsymbol{r}_i = kq\left(\frac{q_1}{r_1^3}\boldsymbol{r}_1 + \frac{q_2}{r_2^3}\boldsymbol{r}_2 + \frac{q_3}{r_3^3}\boldsymbol{r}_3\right)$ となるんだね。

解答＆解説

右図に示すように,

$\overrightarrow{OC} = \boldsymbol{r}_1$, $\overrightarrow{AC} = \boldsymbol{r}_2$, $\overrightarrow{BC} = \boldsymbol{r}_3$

とおくと,

$\boldsymbol{r}_1 = \overrightarrow{OC} = [1, 3]$

$\boldsymbol{r}_2 = \overrightarrow{AC} = \overrightarrow{OC} - \overrightarrow{AC}$

$= [1, 3] - [2, 0] = [-1, 3]$

$\boldsymbol{r}_3 = \overrightarrow{BC} = \overrightarrow{OC} - \overrightarrow{OB}$

$= [1, 3] - [0, 2] = [1, 1]$

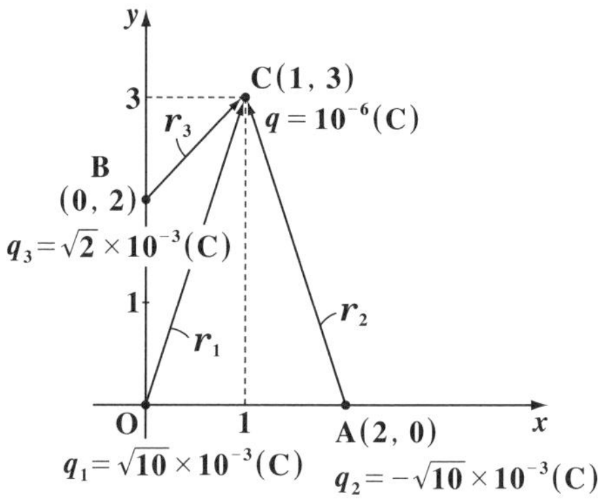

となる。よって, これらのベクトルのノルム (大きさ) を求めると,

$r_1 = \|\boldsymbol{r}_1\| = \sqrt{1^2 + 3^2} = \sqrt{10}$, $r_2 = \|\boldsymbol{r}_2\| = \sqrt{(-1)^2 + 3^2} = \sqrt{10}$,

$r_3 = \|\boldsymbol{r}_3\| = \sqrt{1^2 + 1^2} = \sqrt{2}$ となる。

4 点 O, A, B, C に置かれた点電荷は順に $q_1 = \sqrt{10} \times 10^{-3}$(C), $q_2 = -\sqrt{10} \times 10^{-3}$(C), $q_3 = \sqrt{2} \times 10^{-3}$(C), $q = 10^{-6}$(C) より, 3 つの電荷 q_1, q_2, q_3 が q に及ぼすクーロン力の合力を $\boldsymbol{f}$ とおくと, クーロン力の重ね合わせの原理より,

$$\boldsymbol{f} = kq\sum_{i=1}^{3} \frac{q_i}{r_i^3}\boldsymbol{r}_i = kq\left(\frac{q_1}{r_1^3}\boldsymbol{r}_1 + \frac{q_2}{r_2^3}\boldsymbol{r}_2 + \frac{q_3}{r_3^3}\boldsymbol{r}_3\right) \quad \cdots\cdots ①$$

となる。(ただし, $k = 9 \times 10^9$ (Nm²/C²))

よって，①に各値とベクトルを代入すると，求める合力 $\boldsymbol{f}$ は，

$$\boldsymbol{f} = \underbrace{9\times10^9}_{k}\times\underbrace{10^{-6}}_{q}\left\{\underbrace{\frac{\sqrt{10}\times10^{-3}}{(\sqrt{10})^3}}_{\frac{q_1}{r_1^3}}\underbrace{[1,\ 3]}_{r_1}-\underbrace{\frac{\sqrt{10}\times10^{-3}}{(\sqrt{10})^3}}_{\frac{q_2}{r_2^3}}\underbrace{[-1,\ 3]}_{r_2}+\underbrace{\frac{\sqrt{2}\times10^{-3}}{(\sqrt{2})^3}}_{\frac{q_3}{r_3^3}}\underbrace{[1,\ 1]}_{r_3}\right\}$$

$$= 9\times10^3\left\{\frac{\sqrt{10}\times10^{-3}}{10\sqrt{10}}[1,\ 3]-\frac{\sqrt{10}\times10^{-3}}{10\sqrt{10}}[-1,\ 3]+\frac{\sqrt{2}\times10^{-3}}{2\sqrt{2}}[1,\ 1]\right\}$$

$$= 9\times10^3\{10^{-4}[1,\ 3]-10^{-4}[-1,\ 3]+5\times10^{-4}[1,\ 1]\}$$

$$= 9\times10^3\times10^{-4}\{[1,\ 3]-[-1,\ 3]+5[1,\ 1]\}$$

$$[1,\ 3]-[-1,\ 3]+[5,\ 5] = [1+1+5,\ 3-3+5] = [7,\ 5]$$

$$= 9\times10^{-1}[7,\ 5] = 0.9[7,\ 5]$$

$$= [6.3,\ 4.5]$$

$\therefore$ 合力 $\boldsymbol{f} = [6.3,\ 4.5]$ (N) である。

………(答)

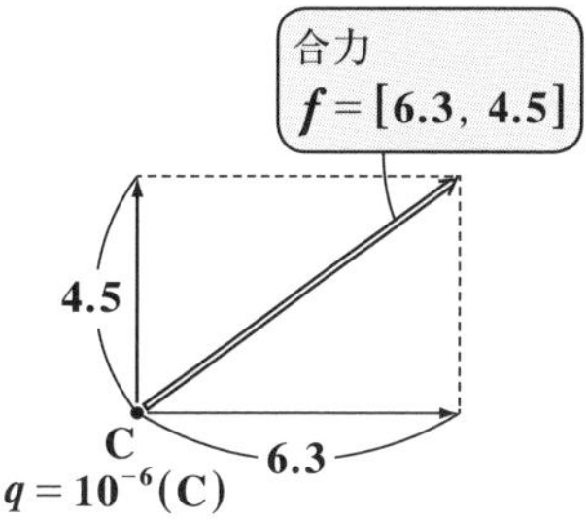

演習問題 32　● ガウスの法則 (I) ●

右図に示すように，原点 **O** に点電荷 $Q = 10^{-2}$(C) が存在するとき，

(i) **O** を中心とする半径 $r_1 = 100$(m) の球面上の点における電場の大きさ E_1(N/C) を求めよ。

(ii) **O** を中心とする半径 $r_2 = 200$(m) の球面上の点における電場の大きさ E_2(N/C) を求めよ。

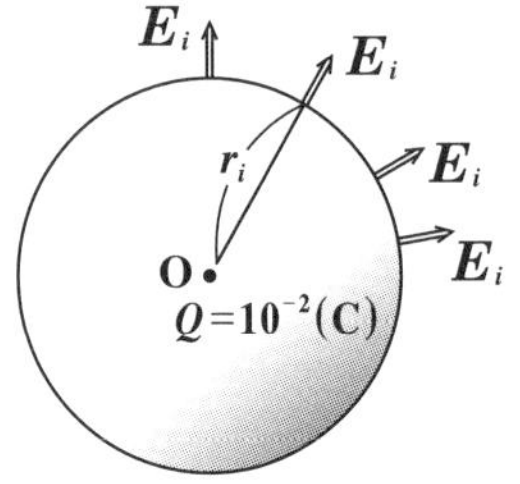

$(i = 1,\ 2)$

ただし，真空誘電率 $\varepsilon_0 = 8.854 \times 10^{-12}$ (C^2/Nm^2) とする。また，E_1，E_2 は有効数字 3 桁で答えよ。

ヒント！ ガウスの法則：$S \cdot E = \dfrac{Q}{\varepsilon_0}$ を利用して，E を求めればいいんだね。

解答＆解説

(i) 半径 $r_1 = 10^2$(m) の球面の面積 S_1 は，$S_1 = 4\pi r_1{}^2 = 4\pi \times (10^2)^2 = 4 \times 10^4 \pi$($m^2$) より，電荷 $Q = 10^{-2}$(C) によるこの球面上の点の電場の大きさ E_1 は，

ガウスの法則：$4\pi r_1{}^2 \cdot E_1 = \dfrac{Q}{\varepsilon_0}$ を用いて，

$$E_1 = \frac{10^{-2}}{4 \times 10^4 \pi \times 8.854 \times 10^{-12}} = \frac{10^6}{4\pi \times 8.854}$$

$= 8987.74 \cdots \fallingdotseq 8.99 \times 10^3$ (N/C) である。……………………………(答)

(ii) 半径 $r_1 = 2 \times 10^2$(m) の球面の面積 S_2 は，$S_2 = 4\pi r_2{}^2 = 4\pi \times (2 \times 10^2)^2 = 16 \times 10^4 \pi$ より，電荷 $Q = 10^{-2}$(C) によるこの球面上の点の電場の大きさ E_2 は，ガウスの法則：$4\pi r_2{}^2 \cdot E_2 = \dfrac{Q}{\varepsilon_0}$ を用いて，

$$E_2 = \frac{10^{-2}}{16 \times 10^4 \pi \times 8.854 \times 10^{-12}} = \frac{10^6}{16\pi \times 8.854}$$

$= 2246.93 \cdots \fallingdotseq 2.25 \times 10^3$ (N/C) である。……………………………(答)

演習問題 33　● ガウスの法則（Ⅱ）●

右図に示すように，原点 **O** を中心とする半径 $r_0 = 10^{-1}$(m) の球形で一様に電荷密度 ρ(C/m³) で帯電している物体がある。これにより，**O** から $r_1 = 10$(m) の球面上の点における電場の大きさ E_1 が $E_1 = 4\times10^3$(N/C) であるとする。このとき，電荷密度 ρ(C/m³) を有効数字 **3** 桁で求めよ。ただし，真空誘電率 $\varepsilon_0 = 8.854\times10^{-12}$(C²/Nm²) とする。

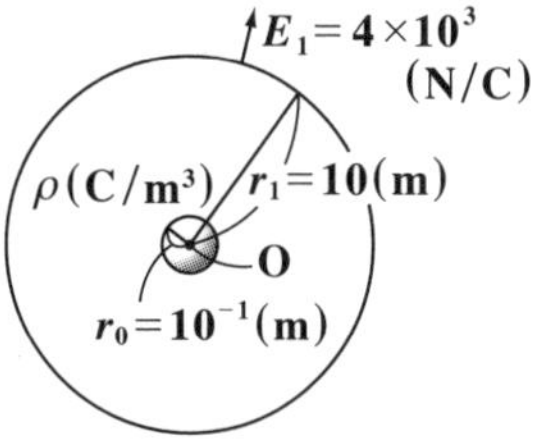

ヒント！ 原点 **O** を中心とする半径 $r_0 = 10^{-1}$(m) の球の電荷 Q は $Q = \frac{4}{3}\pi r_0^3 \times \rho$ であり，**O** から $r_1 = 10$(m) の球面上の点の電場の大きさ E_1 と Q の関係式は，ガウスの法則：$S\cdot E_1 = \frac{Q}{\varepsilon_0}$ で与えられるんだね。

解答＆解説

原点 **O** を中心とする半径 $r_0 = \underbrace{10^{-1}\text{(m)}}_{10\text{(cm)}のこと}$ の球は，一様な電荷密度 ρ(C/m³) で帯電しているので，この球の電荷 Q は，

$$Q = \frac{4}{3}\pi r_0^3 \times \rho = \frac{4}{3}\pi\cdot(10^{-1})^3\cdot\rho = \frac{4\times10^{-3}}{3}\pi\rho = \frac{4\pi\rho}{3\times10^3}\ \text{(C)} \quad \cdots\cdots ①$$ となる。

この電荷 Q により生じる，**O** を中心とする半径 $r_1 = 10$(m) の球面上の点における電場の大きさ E_1 が $E_1 = 4\times10^3$(N/C) より，ガウスの法則：$S\cdot E_1 = \frac{Q}{\varepsilon_0}$ を用いると，

$$\underbrace{4\pi\cdot r_1^2}_{S=4\pi\times10^2=4\times10^2\pi}\cdot\underbrace{E_1}_{4\times10^3} = \frac{Q}{\varepsilon_0} \qquad \therefore\ 16\times10^5\not{\pi} = \underbrace{\frac{1}{8.854\times10^{-12}}}_{\frac{1}{\varepsilon_0}} \times \underbrace{\frac{4\not{\pi}\rho}{3\times10^3}}_{Q}$$ となる。

よって，求める電荷密度 ρ は，

$$\rho = 16\times10^5\times\frac{3\times8.854\times10^{-9}}{4} = 0.0106248 \fallingdotseq 1.06\times10^{-2}\ \text{(C/m}^3\text{)}$$ である。

………(答)

演習問題 34　● ガウスの法則 (Ⅲ) ●

真空誘電率 $\varepsilon_0 = 8.854 \times 10^{-12}\,(C^2/Nm^2)$ として，次の各問いの答えを有効数字 **3** 桁で示せ。

(1) 無限に広い平板に一様な面密度 $\sigma = 10^{-8}\,(C/m^2)$ で電荷が分布している。このとき，平板によってできる電場の大きさ $E_1\,(N/C)$ を求めよ。

(2) 無限に長い直線に一様な線密度 $\delta = 10^{-6}\,(C/m)$ で電荷が分布している。このとき，この直線から $r = 10\,(m)$ だけ離れた点における電場の大きさ $E_2\,(N/C)$ を求めよ。

ヒント！ (1), (2) 共にガウスの法則：$S \cdot E = \dfrac{Q}{\varepsilon_0}$ を利用する問題で，いずれも円柱面を用いて，図を描きながら考えるといいんだね。

解答＆解説

(1) 右図に示すように，面密度 $\sigma = 10^{-8}\,(C/m^2)$ で帯電した平板から面積 S の円を取り，この左右に伸ばした円柱面について考える。

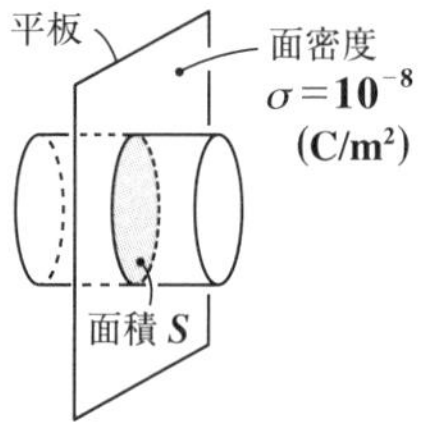

この円柱面の内部の電荷を Q とおくと，

$Q = \sigma S\,(C)$ となる。

また，この円柱面 (閉曲面) から出てくる電場 E_1 は前後の円のみに存在し，一定の大きさで，かつ円に対して垂直な向きをとる。

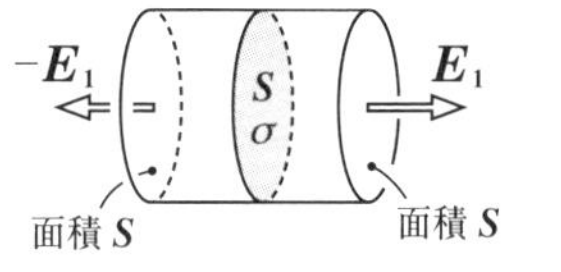

円柱の側面に垂直な電場の成分 E_n については，右図に示すように，無限に広い平板なので，E_n を打ち消す成分 $(-E_n)$ が必ず存在する。よって，側面から出る電場は存在しない。

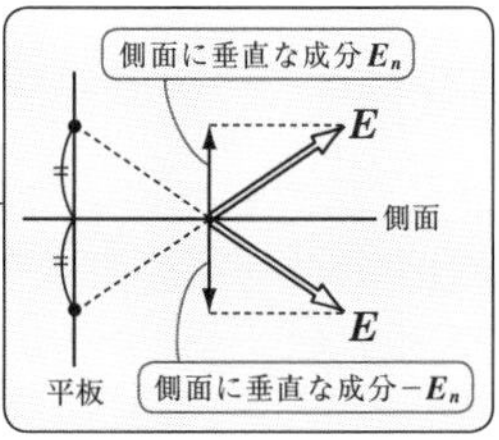

以上より，ガウスの法則を用いると，

$$2S \cdot E_1 = \frac{\sigma S}{\varepsilon_0} \quad (\sigma S = Q)$$

$2S$：前後 **2** 枚の円の面積

閉曲面 (円柱の前後の円と側面) から出る電場が面に対して垂直で，かつ一定であるならば，ガウスの法則の左辺の面積分は不要で，(面積)×(電場の大きさ) で十分である。

両辺を $2S$ で割って，求める電場の大きさ E_1 は，

$$E_1 = \frac{\sigma}{2\varepsilon_0} = \frac{10^{-8}}{2\times 8.854\times 10^{-12}} = 564.71\cdots$$

これは，平行平板コンデンサーの電場を求める際に使うので，覚えておこう。

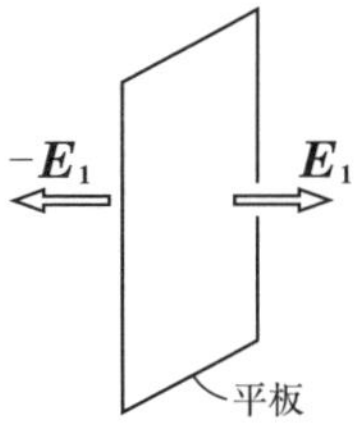

電場 E_1 のイメージ

$\therefore E_1 \fallingdotseq 5.65\times 10^2$ (N/C) である。……………(答)

(2) 右図に示すように，線密度 $\delta = 10^{-6}$ (C/m) で帯電した直線の内，l(m) の部分のまわりに半径 $r = 10$(m) の円柱面を考える。
この円柱面の内部の電荷を Q とおくと，
$Q = \delta\cdot l$ (C) となる。
この円柱面の上下 2 つの円板に垂直な電場の成分は，(1) と同様に打ち消されて 0 となると考えられる。よって，この円柱面から出てくる電場 E_2 は，この円柱面の側面のみに存在し，一定の大きさで，かつこの側面に対して垂直な向きをとる。

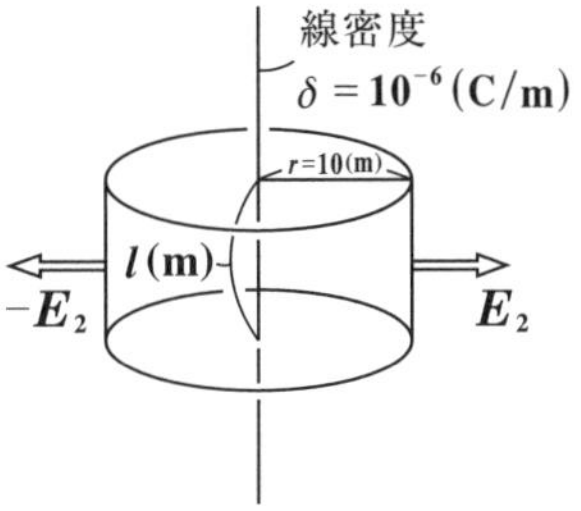

以上より，ガウスの法則を求めると，

$$2\pi r\times \cancel{l}\cdot E_2 = \frac{\delta\cdot\cancel{l}}{\varepsilon_0}$$

円柱の側面の面積 S

ガウスの法則 $S\cdot E = \frac{Q}{\varepsilon_0}$

両辺を $2\pi r$ で割って，求める電場の大きさ E_2 を求めると，

$$E_2 = \frac{\delta}{2\pi r\cdot\varepsilon_0} = \frac{10^{-6}}{2\pi\times 10\times 8.854\times 10^{-12}} = 1797.54\cdots$$

$\therefore E_2 \fallingdotseq 1.80\times 10^3$ (N/C) である。……………………………………(答)

演習問題 35 ● ガウスの法則とマクスウェルの方程式 ●

ガウスの法則の積分形：$\iint_S \boldsymbol{E}\cdot\boldsymbol{n}dS = \dfrac{Q}{\varepsilon_0}$ ……(*1)
($\boldsymbol{S}$：電荷 $\boldsymbol{Q}$ を内に含む閉曲面，$\boldsymbol{n}$：$\boldsymbol{S}$ に対して内側から外側に向かう単位法線ベクトル，ε_0：真空誘電率) から，
マクスウェルの方程式：$\mathbf{div}\boldsymbol{D} = \rho$ ……(*2)
($\boldsymbol{D} = \varepsilon_0\boldsymbol{E}$：電束密度，$\rho$：電荷密度) を導け。

ヒント！ よく利用されるガウスの法則：$\boldsymbol{S}\cdot\boldsymbol{E} = \dfrac{Q}{\varepsilon_0}$ をより一般化したものが，上記の公式：$\iint_S \boldsymbol{E}\cdot\boldsymbol{n}dS = \dfrac{Q}{\varepsilon_0}$ ……(*1) であり，この左辺をガウスの発散定理を用いて変形し，微小部分に着目すると，マクスウェルの方程式の1つ：$\mathbf{div}\boldsymbol{D} = \rho$ ……(*2) を導くことができるんだね。このガウスの法則からマクスウェルの方程式の導出はとても重要なので，何度でも練習して，自力で導けるようになろう！

解答＆解説

右図に示すように，電荷 Q(C) を内に含む任意の閉曲面 $\boldsymbol{S}$ に対して，ガウスの法則の積分形：

（$\boldsymbol{S}$ は，球面でなくても構わない）

$$\iint_S \boldsymbol{E}\cdot\boldsymbol{n}dS = \frac{Q}{\varepsilon_0} \quad \cdots\cdots(*1)$$ が成り立つ。

（左辺 $= \iiint_V \mathbf{div}\boldsymbol{E}dV$）

ガウスの発散定理
$$\iint_S \boldsymbol{f}\cdot\boldsymbol{n}dS = \iiint_V \mathbf{div}\boldsymbol{f}dV$$

ガウスの法則の積分形

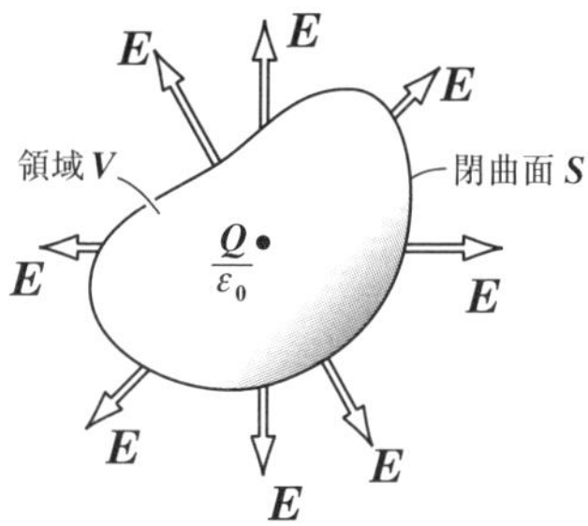

(*1) の左辺にガウスの発散定理を用いると，

$$\iiint_V \mathbf{div}\boldsymbol{E}dV = \frac{Q}{\varepsilon_0} \quad \cdots\cdots①$$ となる。

(ただし，$\boldsymbol{V}$：閉曲面 $\boldsymbol{S}$ で囲まれる領域)

ここで，①は領域 V 全体についての積分の式だけれど，右図に示すように，この領域内の微小な体積 ΔV について考えてみることにすると，この微小体積 ΔV の内部に含まれる微小な電荷は点電荷，または電荷分布のいずれにせよ，ΔQ と表すことができる。よって，①式は次のように書き換えることができる。

マクスウェルの方程式

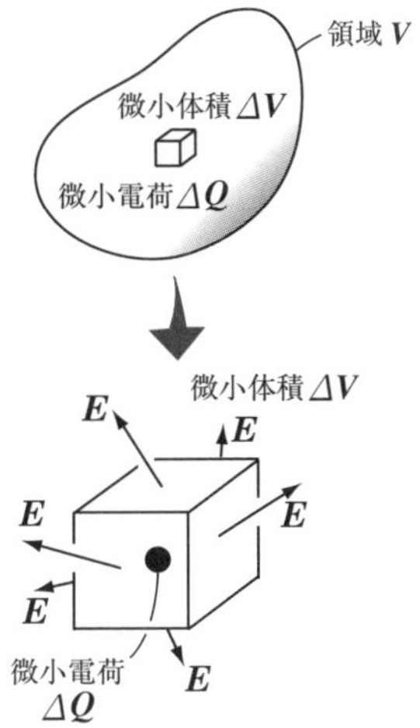

$$\mathrm{div}\boldsymbol{E}\cdot\Delta V=\frac{\Delta Q}{\varepsilon_0}\ \cdots\cdots②$$

②の両辺を $\Delta V\ (>0)$ で割ると，

$$\mathrm{div}\boldsymbol{E}=\frac{1}{\varepsilon_0}\cdot\boxed{\frac{\Delta Q}{\Delta V}}$$ となる。

（これは微小領域における電荷の体積密度 ρ のことだ。）

ここで，$\dfrac{\Delta Q}{\Delta V}=\rho$ (電荷の体積密度) とおくと，

$$\mathrm{div}\boldsymbol{E}=\frac{\rho}{\varepsilon_0}\ \cdots\cdots(*2)'$$ が導ける。 ←（これをマクスウェルの方程式と呼んでも構わない。）

ここで，電束密度 $\boldsymbol{D}$ を $\boldsymbol{D}=\varepsilon_0\boldsymbol{E}$ と定義すると，$(*2)'$ の両辺に ε_0 をかけて，

（ε_0：真空誘導率 (定数)）

$\varepsilon_0\mathrm{div}\boldsymbol{E}=\rho$ 　 $\mathrm{div}(\varepsilon_0\boldsymbol{E})=\rho$ 　 これに $\boldsymbol{D}=\varepsilon_0\boldsymbol{E}$ を代入して，

（ε_0：定数）（$\varepsilon_0\boldsymbol{E}$：$\boldsymbol{D}$ (電束密度)）

マクスウェルの方程式の **1** つ：

$\mathrm{div}\boldsymbol{D}=\rho\ \cdots\cdots(*2)$ が導ける。……………………………………………………(終)

演習問題 36　● マクスウェルの方程式 $\mathrm{div}\,\boldsymbol{D}=\rho$ ●

マクスウェルの方程式：$\mathrm{div}\,\boldsymbol{D}=\rho$ ……(*)（$\boldsymbol{D}$：電束密度 $(\mathrm{C/m^2})$，ρ：電荷密度 $(\mathrm{C/m^3})$）を用いて，次の問いに答えよ。

(1) $\boldsymbol{D}=[10^{-6}\cdot x,\ -2\times10^{-6}y,\ 3\times10^{-6}z]\,(\mathrm{C/m^2})$ であるとき，電荷密度 ρ を求めよ。

(2) $\boldsymbol{D}=[10^{-8}(2x+3),\ 3\times10^{-8}(2y+1),\ -2\times10^{-8}(3z+1)]\,(\mathrm{C/m^2})$ であるとき，電荷密度 ρ を求めよ。

(3) $\boldsymbol{D}=[10^{-5}(x+1),\ 2\times10^{-5}(y+2),\ a\times10^{-5}(z-1)]\,(\mathrm{C/m^2})$ であるとき，電荷密度 $\rho=0\,(\mathrm{C/m^3})$ となるような定数 a の値を求めよ。

(4) $\boldsymbol{D}=[2\times10^{-7}xy,\ 10^{-7}x^2,\ 2\times10^{-7}z]\,(\mathrm{C/m^2})$ であるとき，電荷密度 $\rho\,(\mathrm{C/m^3})$ が，$10^{-7}\leqq\rho\leqq4\times10^{-7}$ をみたすような変数 y の取り得る値の範囲を求めよ。

ヒント！ 電束密度 $\boldsymbol{D}=[f_1,\ f_2,\ f_3]$ のとき，この発散は $\mathrm{div}\,\boldsymbol{D}=\dfrac{\partial f_1}{\partial x}+\dfrac{\partial f_2}{\partial y}+\dfrac{\partial f_3}{\partial z}$ となる。これからマクスウェルの方程式 $\mathrm{div}\,\boldsymbol{D}=\rho$ を利用して各問題を解いていけばいいんだね。

解答＆解説

(1) 電束密度 $\boldsymbol{D}=10^{-6}[x,\ -2y,\ 3z]\,(\mathrm{C/m^2})$ より，この発散 $\mathrm{div}\,\boldsymbol{D}$ は，

$$\mathrm{div}\,\boldsymbol{D}=\underbrace{10^{-6}}_{\text{定数係数はdivの前に出せる}}\mathrm{div}[x,\ -2y,\ 3z]=10^{-6}\cdot\left\{\underbrace{\frac{\partial x}{\partial x}}_{1}+\underbrace{\frac{\partial(-2y)}{\partial y}}_{-2}+\underbrace{\frac{\partial(3z)}{\partial z}}_{3}\right\}$$

$$=10^{-6}(1-2+3)=\overbrace{2\times10^{-6}}^{\rho}$$

よって，マクスウェルの方程式：$\mathrm{div}\,\boldsymbol{D}=\rho$ ……(*)より，求める電荷密度 ρ は，
$\rho=2\times10^{-6}\,(\mathrm{C/m^3})$ である。……………………………………(答)

(2) 電束密度 $\boldsymbol{D}=10^{-8}[2x+3,\ 3(2y+1),\ -2(3z+1)]\,(\mathrm{C/m^2})$ より，
この発散 $\mathrm{div}\,\boldsymbol{D}$ は，

$$\mathrm{div}\,\boldsymbol{D}=10^{-8}\cdot\mathrm{div}[2x+3,\ 6y+3,\ -6z-2]$$

$$= 10^{-8}\cdot\left\{\underbrace{\frac{\partial}{\partial x}(2x+3)}_{2}+\underbrace{\frac{\partial}{\partial y}(6y+3)}_{6}+\underbrace{\frac{\partial}{\partial z}(-6z-2)}_{-6}\right\}$$

$$= 10^{-8}(2+\cancel{6}-\cancel{6}) = 2\times10^{-8}$$

よって，マクスウェルの方程式：$\mathrm{div}\boldsymbol{D} = \rho$ ……(∗)より，求める電荷密度ρは，

$\rho = 2\times10^{-8}\,(\mathrm{C/m^3})$ である。 ……………………………………………(答)

(3) 電束密度 $\boldsymbol{D} = 10^{-5}[x+1,\ 2y+4,\ az-a]\,(\mathrm{C/m^2})$ より，この発散 $\mathrm{div}\boldsymbol{D}$ は，

$$\mathrm{div}\boldsymbol{D} = 10^{-5}\cdot\mathrm{div}[x+1,\ 2y+4,\ az-a]$$

$$= 10^{-5}\cdot\left\{\underbrace{\frac{\partial}{\partial x}(x+1)}_{1}+\underbrace{\frac{\partial}{\partial y}(2y+4)}_{2}+\underbrace{\frac{\partial}{\partial z}(az-a)}_{a}\right\}$$

$$= 10^{-5}(1+2+a) = (a+3)\times10^{-5}$$

よって，$\underbrace{\mathrm{div}\boldsymbol{D}}_{(a+3)\times10^{-5}} = \rho = 0\,(\mathrm{C/m^3})$ となるとき，$(a+3)\times\cancel{10^{-5}} = 0$

$\therefore a = -3$ である。 ……………………………………………………………(答)

(4) 電束密度 $\boldsymbol{D} = 10^{-7}[2xy,\ x^2,\ 2z]\,(\mathrm{C/m^2})$ より，この発散 $\mathrm{div}\boldsymbol{D}$ は，

$$\mathrm{div}\boldsymbol{D} = 10^{-7}\cdot\mathrm{div}[2xy,\ x^2,\ 2z]$$

$$= 10^{-5}\cdot\left\{\frac{\partial}{\partial x}(\underbrace{2y}_{\text{定数扱い}}\cdot x)+\frac{\partial}{\partial y}(\underbrace{x^2}_{\text{定数扱い}})+\frac{\partial}{\partial z}(2z)\right\}$$

$$= 10^{-7}(2y\cdot1+\cancel{0}+2) = \underbrace{2\times10^{-7}(y+1)}_{\rho}\ \text{となる。}$$

よって，マクスウェルの方程式：$\mathrm{div}\boldsymbol{D} = \rho$ ……(∗)より，

$\rho = 2\times10^{-7}(y+1)\,(\mathrm{C/m^3})$ ……① となる。ここで，

$10^{-7} \leqq \rho \leqq 4\times10^{-7}$ ……② であるとき，①を②に代入して，

$10^{-7} \leqq 2\times10^{-7}(y+1) \leqq 4\times10^{-7}$　　各辺を 2×10^{-7} で割って，

$\dfrac{1}{2} \leqq y+1 \leqq 2$ となる。

∴②をみたすような，y の取り得る値の範囲は，

$-\dfrac{1}{2} \leqq y \leqq 1$ である。 ……………………………………………………(答)

演習問題 37　● $\boldsymbol{E} = -\mathbf{grad}\,\phi$ の証明 ●

静電場 $\boldsymbol{E}$(N/C) と電位 ϕ(V) の関係について，次の各問いに答えよ。

(1) 電位 $\phi(\boldsymbol{r})$ の微小量 $d\phi$ を，次の **2** 通りで表せることを示せ。

(ⅰ) 全微分 $d\phi$ の定義式より，$d\phi = \nabla\phi\cdot d\boldsymbol{r}$ ……① と表せる。

(ⅱ) $d\phi$ は静電場 $\boldsymbol{E}$ の中で単位電荷 (1(C)) を $d\boldsymbol{r}$ だけ移動させる仕事と考えて，$d\phi = -\boldsymbol{E}\cdot d\boldsymbol{r}$ ……② と表せる。

(2) ①, ②より電場 $\boldsymbol{E}$ と電位 ϕ の関係式：$\boldsymbol{E} = -\mathbf{grad}\,\phi$ ……(*1) を導け。

(3) 空間の静電場では，$\mathbf{rot}\,\boldsymbol{E} = \boldsymbol{0}$ ……(*2) となることを示せ。

(4) (*1) とマクスウェルの方程式：$\mathbf{div}\,\boldsymbol{E} = \dfrac{\rho}{\varepsilon_0}$ ……(*3) より，ポアソンの方程式：$\dfrac{\partial^2\phi}{\partial x^2} + \dfrac{\partial^2\phi}{\partial y^2} + \dfrac{\partial^2\phi}{\partial z^2} = -\dfrac{\rho}{\varepsilon_0}$ ……(*4) が成り立つことを示せ。

(ただし，ρ：電荷密度 (C/m^3)，ε_0：真空誘電率 (C^2/N·m^2) である。)

ヒント！ (1)(ⅰ) $d\phi = \phi_x dx + \phi_y dy + \phi_z dz$ ……① と $d\phi = -\boldsymbol{E}\cdot d\boldsymbol{r}$ ……② より，(2) の $\boldsymbol{E} = -\nabla\phi$ ……(*1) が導ける。(3) $\mathbf{rot}\,\boldsymbol{E} = -\mathbf{rot}(\mathbf{grad}\,\phi)$ となる。(4) は，$\mathbf{div}\,\boldsymbol{E} = \mathbf{div}(-\mathbf{grad}\,\phi) = \dfrac{\rho}{\varepsilon_0}$ からポアソンの方程式を導けばいいんだね。

解答＆解説

(1) 微小な電位 $d\phi$ について，

(ⅰ) 全微分 $d\phi$ の定義式より，

$$d\phi = \frac{\partial\phi}{\partial x}dx + \frac{\partial\phi}{\partial y}dy + \frac{\partial\phi}{\partial z}dz$$

← これを，**2** つのベクトル $\nabla\phi$ と $d\boldsymbol{r}$ の内積と考える。

$$= \underbrace{\left[\frac{\partial\phi}{\partial x},\ \frac{\partial\phi}{\partial y},\ \frac{\partial\phi}{\partial z}\right]}_{\mathbf{grad}\,\phi = \nabla\phi \text{ のこと}}\cdot\underbrace{[dx,\ dy,\ dz]}_{d\boldsymbol{r}}$$

$d\boldsymbol{r}$ ← $\boldsymbol{r} = [x,\ y,\ z]$ より

$\therefore\ d\phi = \nabla\phi\cdot d\boldsymbol{r}$ ……① と表せる。……………………………………(終)

(ⅱ) $d\phi$ は静電場 $\boldsymbol{E}$ の中で単位電荷 1(C) に働くクーロン力 $1\cdot\boldsymbol{E}$ に逆らって，$d\boldsymbol{r}$ だけ移動させる仕事に等しいので，

$d\phi = -1\cdot\boldsymbol{E}\cdot d\boldsymbol{r} = -\boldsymbol{E}\cdot d\boldsymbol{r}$ ……② と表せる。……………………(終)

(2) ①, ②より, $d\phi = \boxed{\nabla\phi\cdot d\boldsymbol{r} = -\boldsymbol{E}\cdot d\boldsymbol{r}}$ よって,

$(\boldsymbol{E}+\nabla\phi)\cdot d\boldsymbol{r} = 0$ ……③ となり, $d\boldsymbol{r} \fallingdotseq \boldsymbol{0}$ より, ③が恒等的に成り立つためには, $\boldsymbol{E}+\nabla\phi = \boldsymbol{0}$ でなければならない。

$\therefore \boldsymbol{E} = -\nabla\phi = -\mathbf{grad}\,\phi$ ……(*1) が導ける。……………………………(終)

(3) (*1)より, 静電場 $\boldsymbol{E}$ の回転 $\mathbf{rot}\,\boldsymbol{E}$ は,

$\mathbf{rot}\,\boldsymbol{E} = \mathbf{rot}(-\mathbf{grad}\,\phi) = -\underbrace{\mathbf{rot}(\mathbf{grad}\,\phi)}_{\boldsymbol{0}} = \boldsymbol{0}$ ← 公式: $\mathbf{rot}(\mathbf{grad}\,f) = \boldsymbol{0}$

$\therefore \mathbf{rot}\,\boldsymbol{E} = \boldsymbol{0}$ ……(*2) が導ける。……………………………………………(終)

(4) マクスウェルの方程式の1つ: $\mathrm{div}\underbrace{\boldsymbol{D}}_{(\varepsilon_0\boldsymbol{E})} = \rho$ より,

$\underbrace{\varepsilon_0}_{定数}\mathrm{div}\,\boldsymbol{E} = \rho \quad \therefore \mathrm{div}\,\boldsymbol{E} = \dfrac{\rho}{\varepsilon_0}$ ……(*3) ← これも, マクスウェルの方程式と言ってよい

(*3)に, $\boldsymbol{E} = -\mathbf{grad}\,\phi$ ……(*1) を代入すると,

$\mathrm{div}(-\mathbf{grad}\,\phi) = \dfrac{\rho}{\varepsilon_0} \qquad -\mathrm{div}(\mathbf{grad}\,\phi) = \dfrac{\rho}{\varepsilon_0}$ より,

$\mathrm{div}(\underbrace{\mathbf{grad}\,\phi}_{\left[\frac{\partial\phi}{\partial x},\ \frac{\partial\phi}{\partial y},\ \frac{\partial\phi}{\partial z}\right]}) = -\dfrac{\rho}{\varepsilon_0}$ ……④ となる。④の左辺を具体的に表すと,

$$\mathrm{div}\left[\frac{\partial\phi}{\partial x},\ \frac{\partial\phi}{\partial y},\ \frac{\partial\phi}{\partial z}\right] = -\frac{\rho}{\varepsilon_0}$$

$\dfrac{\partial}{\partial x}\left(\dfrac{\partial\phi}{\partial x}\right) + \dfrac{\partial}{\partial y}\left(\dfrac{\partial\phi}{\partial y}\right) + \dfrac{\partial}{\partial z}\left(\dfrac{\partial\phi}{\partial z}\right) = -\dfrac{\rho}{\varepsilon_0}$ より, ポアソンの方程式:

$\underbrace{\dfrac{\partial^2\phi}{\partial x^2} + \dfrac{\partial^2\phi}{\partial y^2} + \dfrac{\partial^2\phi}{\partial z^2}}$ $= -\dfrac{\rho}{\varepsilon_0}$ ……(*4) が導ける。……………………………(終)

(*4)の左辺は, $\nabla\cdot(\nabla\phi) = \Delta\phi = \left(\dfrac{\partial^2}{\partial x^2} + \dfrac{\partial^2}{\partial y^2} + \dfrac{\partial^2}{\partial z^2}\right)\phi$ と表してもよい。

演習問題 38　● 電場 $\boldsymbol{E}$ と電位 ϕ ●

真空誘電率 $\varepsilon_0 = 8.854\times10^{-12}\,(\mathrm{C^2/Nm^2})$ として，次の各問いに答えよ。

(1) 平面スカラー場として，電位 $\phi(x,\ y) = 2 - x^2 - 3y^2\,(\mathrm{V})$ が与えられているとき，

(i) 電場 $\boldsymbol{E}\,(\mathrm{N/C})$ と，(ii) 電荷密度 $\rho\,(\mathrm{C/m^3})$ を有効数字 3 桁で求めよ。また，

(iii) ϕ が，$\dfrac{\partial^2\phi}{\partial x^2} + \dfrac{\partial^2\phi}{\partial y^2} = -\dfrac{\rho}{\varepsilon_0}$ ……(＊1) をみたすことを示せ。

(2) 空間スカラー場として，電位 $\phi(x,\ y,\ z) = 4 - (x-2y)^2 - 5z^2\,(\mathrm{V})$ が与えられているとき，

(i) 電場 $\boldsymbol{E}\,(\mathrm{N/C})$ と，(ii) 電荷密度 $\rho\,(\mathrm{C/m^3})$ を有効数字 3 桁で求めよ。また，

(iii) ϕ が，$\dfrac{\partial^2\phi}{\partial x^2} + \dfrac{\partial^2\phi}{\partial y^2} + \dfrac{\partial^2\phi}{\partial z^2} = -\dfrac{\rho}{\varepsilon_0}$ ……(＊2) をみたすことを示せ。

ヒント！ (1), (2) いずれも，(i) では，$\boldsymbol{E} = -\mathbf{grad}\,\phi$ により $\boldsymbol{E}$ を求めて，(ii) では，$\mathbf{div}\,\boldsymbol{E} = \dfrac{\rho}{\varepsilon_0}$ から ρ を求めればいい。また，(iii) では，ϕ が $\Delta\phi = -\dfrac{\rho}{\varepsilon_0}$ となることを示す。

解答＆解説

(1) 平面スカラー場 $\phi(x,\ y) = 2 - x^2 - 3y^2\,(\mathrm{V})$ ……① について，

(i) 電場 $\boldsymbol{E} = -\mathbf{grad}\,\phi$ より，

$$\boldsymbol{E} = -\left[\frac{\partial\phi}{\partial x},\ \frac{\partial\phi}{\partial y}\right] = -\left[\frac{\partial}{\partial x}(\underbrace{2-3y^2}_{\text{定数扱い}} - x^2),\ \frac{\partial}{\partial y}(\underbrace{2-x^2}_{\text{定数扱い}} - 3y^2)\right]$$

$= -[-2x,\ -6y] = [2x,\ 6y]\,(\mathrm{N/C})$ である。……………………(答)

(ii) マクスウェルの方程式の 1 つ：$\mathbf{div}\,\boldsymbol{E} = \dfrac{\rho}{\varepsilon_0}$ を用いると，

$\mathbf{div}\,\boldsymbol{E} = \mathbf{div}[2x,\ 6y] = \dfrac{\partial}{\partial x}(2x) + \dfrac{\partial}{\partial y}(6y) = 2 + 6 = 8$ より，

$\dfrac{\rho}{\varepsilon_0} = 8$ ……② となる。

$\therefore \rho = 8\cdot\varepsilon_0 = 8\times8.854\times10^{-12} \fallingdotseq 7.08\times10^{-11}\,(\mathrm{C/m^3})$ である。

………(答)

(iii) 電位 ϕ のラプラシアン $\Delta\phi = \mathbf{div}(\mathbf{grad}\phi) = \phi_{xx} + \phi_{yy}$ を求めると，

①より，$\Delta\phi = \frac{\partial^2\phi}{\partial x^2} + \frac{\partial^2\phi}{\partial y^2} = \underbrace{\frac{\partial^2}{\partial x^2}(\overbrace{2-3y^2}^{\text{定数扱い}} - x^2)}_{(-2x)_x = -2} + \underbrace{\frac{\partial^2}{\partial y^2}(\overbrace{2-x^2}^{\text{定数扱い}} - 3y^2)}_{(-6y)_y = -6}$

$= -2-6 = -8 = -\frac{\rho}{\varepsilon_0}$ ……(*1) となる。(②より) ……(終)

(2) 空間スカラー場 $\phi(x, y, z) = 4-(x-2y)^2-5z^2$ (V) ……③ について，

(i) 電場 $\boldsymbol{E} = -\mathbf{grad}\phi$ より，

$\boldsymbol{E} = -\left[\frac{\partial\phi}{\partial x}, \frac{\partial\phi}{\partial y}, \frac{\partial\phi}{\partial z}\right] = -[\underbrace{-2x+4y}_{(4-x^2+4y\cdot x-4y^2-5z^2)_x}, \underbrace{4x-8y}_{(4-x^2+4x\cdot y-4y^2-5z^2)_y}, \underbrace{-10z}_{(4-x^2+4xy-4y^2-5z^2)_z}]$

$\therefore \boldsymbol{E} = [2x-4y, -4x+8y, 10z]$ (N/C) である。…………………(答)

(ii) マクスウェルの方程式の 1 つ：$\mathbf{div}\boldsymbol{E} = \frac{\rho}{\varepsilon_0}$ を用いると，

$\mathbf{div}\boldsymbol{E} = \mathbf{div}[2x-4y, -4x+8y, 10z]$

$= \frac{\partial}{\partial x}(2x-4y) + \frac{\partial}{\partial y}(-4x+8y) + \frac{\partial}{\partial z}(10z) = 2+8+10 = 20$

より，$\frac{\rho}{\varepsilon_0} = 20$ ……④ となる。

$\therefore \rho = 20\varepsilon_0 = 20 \times 8.854 \times 10^{-12} \fallingdotseq 1.77 \times 10^{-10}$ (C/m³) である。

………(答)

(iii) 電位 ϕ のラプラシアン $\Delta\phi = \mathbf{div}(\mathbf{grad}\phi) = \phi_{xx} + \phi_{yy} + \phi_{zz}$ を求めると，

③より，

$\Delta\phi = \frac{\partial^2\phi}{\partial x^2} + \frac{\partial^2\phi}{\partial y^2} + \frac{\partial^2\phi}{\partial z^2}$

$= \underbrace{\frac{\partial^2}{\partial x^2}(4-x^2+4xy-4y^2-5z^2)}_{(-2x+4y)_x = -2} + \underbrace{\frac{\partial^2}{\partial y^2}(4-x^2+4xy-4y^2-5z^2)}_{(4x-8y)_y = -8} + \underbrace{\frac{\partial^2}{\partial z^2}(4-x^2+4xy-4y^2-5z^2)}_{(-10z)_z = -10}$

$= -2-8-10 = -20 = -\frac{\rho}{\varepsilon_0}$ ……(*2) となる。(④より) ……(終)

演習問題 39　● 点電荷 Q と電位 ϕ ●

次の各問いに答えよ。

(1) 右図に示すように，原点 **O** においた点電荷 Q(C) が位置 $\boldsymbol{r}$ に作る静電場

$$\boldsymbol{E} = \frac{1}{4\pi\varepsilon_0}\cdot\frac{Q}{r^2}\boldsymbol{e}\left(r = \|\boldsymbol{r}\|,\ \boldsymbol{e} = \frac{\boldsymbol{r}}{\|\boldsymbol{r}\|},\ \varepsilon_0：真空誘電率\right)$$

の中で，$q = 1$(C) の点電荷をクーロン力に逆らってゆっくりと $d\boldsymbol{r}$ だけ移動するときの微小な仕事 dW が微小な電位差 $d\phi$ となる。

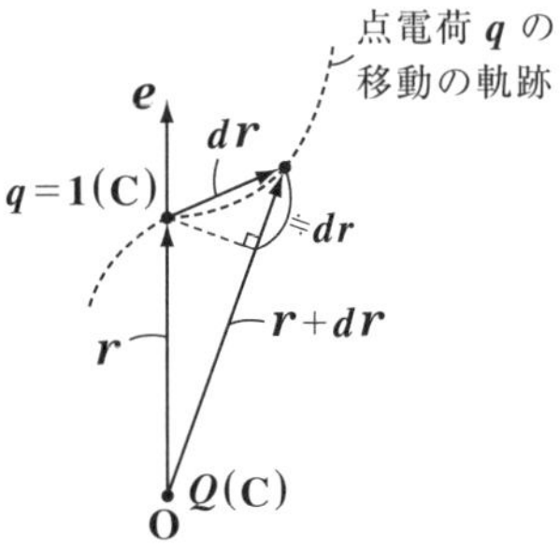

よって，$d\phi = dW = -1\cdot\boldsymbol{E}\cdot d\boldsymbol{r}$

$$= -\frac{1}{4\pi\varepsilon_0}\cdot\frac{Q}{r^2}\boldsymbol{e}\cdot d\boldsymbol{r} = -\frac{1}{4\pi\varepsilon_0}\cdot\frac{Q}{r^2}dr \quad \cdots\cdots ①$$ である。

(ただし，$\boldsymbol{r}$ は点電荷 q の位置ベクトルで，$\boldsymbol{e}\cdot d\boldsymbol{r} = dr$ とする。)

このとき，①を，区間：$\infty \to r$ で積分したものが，位置 $\boldsymbol{r}$ における電位 ϕ(V) を表す。電位 ϕ を r の式で表せ。

(2) xyz 座標空間上の原点 **O** に点電荷 $Q = 10^{-6}$(C) を置いたとき，次の各点における電位 ϕ(V) を有効数字 3 桁で求めよ。

ただし，$\varepsilon_0 = 8.854\times10^{-12}$ (C^2/Nm^2) とする。

(i) 点 $\mathrm{A}(2,\ -2,\ 2\sqrt{2})$，(ii) 点 $\mathrm{B}(2,\ 1,\ 4)$

ヒント! (1) では，電位 ϕ は，$\phi = -\dfrac{Q}{4\pi\varepsilon_0}\displaystyle\int_\infty^r \frac{1}{r^2}dr$ を計算すれば求められる。(2) では，(1) の結果を電位 $\phi(r)$ の公式として用いて，計算すればいいんだね。

解答＆解説

(1) ①の両辺を，区間：$\infty \to r$ で積分したものが，電位 $\phi(r)$(V) となるので，

$$\phi(r) = -\underbrace{\frac{Q}{4\pi\varepsilon_0}}_{定数}\int_\infty^r \frac{1}{r^2}dr = \frac{Q}{4\pi\varepsilon_0}\int_r^\infty r^{-2}dr$$

公式：$-\displaystyle\int_a^b f\,dx = \int_b^a f\,dx$

よって,

$$\phi(r) = \frac{Q}{4\pi\varepsilon_0}\left[-r^{-1}\right]_r^\infty = \frac{Q}{4\pi\varepsilon_0}\left[-\frac{1}{r}\right]_r^\infty = \frac{Q}{4\pi\varepsilon_0}\left(\underbrace{-\frac{1}{\infty}}_{0}+\frac{1}{r}\right)$$

$\therefore \phi(r) = \dfrac{1}{4\pi\varepsilon_0}\cdot\dfrac{Q}{r}$ (V) ……(*) となる。 ……………………………(答)

(2) xyz 座標空間上の原点 O に点電荷 $Q = 10^{-6}$ (C) を置いたとき,

(i) 点 $A(2,\ -2,\ 2\sqrt{2})$ における電位を $\phi(A)$ とおくと,

O と A の距離 r_A は,

$r_A = \sqrt{2^2+(-2)^2+(2\sqrt{2})^2} = \sqrt{4+4+8} = \sqrt{16} = 4$ (m) であり,

また, $\varepsilon_0 = 8.854\times10^{-12}$ (C^2/Nm^2) より, 公式 (*) を用いて,

$$\phi(A) = \frac{1}{4\pi\times8.854\times10^{-12}}\times\frac{10^{-6}}{4} = \frac{10^6}{16\pi\times8.854} = 2246.93\cdots$$

$\therefore \phi(A) \fallingdotseq 2.25\times10^3$ (V) である。 ……………………………(答)

(ii) 点 B(2, 1, 4) における電位を $\phi(B)$ とおくと,

O と B の距離 r_B は,

$r_B = \sqrt{2^2+1^2+4^2} = \sqrt{4+1+16} = \sqrt{21}$ (m) であり,

$\varepsilon_0 = 8.854\times10^{-12}$ (C^2/Nm^2) より, 公式 (*) を用いて,

$$\phi(B) = \frac{1}{4\pi\times8.854\times10^{-12}}\times\frac{10^{-6}}{\sqrt{21}} = \frac{10^6}{4\sqrt{21}\pi\times8.854} = 1961.28\cdots$$

$\therefore \phi(B) \fallingdotseq 1.96\times10^3$ (V) である。 ……………………………(答)

演習問題 40　● 電場と電位 ●

原点 $\mathbf{O}$ を中心とする半径 $a = 0.5$ (m) の球の内部に，電荷密度 $\rho = 5.34\times10^{-11}$ (C/m³) の電荷が一様に分布している。球の外部は真空であるとして，球の中心 $\mathbf{O}$ から距離 $r(\geqq 0)$ における電場 $E(r)$ と電位 $\phi(r)$ を求めよ。ただし，真空誘電率 $\varepsilon_0 = 8.9\times10^{-12}$ (C²/Nm²) とする。

ヒント！ 球対称の問題だね。まず，電場 $E(r)$ を (i) $0 \leqq r \leqq 0.5$ と (ii) $0.5 < r$ の場合に分けて，ガウスの法則：$S\cdot E = \dfrac{Q}{\varepsilon_0}$ を用いて求めよう。次に，電位 $\phi(r)$ も，同様に 2 通りに場合分けして，$\phi(r) = \int_r^\infty E(r)dr$ により求めよう。

解答＆解説

(I) まず，電場 $E(r)$ について，

(i) $0 \leqq r \leqq 0.5$ のとき，

ガウスの法則を用いると，

$$\underbrace{4\pi r^2}_{S}\cdot E(r) = \frac{\frac{4}{3}\pi r^3\cdot\rho}{\varepsilon_0}$$

（$\frac{4}{3}\pi r^3\cdot\rho$ ＝ 半径 r の球内の全電荷 Q）

$$\therefore E(r) = \frac{\rho}{3\varepsilon_0}r = \frac{53.4\times10^{-12}}{3\times8.9\times10^{-12}}\cdot r$$

$$= 2r \quad \cdots\cdots ① \text{ である。} \cdots\cdots\cdots (答)$$

(i) $0 \leqq r \leqq 0.5$ のとき

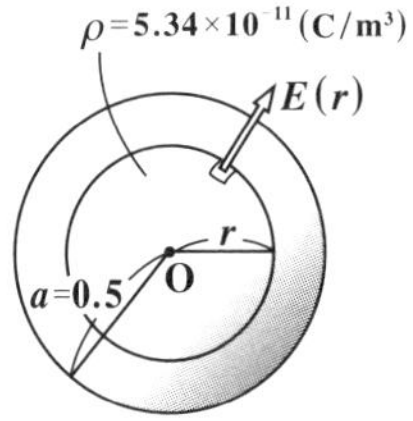

(ii) $0.5 < r$ のとき，

ガウスの法則を用いると，

$$\underbrace{4\pi r^2}_{S}\cdot E(r) = \frac{\frac{4}{3}\pi 0.5^3\cdot\rho}{\varepsilon_0}$$

（$\frac{4}{3}\pi 0.5^3\cdot\rho$ ＝ 半径 $a = 0.5$ の球内の全電荷 Q）

$$E(r) = \frac{\left(\frac{1}{2}\right)^3\cdot\rho}{3\varepsilon_0}\cdot\frac{1}{r^2}$$

(ii) $0.5 < r$ のとき

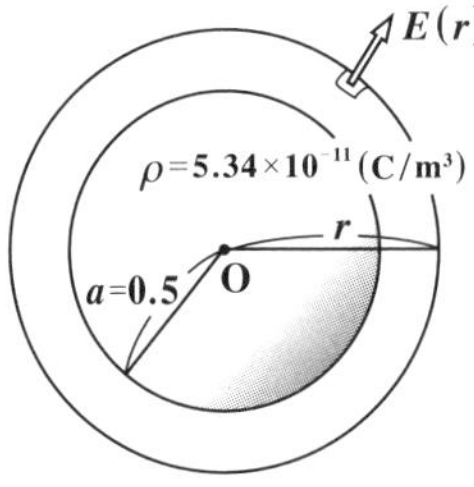

郵便はがき

料金受取人払郵便

川口局承認

3269

差出有効期間
令和8年1月
31日まで

3 3 2 - 8 7 9 0

埼玉県川口市
飯塚 3-7-21-502

マセマ出版社ＢＳ係行

フリガナ		男・女
お名前		歳
生年月日	年　月　日生	
職業	1.高校生　2.高卒生　3.大学生　4.社会人	
住所	〒	
電話番号	－　－	
Eメール		
学校名		
購入した書店・生協名		

●今回ご購入の書籍名

●本書についてのご意見をお聞かせください。

●未刊でご希望の書籍や、ご希望の企画がありましたら、ご記入ください。

$$\therefore E(r) = \frac{53.4\times 10^{-12}}{24\times 8.9\times 10^{-12}}\cdot\frac{1}{r^2} = \frac{1}{4r^2} \quad \cdots\cdots ②$$

である。……………………………………(答)

①, ②より, $E(r)$ のグラフを示すと右図のようになる。

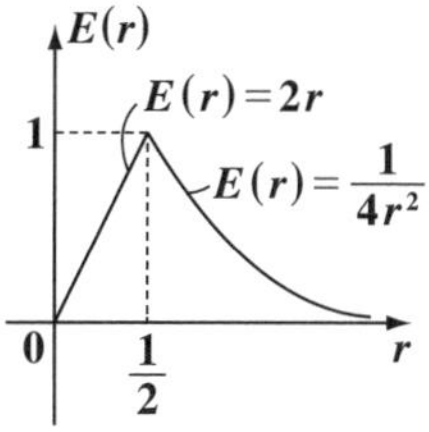

(Ⅱ) 次に, 電位 $\phi(r)$ について,

(ⅰ) $0 \leqq r \leqq 0.5$ のとき,

$$\phi(r) = \int_r^{\infty} E(r)\,dr \qquad = \int_r^{\frac{1}{2}} 2r\,dr + \int_{\frac{1}{2}}^{\infty}\frac{1}{4r^2}\,dr$$

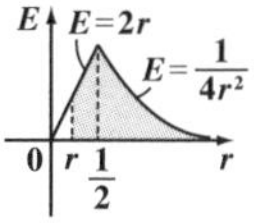

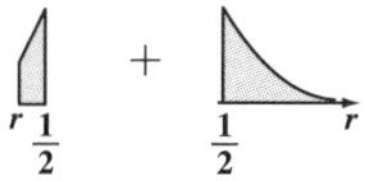

$$= [r^2]_r^{\frac{1}{2}} + \frac{1}{4}\left[-\frac{1}{r}\right]_{\frac{1}{2}}^{\infty} = \frac{1}{4} - r^2 - \frac{1}{4}\left(\frac{1}{\infty} - 2\right)$$

($\frac{1}{\infty}$ → 0, $\frac{1}{\frac{1}{2}}$ → 2)

$$= \frac{1}{4} - r^2 + \frac{1}{2} = \frac{3}{4} - r^2 \quad \cdots\cdots ③$$ である。……………………(答)

(ⅱ) $0.5 < r$ のとき,

$$\phi(r) = \int_r^{\infty} E(r)\,dr \qquad = \int_r^{\infty}\frac{1}{4r^2}\,dr$$

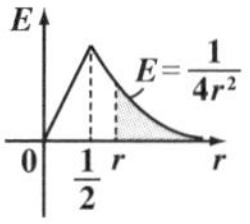

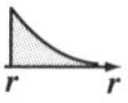

$$= \frac{1}{4}\left[-\frac{1}{r}\right]_r^{\infty} = \frac{1}{4}\left(-\frac{1}{\infty} + \frac{1}{r}\right) = \frac{1}{4r}$$

($\frac{1}{\infty}$ → 0)

$$= \frac{1}{4r} \quad \cdots\cdots ④$$ である。…………(答)

③, ④より, $\phi(r)$ のグラフを示すと右図のようになる。

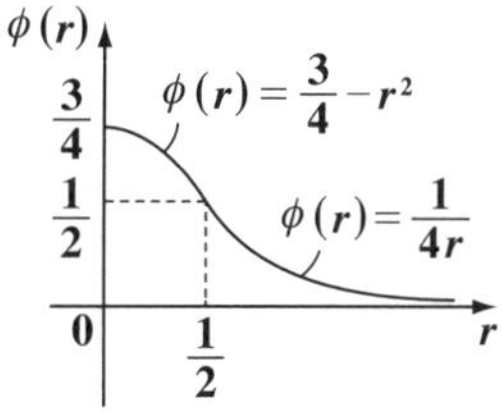

演習問題 41　●電気双極子●

右図に示すように，$+q$(C) と $-q$(C) の電荷をもち，長さ $l=10^{-8}$(m) の電気双極子が電場 $E=10^5$(N/C) の向きと $45°\left(=\dfrac{\pi}{4}\right)$ をなすように置かれている。このとき，電気双極子に働く力のモーメント N は $N=\dfrac{\sqrt{2}}{2}\times10^{-14}$(Nm) であった。このとき電荷 $\pm q$(C) の値を求めよ。

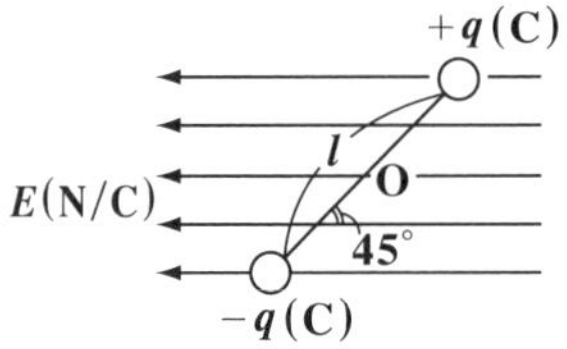

ヒント！ 電気双極子の中心 O のまわりの力のモーメント $N(=(\text{力})\times(\text{距離}))$ の式を立てて，$N=\dfrac{\sqrt{2}}{2}\times10^{-14}$(Nm) から，電気双極子の電荷 $\pm q$(C) を求めればいいんだね。

解答＆解説

右図に示すように，この電気双極子の中心 O に対して反時計回りに働く力のモーメントを N とおくと，

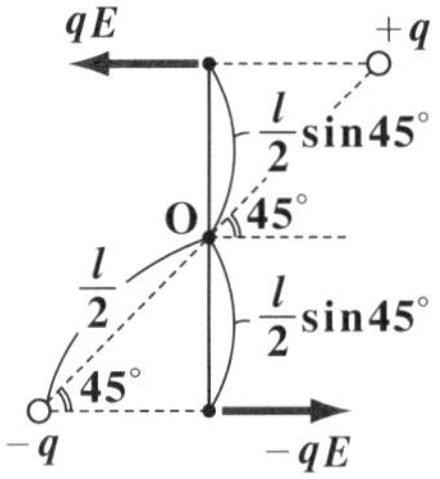

$$N=qE\times\frac{l}{2}\sin45°+qE\times\frac{l}{2}\sin45°$$

$$=ql\cdot E\cdot\sin45°$$

（ql：これを，電気双極子モーメント p という）

$\therefore N=\dfrac{\sqrt{2}}{2}qlE$ ……① となる。

ここで，$N=\dfrac{\sqrt{2}}{2}\times10^{-14}$(Nm)，$l=10^{-8}$(m)，$E=10^5$(N/C) を①に代入して q を求めると，

$$\frac{\sqrt{2}}{2}\times10^{-14}=\frac{\sqrt{2}}{2}\cdot q\cdot10^{-8}\cdot10^5 \qquad 10^{-3}q=10^{-14}\ \text{より，}$$

$q=10^{-14+3}=10^{-11}$(C)　　$\therefore \pm q=\pm10^{-11}$(C) である。……………………(答)

演習問題 42　● 導体 ●

静電場の中におかれた導体について，次の各記述に対して，正しければ○を，誤りであれば×を付けよ。

(1) 自由電荷が静止している状態では，導体内にわずかではあるが電場が存在する。

(2) 自由電荷が静止している状態では，導体内の電位は一定である。

(3) 導体表面は**1**つの等電位面であるが，導体表面に対して電場の向きは常に垂直になるとは限らない。

(4) 電荷分布は，導体の表面と内部のいずれにも存在する。

(5) 導体に囲まれた空間には，導体の外部の電場は一切影響しない。

ヒント！ **(1)** 導体には自由電荷が存在して，電場を瞬時に打ち消してしまうように自由電荷が移動するので，導体内に電場は存在しない。他も，すべて導体の基本性質の問題なんだね。正確に理解しておこう。

解答＆解説

(1) 自由電荷が静止している状態では，導体内に電場は存在しない。

よって，×である。…………………………………………………………(答)

(2) 自由電荷が静止している状態では，導体内に電場は存在しないので導体内の電位は一定である。

よって，○である。…………………………………………………………(答)

(3) 導体表面は**1**つの等電位面になるので，導体表面に対して電場の向きは，常に垂直になる。

よって，×である。…………………………………………………………(答)

(4) 電荷分布が存在するのは，導体の表面だけで，内部には存在しない。

よって，×である。…………………………………………………………(答)

(5) 導体で囲まれた空間には，導体の外部の電場は影響しない。これを，静電遮蔽という。

よって，○である。…………………………………………………………(答)

演習問題 43　● 導体球の電場と電位 ●

原点 **O** を中心とする半径 $a = 0.5$ (m) の導体球に，正の電荷 $Q = 2.24 \times 10^{-10}$ (C) を与える。球の外部は真空である。このとき，球の中心 **O** から距離 $r(\geqq 0)$ における電場 $E(r)$ と電位 $\phi(r)$ を求めよ。ただし，真空誘電率 $\varepsilon_0 = 8.9 \times 10^{-12}$ (C^2/Nm^2) とし，答えの数値が割り切れないときは，有効数字 **3** 桁で示せ。

ヒント！ まず，電場 $E(r)$ を (i) $0 \leqq r < \frac{1}{2}$ と (ii) $\frac{1}{2} \leqq r$ の **2** 通りに場合分けして，ガウスの法則を利用して求める。その際に，導体球の内部に電場は存在しないことに注意しよう。次に，電位 $\phi(r)$ も，同様に **2** 通りに場合分けして，公式：$\phi(r) = \int_r^{\infty} E(r)dr$ を使って求めよう。$E(r)$ と $\phi(r)$ のグラフも示すことにする。

解答＆解説

(I) まず，電場 $E(r)$ について，

(i) $0 \leqq r < \frac{1}{2}$ のとき，

半径 $a = \frac{1}{2}$ の導体球の内部には電場は存在しない。

$\therefore E(r) = 0$ (N/C) ……① である。……………………………(答)

(ii) $\frac{1}{2} \leqq r$ のとき，

半径 $a = \frac{1}{2}$ の導体球の表面にのみ正電荷 $Q = 2.24 \times 10^{-10}$ (C) が存在する。よって，ガウスの法則：

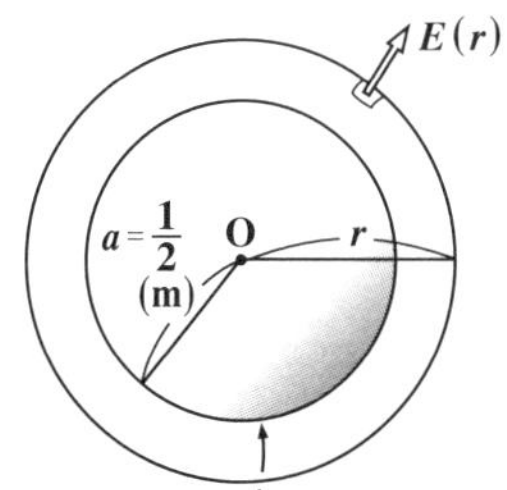

導体球の表面に
電荷 $Q = 2.24 \times 10^{-10}$
(C) が存在する。

$$S \cdot E = \frac{Q}{\varepsilon_0} \text{ より，}$$

$$4\pi r^2 \cdot E(r) = \frac{Q}{\varepsilon_0}$$

$$E(r) = \frac{Q}{4\pi\varepsilon_0} \cdot \frac{1}{r^2} \text{ となる。よって，}$$

$$E(r)=\frac{224\times \cancel{10^{-12}}}{4\pi\times 8.9\times \cancel{10^{-12}}}\cdot\frac{1}{r^2}=2.002\cdots\times\frac{1}{r^2}$$

（$\frac{224}{4\pi\times 8.9}=2.002\cdots$）

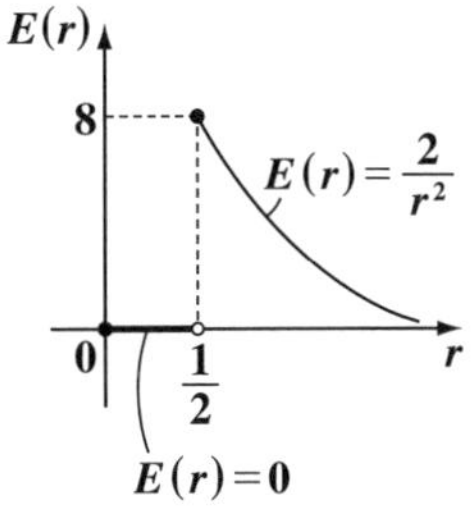

$\therefore E(r)\fallingdotseq\dfrac{2.00}{r^2}$ ……② である。………(答)

よって①, ②より, $E(r)$のグラフは右図のようになる。

(Ⅱ) 電位$\phi(r)$について,

(ⅰ) $0\leqq r<\dfrac{1}{2}$のとき,

$$\phi(r)=\int_r^\infty E(r)dr=\int_{\frac{1}{2}}^\infty E(r)dr$$

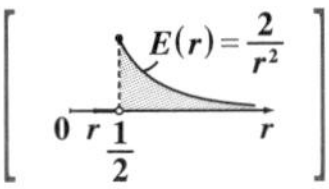

$$=\int_{\frac{1}{2}}^\infty\frac{2}{r^2}dr=2\left[-\frac{1}{r}\right]_{\frac{1}{2}}^\infty=2\left(-\frac{1}{\infty}+2\right)$$

（$\frac{1}{\infty}=0$, $\frac{1}{\frac{1}{2}}=2$）

$\therefore \phi(r)=4$ ……③ である。…………………………………………(答)

(ⅱ) $\dfrac{1}{2}\leqq r$のとき,

$$\phi(r)=\int_r^\infty E(r)=\int_r^\infty\frac{2}{r^2}dr=2\left[-\frac{1}{r}\right]_r^\infty=2\left(-\frac{1}{\infty}+\frac{1}{r}\right)$$

（$\frac{1}{\infty}=0$）

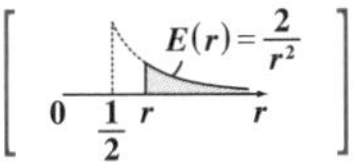

$\therefore \phi(r)=\dfrac{2}{r}$ ……④ である。……(答)

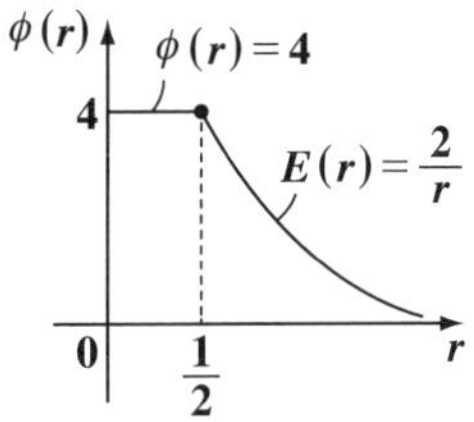

よって③, ④より, $\phi(r)$のグラフは右図のようになる。

演習問題 44　● 鏡像法 ●

接地された表面が平らな無限に広い導体平板から，距離 $L = 2$ (m) の位置の点 **P** に正の点電荷 $Q = 8 \times 10^{-5}$ (C) を置いたとき，次の各問いに答えよ。(ただし，真空誘電率 $\varepsilon_0 = 8.854 \times 10^{-12}$ (C²/Nm²) とし，また，答えはすべて，有効数字 **3** 桁で答えよ。)

(1) この点電荷が導体から受けるクーロン力の大きさ f を求めよ。

(2) 点 **P** より上方 **3** (m) の位置の点を **A** とおく。**A** における電場 $\boldsymbol{E}$ (N/C) を求めよ。

ヒント！ 導体平板に関して点 **P** と対称な点 **P′** に $-Q = -8 \times 10^{-5}$ (C) の点電荷を置いて導体平板は取り去って考えていいんだね。この鏡像法を用いれば，**(1)**のクーロン力 f は，$f = \frac{1}{4\pi\varepsilon_0} \cdot \frac{Q^2}{(2L)^2}$ として求められる。**(2)**では，線分 **PP′** と導体平板の交点を **O** とおき，これを原点として，直線 **PP′** の方向に x 軸，$\overrightarrow{AP}$ の方向に y 軸をとれば，**P**，**P′**，**A** の座標は，**P(2, 0)**，**P′(−2, 0)**，**A(2, 3)** となるんだね。これから **A** における電場 $\boldsymbol{E}$ を求めよう。

解答＆解説

導体平板の表面の電位 ϕ が $\phi = 0$ となることから"鏡像法"を用いると，これは，導体を取り去って右図のように鏡像 $-Q$ (C) を，導体表面に関して **P** と対称な点 **P′** においたモデルと等価となる。

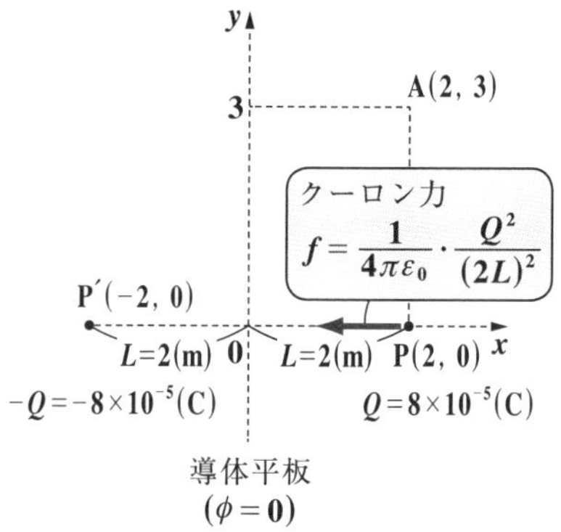

(1) よって，点電荷 $Q = 8 \times 10^{-5}$ (C) が導体から受けるクーロン力は，当然，$2L$ だけ離れた鏡像の点電荷 $-Q = -8 \times 10^{-5}$ (C) から受ける引力に等しい。この力の大きさを f とおくと，

$$f = \frac{1}{4\pi\varepsilon_0} \cdot \frac{Q \cdot Q}{(2L)^2} = \frac{Q^2}{16\pi\varepsilon_0 L^2}$$ となる。よって，

$$f=\frac{(8\times10^{-5})^2}{16\pi\times8.854\times10^{-12}\times2^2}=\frac{\cancel{64}\times10^{-10}}{\cancel{64}\pi\times8.854\times10^{-12}}=\frac{10^2}{8.854\pi}$$

$=3.595\cdots=3.60$ (N) である。……………………………………………(答)

(2) 直線 PP′ と導体平板の交点を O とおき，下図のように x 軸と y 軸を設定すると，点 P，P′，A の座標は，P(2, 0)，P′(−2, 0)，A(2, 3) となる。

よって，$\overrightarrow{\mathrm{PA}}=\boldsymbol{r}_1$，$\overrightarrow{\mathrm{P'A}}=\boldsymbol{r}_2$ とおくと，

$\boldsymbol{r}_1=\overrightarrow{\mathrm{PA}}=\overrightarrow{\mathrm{OA}}-\overrightarrow{\mathrm{OP}}=[2,\ 3]-[2,\ 0]=[0,\ 3]$

$\boldsymbol{r}_2=\overrightarrow{\mathrm{P'A}}=\overrightarrow{\mathrm{OA}}-\overrightarrow{\mathrm{OP'}}=[2,\ 3]-[-2,\ 0]=[4,\ 3]$ となり，

それぞれの大きさ(ノルム)を r_1，r_2 とおくと，

$r_1=\|\boldsymbol{r}_1\|=3$，$r_2=\|\boldsymbol{r}_2\|=\sqrt{4^2+3^2}=\sqrt{25}=5$ となる。

よって，右図に示すように，点 P と点 P′ の点電荷 Q と $-Q$ が点 A に作る電場をそれぞれ $\boldsymbol{E}_1$，$\boldsymbol{E}_2$ とおくと，

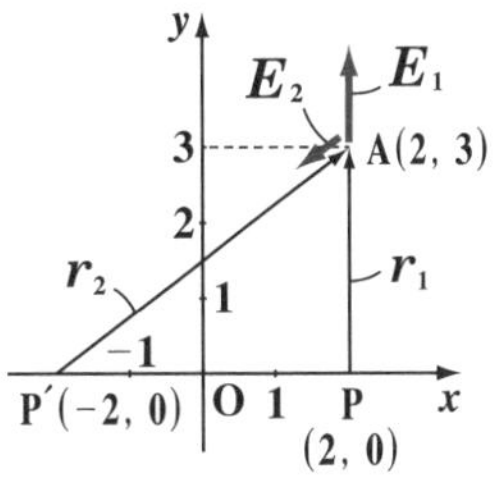

$$\begin{cases}\boldsymbol{E}_1=\dfrac{1}{4\pi\varepsilon_0}\cdot\dfrac{Q}{{r_1}^3}\cdot[0,\ 3]\ \cdots\cdots\cdots ①\\[2ex]\boldsymbol{E}_2=\dfrac{1}{4\pi\varepsilon_0}\cdot\dfrac{(-Q)}{{r_2}^3}\cdot[4,\ 3]\ \cdots\cdots ②\end{cases}$$ となる。

よって，点 A における電場を $\boldsymbol{E}$ とおくと，

①，②より，

$$\boldsymbol{E}=\boldsymbol{E}_1+\boldsymbol{E}_2=\frac{Q}{4\pi\varepsilon_0}\left(\frac{1}{{r_1}^3}[0,\ 3]-\frac{1}{{r_2}^3}[4,\ 3]\right)$$

$$=\frac{8\times10^{-5}}{4\pi\times8.854\times10^{-12}}\left(\frac{1}{27}[0,\ 3]-\frac{1}{125}[4,\ 3]\right)$$

$$=\underbrace{\frac{8\times10^{7}}{4\pi\times8.854}\times\frac{1}{27\times125}}_{213.042\cdots}\underbrace{(125\cdot[0,\ 3]-27\cdot[4,\ 3])}_{[0,\ 375]-[108,\ 81]=[-108,\ 294]}$$

$$\fallingdotseq 213.042\cdots[-108,\ 294]=[-23008.6\cdots,\ 62634.5\cdots]$$

$\therefore\ \boldsymbol{E}\fallingdotseq[-2.30\times10^4,\ 6.26\times10^4]$ (N/C) である。……………………(答)

演習問題 45　● 導体球の電気容量 ●

次の各半径 a の導体球の電気容量 C を公式：
$C = 4\pi\varepsilon_0 a$ ……(*) を用いて，有効数字 3 桁で求めよ。(ただし，真空誘電率 $\varepsilon_0 = 8.854 \times 10^{-12}\ (C^2/Nm^2)$ とする。)
(i) $a = 4.495\ (m)$　(ii) $a = 1738\ (km)$　(iii) $a = 696000\ (km)$

ヒント！ 電荷 Q を与えられた半径 a の導体球の電位 ϕ は，$\phi = \dfrac{Q}{4\pi\varepsilon_0 a}$ となるので，これから，$Q = \underline{\underline{C}} \cdot \phi = \underline{\underline{4\pi\varepsilon_0 a}} \cdot \phi$ より，導体球の電気容量 C の公式 (*) が導けるんだね。ちなみに，(ii) は月の半径，(iii) は太陽の半径を表しているんだよ。

解答＆解説

(i) $a = 4.495\ (m)$ の導体球の電気容量 C は，(*) の公式より，

$$C = 4\pi\varepsilon_0 a = 4\pi \times 8.854 \times 10^{-12} \times 4.495$$
$$= 5.0012 \cdots \times 10^{-10} \fallingdotseq 5.00 \times 10^{-10}\ (F) = 5.00 \times 10^{2}\ (pF)$$ である。……(答)

(pF：ピコファラッド)　$1\ (pF) = 10^{-12}\ (F)$

(ii) $a = 1738\ (km) = 1738 \times 10^{3}\ (m)$ の導体球の電気容量 C は，

(これは，月の半径と等しい)

(*) の公式を用いて，

$$C = 4\pi\varepsilon_0 a = 4\pi \times 8.854 \times 10^{-12} \times 1738 \times 10^{3}$$
$$= 1.9337 \cdots \times 10^{-4} \fallingdotseq 1.93 \times 10^{-4}\ (F) = 1.93 \times 10^{2}\ (\mu F)$$ である。……(答)

$1\ (\mu F) = 10^{-6}\ (F)$

(iii) $a = 696000\ (km) = 696 \times 10^{6}\ (m)$ の導体球の電気容量 C は，

(これは，太陽の半径と等しい)

(*) の公式を用いて，

$$C = 4\pi\varepsilon_0 a = 4\pi \times 8.854 \times 10^{-12} \times 696 \times 10^{6}$$
$$= 0.077438 \cdots \fallingdotseq 7.74 \times 10^{-2}\ (F)$$ である。……(答)

このように，太陽と同じ大きさの導体球の電気容量でさえ，約 0.0774(F) となるので，1(F) という単位が，いかに大きな電気容量を表しているのかを理解して頂けたと思う。

演習問題 46 ● 平行平板コンデンサー(Ⅰ)●

間隔 $d = 10^{-5}$ (m)，面積 $S = 1.129$ (m^2) の平行平板コンデンサーに電荷 $\pm Q = \pm 10^{-4}$ (C) を与えたとき，この平行平板コンデンサーについて，次の各問いに答えよ。
(ただし，真空誘電率 $\varepsilon_0 = 8.854 \times 10^{-12}$ (C^2/Nm^2) とする。)

(1) 電気容量 C を有効数字 3 桁で求めよ。

(2) 電位差 V を求めよ。

(3) 電場の大きさ E を求めよ。

(4) 静電エネルギー U を求めよ。

ヒント！ (1)は，公式：$C = \frac{\varepsilon_0 S}{d}$ で，(2)は，公式：$Q = CV$ で求め，また，(3)は，公式：$E = \frac{V}{d}$ で，(4)は，公式：$U = \frac{1}{2}CV^2$ を使って求めればいいんだね。高校の物理の復習問題だね。

解答＆解説

(1) 公式：$C = \frac{\varepsilon_0 S}{d}$ より，電気容量 C は，

(これは，1.00 (μF) としてもよい)

$$C = \frac{\varepsilon_0 S}{d} = \frac{8.854 \times 10^{-12} \times 1.129}{10^{-5}} = 9.996 \cdots \times 10^{-7} \fallingdotseq 1.00 \times 10^{-6} \text{(F)}$$

………(答)

(2) 公式：$Q = CV$ より，求める電位差 V は，

$$V = \frac{Q}{C} = \frac{10^{-4}}{10^{-6}} = 10^{-4+6} = 10^2 = 100 \text{(V)}$$ である。………(答)

(3) 公式：$E = \frac{V}{d}$ より，求める電場の大きさ E は，

$$E = \frac{10^2}{10^{-5}} = 10^{2+5} = 10^7 \text{(N/C)}$$ である。………(答)

(4) 公式：$U = \frac{1}{2}CV^2$ より，求める静電エネルギー U は，

$$U = \frac{1}{2} \cdot C \cdot V^2 = \frac{1}{2} \times 10^{-6} \times (10^2)^2 = \frac{1}{2} \times 10^{-2} = 5 \times 10^{-3} \text{(J)}$$ である。

………(答)

演習問題 47　● 平行平板コンデンサー(Ⅱ) ●

右図に示すように，原点と x 軸を設定する。ここで間隔 d，面積 S の平行平板コンデンサーに $\pm Q = \pm\sigma\cdot S$ (σ：電荷の面密度) の電荷が与えられているとき，電場 E は，$E = \frac{\sigma}{\varepsilon_0}$ (ε_0：真空誘電率) となり，電位差 V は $V = \phi_1 - \phi_2 = \phi_1$ $(\phi_2 = 0)$ と表すことにする。このとき，次の各問いに答えよ。

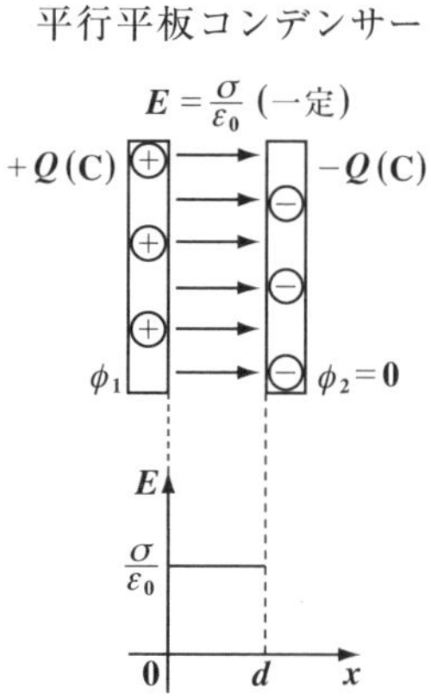

(1) $V = -\int_{\infty}^{0} E\,dx$ より，3 つの公式

(ⅰ) $E = \frac{V}{d}$　(ⅱ) $Q = CV$　(ⅲ) $C = \frac{\varepsilon_0 S}{d}$

を導け。

(2) 間隔 d を $x \fallingdotseq 0 \to x = d$ に変化させるための仕事 W を求めて，静電エネルギーの公式 (ⅳ) $U = \frac{1}{2}CV^2$，および静電場のエネルギー密度の公式 (ⅴ) $u_e = \frac{1}{2}\varepsilon_0 E^2$ を導け。

ヒント！ 平行平板コンデンサーの 4 つの基本公式と静電場のエネルギー密度の公式を導く問題だね。自力で導けるように，何度でも練習しよう。

解答＆解説

(1) 電場 $E = \frac{\sigma}{\varepsilon_0}$ ……① (定数) より，電位差 (電位) V を求めると，

$$V = -\int_{\infty}^{0} E\,dx = \int_{0}^{\infty} E\,dx = \int_{0}^{d} E\,dx = E\cdot[x]_0^d = E\cdot d \text{ となる。}$$

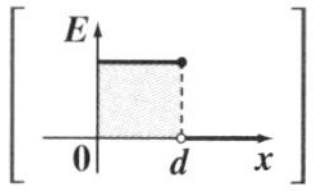

$\therefore V = Ed$ ……② より，公式 (ⅰ) $E = \frac{V}{d}$ が導ける。……………………(終)

①を②に代入して，$V=\underbrace{\frac{\sigma}{\varepsilon_0}}_{E}\cdot d=\frac{\overbrace{\sigma S}^{Q}}{\varepsilon_0 S}\cdot d$ （分子・分母に S をかけた。） $=\frac{d}{\varepsilon_0 S}\cdot Q$

$\therefore Q=\underbrace{\frac{\varepsilon_0 S}{d}}_{C}\cdot V$ より，$\frac{\varepsilon_0 S}{d}$ が電気容量 C となるので，**2** つの公式

(ii) $Q=CV$ と (iii) $C=\frac{\varepsilon_0 S}{d}$ が導ける。……………………………………(終)

(2) 次に，平行平板コンデンサーの静電エネルギー U を求める。図 **1**(i) に示すように，$\pm Q$ (C) に帯電した **2** 枚の極板の間隔を $x\fallingdotseq 0$ の状態からゆっくりと移動させて $x=d$ となるまでになされる仕事 W は，⊖の極板を，⊕の極板の作る電場 $\frac{1}{2}E$ による力 $-f=-\frac{1}{2}E\cdot Q$ に逆らって，$f=\frac{1}{2}EQ$（一定）の力で d だけ移動させる仕事のことなので，

$$W=\frac{1}{2}\underbrace{E}_{\frac{V}{d}}\cdot\underbrace{Q}_{CV}\cdot d=\frac{1}{2}CV^2$$

図 **1**　平行平板コンデンサーの静電エネルギー U

(i) 初めの状態

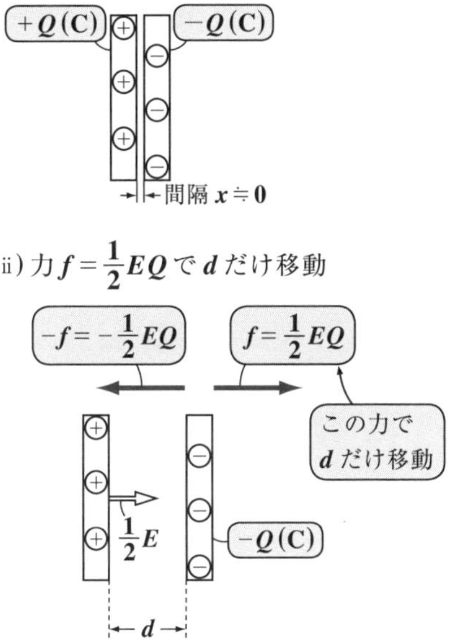

となる。この仕事が，極板間の静電エネルギー U と考えられるので，

(iv) $U=W=\frac{1}{2}CV^2$ が導ける。 ……………………………………………(終)

次に，静電場のエネルギーの公式 (iv) $U=\frac{1}{2}CV^2$ ……③ の両辺を平行平板コンデンサーの **2** つの極板間の容積 $S\cdot d$ で割ったものが，静電場のエネルギー密度 u_e になる。よって，

$$u_e=\frac{U}{Sd}=\frac{1}{2}\cdot\frac{CV^2}{Sd} \quad \cdots\cdots③'$$

ここで，③′に，(i) より $V=dE$ と，(iii) $C=\frac{\varepsilon_0 S}{d}$ を代入すると，

$$u_e=\frac{1}{2}\cdot\frac{1}{Sd}\times\frac{\varepsilon_0 S}{d}\times(d\cdot E)^2=\frac{1}{2}\varepsilon_0\frac{d^2E^2}{d^2} \text{ より，}$$

静電場のエネルギー密度の公式：

(v) $u_e=\frac{1}{2}\varepsilon_0 E^2$ が導ける。 ……………………………………………(終)

参考

この静電場のエネルギー密度の公式 (v) $u_e=\frac{1}{2}\varepsilon_0 E^2$ は，平行平板コンデンサーの静電場のエネルギー密度に限定されたものではなく，一般の空間に静電場 E が存在するときのエネルギー密度として利用することができる。

したがって，ある領域 V に静電場 E が存在するとき，静電場のエネルギー U は，このエネルギー密度 u_e を用いて，

$$U=\iiint_V u_e dV=\underbrace{\frac{\varepsilon_0}{2}}_{\text{定数}}\iiint_V E^2 dV$$ として計算することができる。

この後の演習問題で練習しよう。

演習問題 48　● 静電場のエネルギー (I) ●

空間スカラー場として，電位 $\phi(x, y, z) = -100x + 200y - 200z$ (V) が与えられているとき，電場の大きさ E (N/C) を求めて，領域 V ($0 \leqq x \leqq 2$, $0 \leqq y \leqq 3$, $0 \leqq z \leqq 4$) における静電場のエネルギー U (J) を有効数字 3 桁で求めよ。
(ただし，真空誘電率 $\varepsilon_0 = 8.9 \times 10^{-12}$ (C^2/Nm^2) とする。)

ヒント！ $\boldsymbol{E} = -\mathrm{grad}\,\phi$ により，$\boldsymbol{E}$ を求め，この大きさ $E = \|\boldsymbol{E}\|$ を求めよう。そして，静電場のエネルギー密度 $u_e = \frac{1}{2}\varepsilon_0 E^2$ を，領域 V で体積分して，$U = \iiint_V u_e dV$ を求めるんだね。

解答＆解説

電位 $\phi(x, y, z) = -100x + 200y - 200z$ (V) より，電場 $\boldsymbol{E}$ を求めると，

$$\boldsymbol{E} = -\mathrm{grad}\,\phi = -\left[\frac{\partial \phi}{\partial x}, \frac{\partial \phi}{\partial y}, \frac{\partial \phi}{\partial z}\right] = -[-100, 200, -200] = 100[1, -2, 2]$$

$(-100x + \cancel{200y} - \cancel{200z})_x$　$(\cancel{-100x} + 200y - \cancel{200z})_y$　$(\cancel{-100x} + \cancel{200y} - 200z)_z$

となる。よって，電場 $\boldsymbol{E}$ の大きさ (ノルム) E は，

$$E = \|\boldsymbol{E}\| = 100\sqrt{1^2 + (-2)^2 + 2^2} = 100 \times \sqrt{9} = 300 \text{ (N/C)}$$ となる。

よって，空間ベクトル場 $\boldsymbol{E}$ における静電場のエネルギー密度 u_e は，

$$u_e = \frac{1}{2}\varepsilon_0 E^2 = \frac{\varepsilon_0}{2} \cdot 300^2 = \frac{9}{2} \times 10^4 \times 8.9 \times 10^{-12} = 40.05 \times 10^{-8} \text{ (J/m}^3\text{)}$$

となる。よって，右図に示す領域 V に

($0 \leqq x \leqq 2$, $0 \leqq y \leqq 3$, $0 \leqq z \leqq 4$ をみたす直方体)

おける静電場のエネルギー U は，

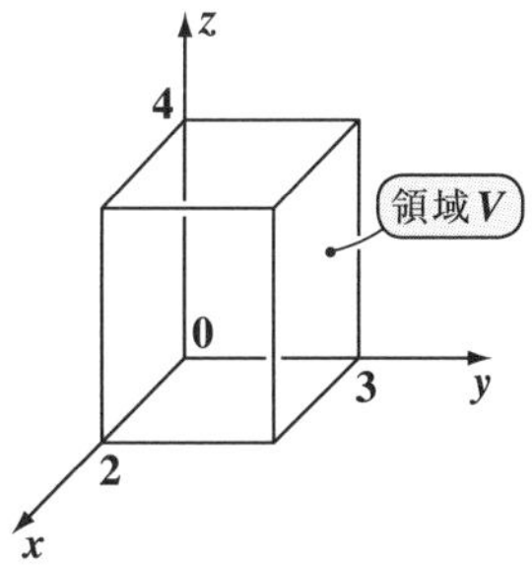

$$U = \iiint_V u_e dV = 40.05 \times 10^{-8} \iiint_V dV$$

($u_e = 40.05 \times 10^{-8}$ (定数))　($\iiint_V dV = 2 \times 3 \times 4$ (直方体の体積))

$$= 40.05 \times 24 \times 10^{-8}$$

$$= 961.2 \times 10^{-8} \fallingdotseq 9.61 \times 10^{-6} \text{ (J)}$$ である。……………………………(答)

演習問題 49　● 静電場のエネルギー(Ⅱ) ●

原点 **O** を中心とする半径 $a = 0.5$ (m) の球の内部に，電荷密度 $\rho = 5.34 \times 10^{-11}$ (C/m³) の電荷が一様に分布している。球の外部は真空であるとして，球の中心 **O** から $r(\geqq 0)$ における電場 $E(r)$ と静電場のエネルギー密度 $u_e(r)$ を求め，この球も含めた空間全体の静電エネルギー U(J) を有効数字 3 桁で求めよ。ただし，真空誘電率 $\varepsilon_0 = 8.9 \times 10^{-12}$ (C²/Nm²) とする。

ヒント！ 問題の設定条件は，演習問題 **40** (**P92**) と同じなので，電場 $E(r)$ の解説は既に終わっている。今回は，E が r の関数なので，静電場のエネルギー密度 u_e も r の関数で，$u_e(r) = \frac{1}{2}\varepsilon_0 E(r)^2$ となる。よって，微小体積 dV を $dV = 4\pi r^2 dr$ (球殻) として体積計算を行って，空間全体の静電エネルギー U を求めればいいんだね。

解答＆解説

(Ⅰ) 電場 $E(r)$ について，

(ⅰ) $0 \leqq r \leqq \frac{1}{2}$ のとき，ガウスの法則より，

$$\cancel{4\pi} r^2 \cdot E(r) = \frac{\frac{\cancel{4}}{3}\cancel{\pi} r^3 \cdot \rho}{\varepsilon_0} \quad \text{より，}$$

$$E(r) = \frac{\rho}{3\varepsilon_0} r = 2r \quad \cdots\cdots ① \text{ となる。} \cdots\cdots (\text{答})$$

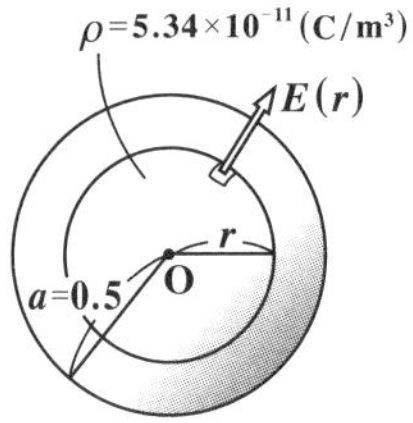

(ⅱ) $\frac{1}{2} < r$ のとき，ガウスの法則より，

$$\cancel{4\pi} r^2 \cdot E(r) = \frac{\frac{\cancel{4}}{3}\cancel{\pi} \cdot \left(\frac{1}{2}\right)^3 \cdot \rho}{\varepsilon_0}$$

$$E(r) = \frac{\rho}{24\varepsilon_0} \cdot \frac{1}{r^2} = \frac{1}{4r^2} \quad \cdots\cdots ② \text{ となる。}$$

$\cdots\cdots\cdots$(答)

$E(r)$ の詳しい計算は **P92** 参照

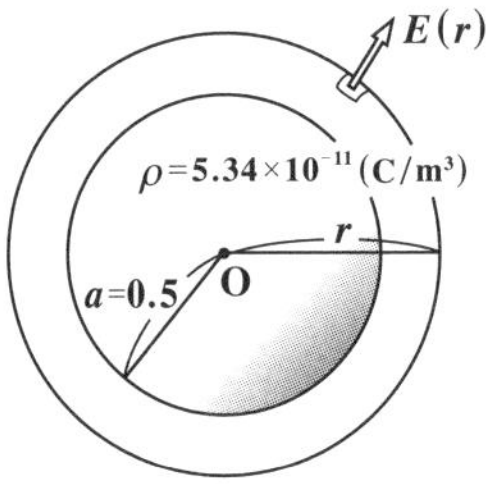

(Ⅱ) 次に，静電場のエネルギー密度 $u_e(r)$ について，①, ② を用いると，

（i）$0 \leqq r \leqq \frac{1}{2}$ のとき，①より，

$$u_e(r) = \frac{1}{2}\varepsilon_0 E(r)^2 = \frac{1}{2}\varepsilon_0(2r)^2 = 2\varepsilon_0 r^2 \quad \cdots\cdots ③'$$

$\therefore u_e(r) = 17.8 \times 10^{-12} r^2 \,(\mathrm{J/m^3})$ ……③ となる。…………………（答）

（ii）$\frac{1}{2} < r$ のとき，②より，

$$u_e(r) = \frac{1}{2}\varepsilon_0 E(r)^2 = \frac{1}{2}\varepsilon_0\left(\frac{1}{4r^2}\right)^2 = \frac{\varepsilon_0}{32}\cdot\frac{1}{r^4} \quad \cdots\cdots ④'$$

$\therefore u_e(r) = \frac{8.9 \times 10^{-12}}{32}\cdot\frac{1}{r^4}\,(\mathrm{J/m^3})$ ……④ となる。………………（答）

（III）空間全体の静電エネルギー U について，

$U = \iiint_V u_e dV$ ……⑤ より，

微小体積 dV を $dV = 4\pi r^2 \cdot dr$ とおいて，⑤を r での積分にもち込むと，③′，④′より，U は次のように計算できる。

半径 r，微小厚さ dr の球殻の体積を dV として，r での積分にもち込む。

$$U = \int_0^{\infty} \underbrace{u_e(r)}_{\begin{cases} 2\varepsilon_0 r^2 & (0 \leqq r \leqq 0.5) \\ \frac{\varepsilon_0}{32}\cdot\frac{1}{r^4} & (0.5 < r)\end{cases}} \cdot 4\pi r^2 dr$$

$$= \int_0^{\frac{1}{2}} 2\varepsilon_0 r^2 \cdot 4\pi r^2 dr + \int_{\frac{1}{2}}^{\infty} \frac{\varepsilon_0}{32}\cdot\frac{1}{r^4}\cdot 4\pi r^2 dr$$

$$8\pi\varepsilon_0\left[\frac{1}{5}r^5\right]_0^{\frac{1}{2}} = \frac{8}{5}\pi\varepsilon_0 \times \frac{1}{32} = \frac{\pi\varepsilon_0}{20}$$

$$\frac{\pi\varepsilon_0}{8}\left[-\frac{1}{r}\right]_{\frac{1}{2}}^{\infty} = \frac{\pi\varepsilon_0}{8}\left(-\frac{1}{\infty}+2\right) = \frac{\pi\varepsilon_0}{4} \quad \left(\frac{1}{\infty} \to 0\right)$$

$$= \frac{\pi\varepsilon_0}{20} + \frac{\pi\varepsilon_0}{4} = \left(\frac{1}{20}+\frac{1}{4}\right)\pi\varepsilon_0 = \frac{3}{10}\times\pi\times 8.9\times 10^{-12}$$

$$\frac{1}{20}+\frac{1}{4} = \frac{1+5}{20} = \frac{3}{10}$$

$= 8.38805\cdots \times 10^{-12} \fallingdotseq 8.39 \times 10^{-12}\,(\mathrm{J})$ ………………………………（答）

演習問題 50	● 静電場のエネルギー(Ⅲ) ●

原点 O を中心とする半径 $a = 0.5$ (m) の導体球に，正の電荷 $Q = 2.24 \times 10^{-10}$ (C) を与える。球の外部は真空である。このとき，球の中心 O から $r (\geqq 0)$ における電場 $E(r)$ と静電場のエネルギー密度 $u_e(r)$ を求め，この導体球も含めた空間全体の静電エネルギー U (J) を有効数字 3 桁で求めよ。ただし，真空誘電率 $\varepsilon_0 = 8.9 \times 10^{-12}$ (C^2/Nm^2) とする。

ヒント！ 問題の設定条件は，演習問題 43 (P96) と同じなので，電場 $E(r)$ の解説はもう終わっているんだね。今回は，E が r の関数なので，静電場のエネルギー密度 u_e も r の関数であり，$u_e(r) = \frac{1}{2}\varepsilon_0 E(r)^2$ となる。よって，微小体積 $dV = 4\pi r^2 \cdot dr$ (微小な厚さの球殻) として，体積分を r のみの計算に置き換えて，空間全体の静電エネルギー U を求めることができるんだね。

解答＆解説

(Ⅰ) まず，電場 $E(r)$ について，

(ⅰ) $0 \leqq r < \frac{1}{2}$ のとき，

半径 $a = \frac{1}{2}$ の導体球の内部には電場は存在しない。

$\therefore E(r) = 0$ (N/C) ……① である。……………………………………(答)

(ⅱ) $\frac{1}{2} \leqq r$ のとき，

半径 $a = \frac{1}{2}$ の導体球の表面にのみ正電荷 $Q = 2.24 \times 10^{-10}$ (C) が存在する。よって，ガウスの法則：

$4\pi r^2 \cdot E(r) = \frac{Q}{\varepsilon_0}$ より，

$E(r) = \frac{2}{r^2}$ (N/C) ……② である。

………(答)

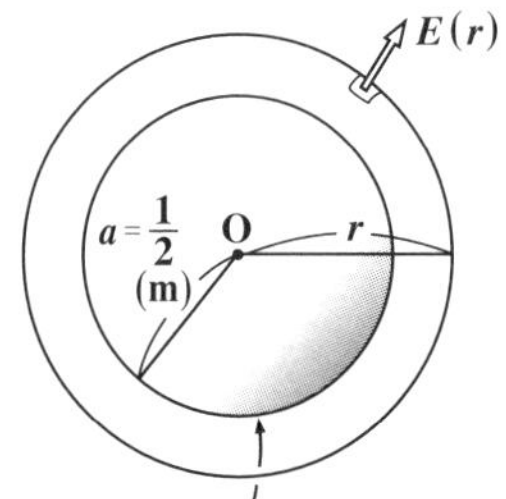

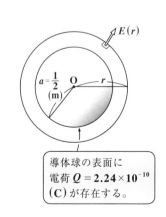

導体球の表面に電荷 $Q = 2.24 \times 10^{-10}$ (C) が存在する。

$E(r)$ の詳しい計算は P96 参照

(Ⅱ) 次に，静電場のエネルギー密度 $u_e(r)$ について，①, ②を用いると，

(ⅰ) $0 \leqq r \leqq \frac{1}{2}$ のとき，①より，

$$u_e(r) = \frac{1}{2}\varepsilon_0 \cdot E(r)^2 = \frac{1}{2} \cdot \varepsilon_0 \cdot 0^2 = 0\ (\mathrm{J/m^3})$$ ……③ である。……(答)

(ⅱ) $\frac{1}{2} < r$ のとき，②より，

$$u_e(r) = \frac{1}{2}\varepsilon_0 \cdot E(r)^2 = \frac{1}{2} \cdot \varepsilon_0 \cdot \left(\frac{2}{r^2}\right)^2 = \frac{2 \cdot \varepsilon_0}{r^4}$$ ……④´

$$\therefore\ u_e(r) = \frac{2 \times 8.9 \times 10^{-12}}{r^4}\ (\mathrm{J/m^3})$$ ……④ である。……(答)

(Ⅲ) 空間全体の静電エネルギー U について，

$$U = \iiint_V u_e dV$$ ……⑤ より，

微小体積 dV を $dV = 4\pi r^2 \cdot dr$ とおいて，⑤を r での積分に置き換えると，③, ④´より，U は次のように計算して求められる。

半径 r，微小厚さ dr の球殻の体積を dV として，1 変数 r での積分にもち込む。

$$U = \int_0^\infty u_e(r) \cdot 4\pi r^2 dr$$

$$u_e(r) = \begin{cases} 0 & \left(0 \leqq r < \frac{1}{2}\right) \\ \frac{2\varepsilon_0}{r^4} & (0.5 \leqq r) \end{cases}$$

$$= \int_0^{\frac{1}{2}} 0 \cdot 4\pi r^2 dr + \int_{\frac{1}{2}}^\infty \frac{2\varepsilon_0}{r^4} \cdot 4\pi r^2 dr$$

（第1項）$= 0$

（第2項）$8\pi\varepsilon_0 \int_{\frac{1}{2}}^\infty r^{-2} dr = 8\pi\varepsilon_0 \left[-\frac{1}{r}\right]_{\frac{1}{2}}^\infty = 8\pi \cdot \varepsilon_0 \left(-\frac{1}{\infty} + 2\right) = 16\pi\varepsilon_0$

$$= 16\pi\varepsilon_0 = 16 \times 8.9 \times 10^{-12} \times \pi$$

$$= 4.4736 \cdots \times 10^{-10} \fallingdotseq 4.47 \times 10^{-10}\ (\mathrm{J})$$ ……(答)

演習問題 51　● 静電場のエネルギー(Ⅳ) ●

空間スカラー場として，電位 $\phi(x, y, z) = -xy + z^2$ (V) が与えられているとき，電場の大きさ E (N/C) を求めて，領域 V ($0 \leqq x \leqq 1$, $0 \leqq y \leqq 2$, $0 \leqq z \leqq 3$) における静電場のエネルギー U (J) を有効数字 3 桁で求めよ。ただし，真空誘電率 $\varepsilon_0 = 8.9 \times 10^{-12}$ (C^2/Nm^2) とする。

ヒント！ 電場 $\boldsymbol{E}$ を $\boldsymbol{E} = -\mathrm{grad}\phi$ により求め，この大きさ（ノルム）の 2 乗 $E^2 = \|\boldsymbol{E}\|^2$ を求める。そして，静電場のエネルギー密度 $u_e = \frac{1}{2}\varepsilon_0 E^2$ を，領域 V で体積分して，静電場のエネルギー U を $U = \iiint_V u_e dV$ から求めよう。今回は，3 重積分になるんだね。

解答＆解説

電位 $\phi(x, y, z) = -xy + z^2$ (V) より，電場 $\boldsymbol{E}$ を求めると，

$$\boldsymbol{E} = -\mathrm{grad}\phi = -\left[\underbrace{\frac{\partial}{\partial x}(-xy + z^2)}_{-1\cdot y},\ \underbrace{\frac{\partial}{\partial y}(-xy + z^2)}_{-x\cdot 1},\ \underbrace{\frac{\partial}{\partial z}(-xy + z^2)}_{2z}\right]$$

$$= -[-y,\ -x,\ 2z] = [y,\ x,\ -2z] \qquad \therefore E = \sqrt{x^2 + y^2 + 4z^2}\ \text{(N/C)} \cdots\cdots(\text{答})$$

よって，電場 $\boldsymbol{E}$ の大きさ（ノルム）の 2 乗は，

$E^2 = x^2 + y^2 + 4z^2$ ……① となる。

よって，空間ベクトル場 $\boldsymbol{E}$ における静電場のエネルギー密度 u_e は，①より，

$u_e = \frac{1}{2}\varepsilon_0 E^2 = \frac{\varepsilon_0}{2}(x^2 + y^2 + 4z^2)$ (J/m^3) となる。

($\varepsilon_0 = 8.9 \times 10^{-12}$ (C^2/Nm^2))

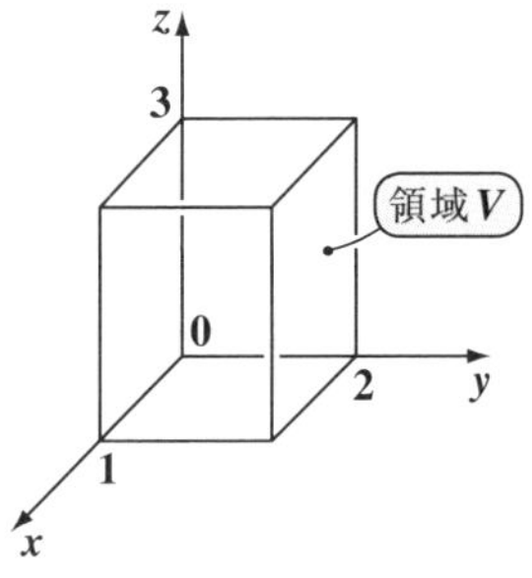

よって，右図に示す領域 V

($0 \leqq x \leqq 1$, $0 \leqq y \leqq 2$, $0 \leqq z \leqq 3$)

における静電場のエネルギー U は，

$$U = \iiint_V u_e dV$$

$$= \frac{\varepsilon_0}{2}\iiint_V \underbrace{E^2}_{(x^2+y^2+4z^2)} dV \cdots\cdots②$$ となる。

②より，静電エネルギー U を計算すると，

$$U = \frac{\varepsilon_0}{2}\int_0^3\int_0^2\int_0^1 (x^2+y^2+4z^2)\underbrace{dxdydz}_{dV\text{のこと}}$$

今回は x, y, z の3重積分を行う。順番に計算しよう。

$$= \frac{\varepsilon_0}{2}\int_0^3\left[\int_0^2\left\{\int_0^1 (x^2+y^2+4z^2)\,dx\right\}dy\right]dz$$

定数扱い：y^2+4z^2　まず，x での積分

$$\left[\frac{1}{3}x^3+(y^2+4z^2)x\right]_0^1 = \frac{1}{3}\cdot 1^3+(y^2+4z^2)\cdot 1 = y^2+4z^2+\frac{1}{3}$$

$$= \frac{\varepsilon_0}{2}\int_0^3\left\{\int_0^2\left(y^2+4z^2+\frac{1}{3}\right)dy\right\}dz$$

定数扱い：$4z^2+\frac{1}{3}$　次に，y での積分

$$\left[\frac{1}{3}y^3+\left(4z^2+\frac{1}{3}\right)y\right]_0^2 = \frac{1}{3}\cdot 2^3+\left(4z^2+\frac{1}{3}\right)\cdot 2 = 8z^2+\frac{8+2}{3} = 8z^2+\frac{10}{3}$$

$$= \frac{\varepsilon_0}{2}\int_0^3\left(8z^2+\frac{10}{3}\right)dz$$

最後に，z での積分

$$\frac{\varepsilon_0}{2} = \frac{8.9\times 10^{-12}}{2}$$

$$\left[\frac{8}{3}z^3+\frac{10}{3}z\right]_0^3 = \frac{8}{3}\cdot 3^3+\frac{10}{3}\cdot 3 = 72+10 = 82$$

$$= 8.9\times 10^{-12}\times 41 = 364.9\times 10^{-12}$$

$\therefore\ U \fallingdotseq 3.65\times 10^{-10}$ (J) である。 ……………………………………………(答)

演習問題 52　● 誘電体 (Ⅰ) ●

(Ⅰ) 間隔 $d=10^{-4}$(m), 面積 S(m^2) の, 極板間が真空の平行平板コンデンサーの 2 枚の極板に $\pm Q=\pm 10^{-5}$(C) の電荷を与えたら, 電位差 $V_0=100$(V) となった。このとき,
(i) 電場 E_0(N/C), (ii) 電気容量 C(μF), (iii) 極板の面積 S(m^2) を求めよ。(ただし, 真空誘電率 $\varepsilon_0=8.9\times10^{-12}$(C^2/Nm^2) として, S は有効数字 3 桁で答えよ。)

(Ⅱ) この平行平板コンデンサーに右図に示すように, 上下に真空部分を残して, 比誘電率 $\kappa=7.5$ の誘電体を挿入した, コンデンサーの電荷の面密度を $\pm\sigma$, 誘電体の分極電荷の面密度を $\pm\sigma_p$ とおく。このとき, 誘電体の (i) 電場 E_1(N/C), (ii) 電束密度 D_1(C/m^2), (iii) 誘電率 ε_1(C^2/Nm^2), (iv) 分極電荷の面密度 σ_p(C/m^2) を有効数字 3 桁で求めよ。

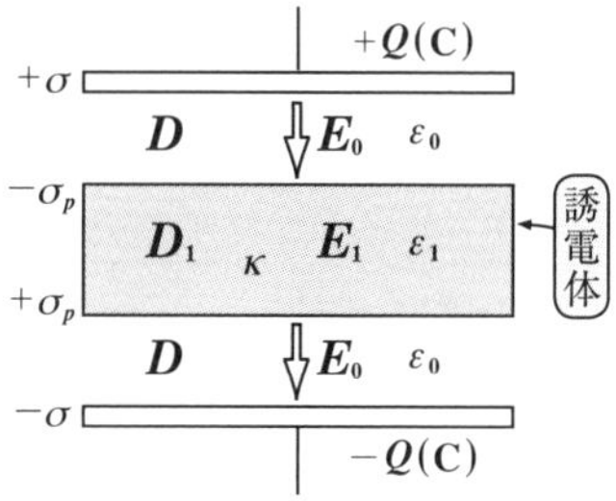

ヒント！ (Ⅰ) は, 極板間が真空の平行平板コンデンサーの問題で, 公式 : (i) $E_0=\frac{V_0}{d}$, (ii) $C=\frac{Q}{V}$, (iii) $C=\frac{\varepsilon_0 S}{d}$ を用いればいい。(Ⅱ) は, 極板間に $\kappa=7.5$ の誘電体が挿入されたときの問題で, 公式 : (i) $E_1=\frac{E_0}{\kappa}$, (ii) $D_1=D=\varepsilon_0 E_0$ $(=\varepsilon_1 E_1)$, (iii) $\varepsilon_1=\kappa\varepsilon_0$, (iv) $E_1=\frac{\sigma-\sigma_p}{\varepsilon_0}$ を用いて解いていこう。

解答＆解説

(Ⅰ) 極板間が真空の平行平板コンデンサーについて,

$d=10^{-4}$(m), $\pm Q=\pm10^{-5}$(C), $V_0=100$(V) より,

(i) 電場 $E_0=\frac{V_0}{d}=\frac{100}{10^{-4}}=10^{2+4}=10^6$(N/C) である。………………(答)

(ii) 電気容量 $C = \frac{Q}{V_0} = \frac{10^{-5}}{100} = 10^{-5-2} = 10^{-7}\,(\mathrm{F}) = 0.1\,(\mu\mathrm{F})$ である。

………(答)

(iii) $C = \frac{\varepsilon_0 S}{d}$ より，極板の面積 S は，

$$S = \frac{C \cdot d}{\varepsilon_0} = \frac{10^{-7} \times 10^{-4}}{8.9 \times 10^{-12}} = \frac{10}{8.9} = 1.1235 \cdots \fallingdotseq 1.12\,(\mathrm{m}^2)$$ である。

………(答)

(II) この平行平板コンデンサーに比誘電率 $\kappa = 7.5$ の誘電体が挿入されたとき，この誘電体において，

(i) 電場 $E_1 = \frac{E_0}{\kappa} = \frac{10^6}{7.5} = 133333.33 \cdots \fallingdotseq 1.33 \times 10^5\,(\mathrm{N/C})$ である。

………(答)

(ii) 電束密度 $D_1 = \varepsilon_0 E_0 = 8.9 \times 10^{-12} \times 10^6 = 8.90 \times 10^{-6}\,(\mathrm{C/m^2})$ である。

………(答)

(iii) 誘電率 $\varepsilon_1 = \kappa \varepsilon_0 = 7.5 \times 8.9 \times 10^{-12} = 66.75 \times 10^{-12}$

$\fallingdotseq 6.68 \times 10^{-11}\,(\mathrm{C^2/Nm^2})$ である。………(答)

(iv) 極板の電荷の面密度 $\sigma = \frac{Q}{S} = \frac{10^{-5}}{\frac{10}{8.9}} = 8.9 \times 10^{-6}\,(\mathrm{C/m^2})$ であり，

また，$E_1 = \frac{\sigma - \sigma_p}{\varepsilon_0}$ より，分極電荷の面密度 σ_p は，

$$\sigma_p = \sigma - \varepsilon_0 E_1 = 8.9 \times 10^{-6} - 8.9 \times 10^{-12} \times \frac{10^6}{7.5}$$

$$= 8.9 \times 10^{-6}\left(1 - \frac{1}{7.5}\right) = 7.7133 \cdots \times 10^{-6}$$

$= 7.71 \times 10^{-6}\,(\mathrm{C/m^2})$ である。………(答)

別解

$\sigma = D = \varepsilon_0 E_0$ より，$\sigma_p = \sigma - \varepsilon_0 E_1 = \varepsilon_0 E_0 - \varepsilon_0 E_1 = \varepsilon_0 (E_0 - E_1)$

$= 8.9 \times 10^{-12} \cdot \left(10^6 - \frac{10^6}{7.5}\right)$ と計算しても構わない。

演習問題 53 ● 誘電体(Ⅱ) ●

(Ⅰ) 間隔 $d=8.9\times10^{-5}$ (m)，面積 $S=2(m^2)$ の，極板間が真空の平行平板コンデンサーの 2 つの極板に $\pm Q=\pm1.78\times10^{-5}$ (C) の電荷を与えた。このとき，このコンデンサーの (i) 電気容量 $C(\mu F)$，(ii) 電位差 V_0(V)，(iii) 電場 E_0(N/C) を求めよ。(ただし，真空誘電率 $\varepsilon_0=8.9\times10^{-12}(C^2/Nm^2)$ とする。)

(Ⅱ) この平行平板コンデンサーに右図に示すように，上下に真空部分を残して，比誘電率 $\kappa=5$ の誘電体を挿入した，コンデンサーの電荷の面密度を $\pm\sigma$，誘電体の分極電荷の面密度を $\pm\sigma_p$ とおく。このとき，誘電体の (i) 電場 E_1(N/C)，(ii) 電束密度 $D_1(C/m^2)$，(iii) 誘電率 $\varepsilon_1(C^2/Nm^2)$，(iv) 分極電荷の面密度 $\sigma_p(C/m^2)$ を有効数字 3 桁で求めよ。

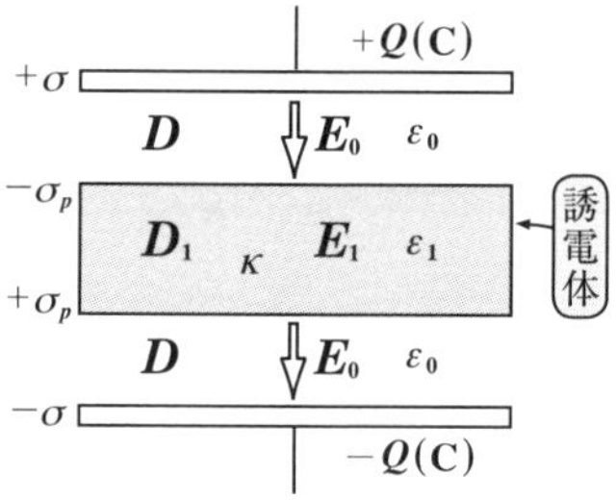

ヒント！ (Ⅰ) は，極板間が真空の平行平板コンデンサーの問題だね。公式：(i) $C=\frac{\varepsilon_0 S}{d}$，(ii) $V_0=\frac{Q}{C}$，(iii) $E_0=\frac{V_0}{d}$ を使って解けばいい。(Ⅱ) は，極板間に $\kappa=5$ の誘電体が挿入されたときの問題で，公式：(i) $E_1=\frac{E_0}{\kappa}$，(ii) $D_1=D=\varepsilon_0E_0(=\varepsilon_1E_1)$，(iii) $\varepsilon_1=\kappa\varepsilon_0$，(iv) $E_1=\frac{\sigma-\sigma_p}{\varepsilon_0}$ を用いて解けばいいんだね。

解答＆解説

(Ⅰ) 極板間が真空の平行平板コンデンサーについて，

$d=8.9\times10^{-5}$ (m)，$S=2(m^2)$，$\pm Q=\pm1.78\times10^{-5}$ (C) より，

(i) 電気容量 $C=\frac{\varepsilon_0 S}{d}=\frac{8.9\times10^{-12}\times2}{8.9\times10^{-5}}=2\times10^{-7}=0.2\ (\mu F)$ である。

………(答)

(ii) 電位差 $V_0=\frac{Q}{C}=\frac{1.78\times10^{-5}}{2\times10^{-7}}$

$=0.89\times10^{2}=89\,(\mathrm{V})$ である。……………………………(答)

(iii) 電場 $E_0=\frac{V_0}{d}=\frac{89}{8.9\times10^{-5}}=10\times10^{5}$

$=10^{6}\,(\mathrm{N/C})$ である。………………………………………………(答)

(II) この平行平板コンデンサーに比誘電率 $\kappa=5$ の誘電体が挿入されたとき，この誘電体において，

(i) 電場 $E_1=\frac{E_0}{\kappa}=\frac{10^6}{5}$

$=2\times10^{5}\,(\mathrm{N/C})$ である。……………………………………………(答)

(ii) 電束密度 $D_1=\varepsilon_0E_0=8.9\times10^{-12}\times10^{6}$

$=8.9\times10^{-6}\,(\mathrm{C/m^2})$ である。……………………………(答)

(iii) 誘電率 $\varepsilon_1=\kappa\varepsilon_0=5\times8.9\times10^{-12}$

$=44.5\times10^{-12}=4.45\times10^{-11}\,(\mathrm{C^2/Nm^2})$ である。………(答)

(iv) 極板の電荷の面密度 $\sigma=\frac{Q}{S}=\frac{1.78\times10^{-5}}{2}$

$=0.89\times10^{-5}=8.9\times10^{-6}\,(\mathrm{C/m^2})$ であり，

また，$E_1=\frac{\sigma-\sigma_p}{\varepsilon_0}$ より，分極電荷の面密度 σ_p は，

$\sigma_p=\sigma-\varepsilon_0E_1=8.9\times10^{-6}-8.9\times\underbrace{10^{-12}\times2\times10^{5}}_{2\times10^{-7}=0.2\times10^{-6}}$

$=8.9\times10^{-6}(1-0.2)=7.12\times10^{-6}\,(\mathrm{C/m^2})$ である。…………(答)

別解

$\sigma=D=\varepsilon_0E_0$ より，$\sigma_p=\sigma-\varepsilon_0E_1=\varepsilon_0E_0-\varepsilon_0E_1=\varepsilon_0(E_0-E_1)$

$=8.9\times10^{-12}\cdot(10^{6}-\underbrace{2\times10^{5}}_{0.2\times10^{6}})$

$=8.9\times10^{-6}(1-0.2)$ と計算してもよい。

演習問題 54　● マクスウェルの方程式 $\mathbf{div}\,\boldsymbol{D} = \rho$ の導出 ●

右図に示すように，誘電体表面の分極ベクトルを $\boldsymbol{P}$ とおき，また，誘電体表面上の微小な面積 dS に垂直で内側から外側に向かう法線ベクトルを $\boldsymbol{n}$ とおく。さらに，誘電体の表面に現われる分極電荷を Q_p とおくと，

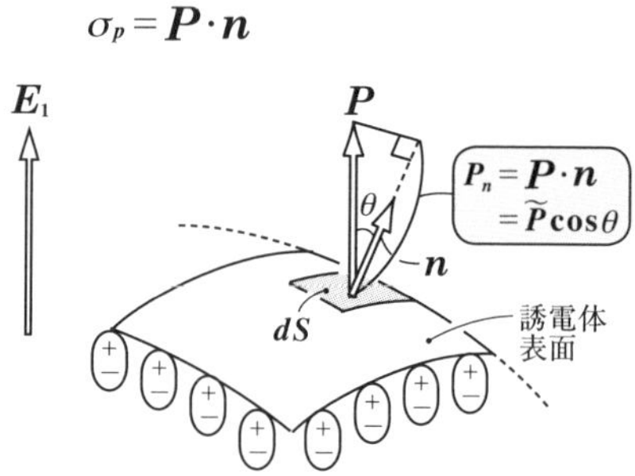

$$Q_p = -\iint_S \boldsymbol{P}\cdot\boldsymbol{n}\,dS \quad \cdots\cdots ①$$

と表される。これと，真空におけるマクスウェルの方程式：$\mathbf{div}\,\boldsymbol{E} = \dfrac{\rho}{\varepsilon_0}$ ……(∗) を用いて，

真空と誘電体内における一般的な電束密度 $\boldsymbol{D} = \varepsilon_0\boldsymbol{E} + \boldsymbol{P}$ ……② について，

マクスウェルの方程式の一般形として，$\mathbf{div}\,\boldsymbol{D} = \rho$ ……(∗∗) が成り立つことを示せ。

ヒント！ ①の右辺に，ガウスの発散定理を用いると，$Q_p = -\iiint_V \mathbf{div}\,\boldsymbol{P}\,dV$ となる。これから，$\rho_p = -\mathbf{div}\,\boldsymbol{P}$ が導けるので，(∗)を一般化して，$\mathbf{div}\,\boldsymbol{E} = \dfrac{\rho+\rho_p}{\varepsilon_0}$ とおけば，(∗∗)が導けるんだね。頑張ろう！

解答＆解説

誘電体の分極電荷 Q_p について，

$$Q_p = -\underbrace{\iint_S \boldsymbol{P}\cdot\boldsymbol{n}\,dS}_{\iiint_V \mathbf{div}\,\boldsymbol{P}\,dV} \quad \cdots\cdots ① \text{ が成り立つ。}$$

（V を誘電体の存在領域としてガウスの発散定理を用いた！）

①の右辺にガウスの発散定理を用いると，

$$Q_p = -\iiint_V \mathbf{div}\,\boldsymbol{P}\,dV \quad \cdots\cdots ② \text{ となる。}$$

ここで，誘電体の全体の体積の中の微小な領域 ΔV に着目すると，この ΔV の中の分極電荷を ΔQ_p とおけるので，②は，

$\Delta Q_p = -\mathrm{div}\boldsymbol{P}\Delta V$ となる。よって，分極電荷の体積密度を ρ_p とおくと，

$\rho_p = \dfrac{\Delta Q_p}{\Delta V}$ より，

$\rho_p = -\mathrm{div}\boldsymbol{P}$ ……③ が導かれる。

次に，真空中におけるマクスウェルの方程式の 1 つとして，

$\mathrm{div}\boldsymbol{E} = \dfrac{\rho}{\varepsilon_0}$ ……(*) が成り立つ。

ここで，"真空と誘電体とを併せた系" で考える場合，(*)の右辺の分子に当然分極電荷の体積密度 ρ_p も加えないといけない。よって，

(*)は，

$\mathrm{div}\boldsymbol{E} = \dfrac{\rho+\rho_p}{\varepsilon_0}$ ……(*)′ となる。これを変形して，

$\underbrace{\varepsilon_0\mathrm{div}\boldsymbol{E}}_{\mathrm{div}(\varepsilon_0\boldsymbol{E})} = \rho + \underbrace{\rho_p}_{-\mathrm{div}\boldsymbol{P}\ (③より)}$　　$\underbrace{\mathrm{div}(\varepsilon_0\boldsymbol{E}) + \mathrm{div}\boldsymbol{P}}_{\mathrm{div}(\varepsilon_0\boldsymbol{E}+\boldsymbol{P})} = \rho$ （③より）

$\mathrm{div}(\underbrace{\varepsilon_0\boldsymbol{E}+\boldsymbol{P}}_{\boldsymbol{D}}) = \rho$　よって，真空と誘電体を併せた系においても

$\boldsymbol{D}$ ← "真空と誘電体の系" での電束密度

マクスウェルの方程式の一般形：$\mathrm{div}\boldsymbol{D} = \rho$ ……(**) が導ける。………(終)

参考

(**) における電束密度 $\boldsymbol{D} = \varepsilon_0\boldsymbol{E} + \boldsymbol{P}$ の意味は次の通りである。

$$\boldsymbol{D} = \varepsilon_0\boldsymbol{E} + \boldsymbol{P} = \begin{cases} \varepsilon_0\boldsymbol{E}_0 & (\text{真空中では，}\boldsymbol{E}=\boldsymbol{E}_0,\ \boldsymbol{P}=\boldsymbol{0}\text{ となる。}) \\ \varepsilon_0\boldsymbol{E}_1 + \boldsymbol{P} & (\text{誘電体中では，}\boldsymbol{E}=\boldsymbol{E}_1,\ \boldsymbol{P}\neq\boldsymbol{0}\text{ となる。}) \end{cases}$$

これから，(**) の公式は，真空中と誘電体中のいずれにおいても成り立つ一般式ということができるんだね。

演習問題 55　● 誘電体における $\mathbf{div}\,\boldsymbol{D}=\rho$ ●

次の各問いに答えよ。

(1) 真空中における静電場 $\boldsymbol{E}_0$ は，スカラー場 (電位) ϕ_0 により，
$\boldsymbol{E}_0=-\mathbf{grad}\,\phi_0$ ……(*) で表すことができる。この真空中においた比誘電率 κ の誘電体の内部における電場 $\boldsymbol{E}_1$ も，(*) と同様に
$\boldsymbol{E}_1=-\mathbf{grad}\,\phi_1$ ……(*)′ と表すことができる。ϕ_1 を ϕ_0 で表せ。

(2) 比誘電率 κ の誘電体の内部の電位 ϕ_1 が，
$\phi_1(x,\ y,\ z)=-5\times10^4x^2-10^5y^2+5\times10^4z^2\,(\mathrm{V})$ で与えられているとき，この誘電体内の電場 $\boldsymbol{E}_1$ を求めよ。また，この誘電体内の電荷密度 ρ が $\rho=5.34\times10^{-6}\,(\mathrm{C/m^3})$ であるとき，比誘電率 κ を求めよ。ただし，真空誘電率 $\varepsilon_0=8.9\times10^{-12}\,(\mathrm{C^2/Nm^2})$ とする。

ヒント！ (1) $\kappa=\dfrac{\varepsilon_1}{\varepsilon_0}$ で，$\varepsilon_0\boldsymbol{E}_0=\varepsilon_1\boldsymbol{E}_1\,(=\boldsymbol{D})$ より，$\boldsymbol{E}_0=\kappa\boldsymbol{E}_1$ となる。これを (*) に代入すればいいんだね。(2) では，(*)′ より，$\boldsymbol{D}=\varepsilon_1\boldsymbol{E}_1=-\mathbf{grad}\,(\varepsilon_1\phi_1)$ となる。これと，マクスウェルの方程式：$\mathbf{div}\,\boldsymbol{D}=\rho$ を利用して，解いていけばいいんだね。頑張ろう！

解答＆解説

(1) 真空中における静電場 $\boldsymbol{E}_0$ と電位 ϕ_0 との間の関係式は，

$\boldsymbol{E}_0=-\mathbf{grad}\,\phi_0$ ……(*) である。

次に，この真空中に置かれた比誘電率 $\kappa\left(=\dfrac{\varepsilon_1}{\varepsilon_0}\right)$ の誘電体の内部における電場 $\boldsymbol{E}_1$ は，$\varepsilon_0\boldsymbol{E}_0=\varepsilon_1\boldsymbol{E}_1\,(=\boldsymbol{D}$ (電束密度)) より，

$\boldsymbol{E}_0=\dfrac{\varepsilon_1}{\varepsilon_0}\boldsymbol{E}_1=\kappa\boldsymbol{E}_1$ ……① をみたす。

この①を (*) に代入すると，

$\underbrace{\kappa}_{\text{定数}}\boldsymbol{E}_1=-\mathbf{grad}\,\phi_0$ より，両辺を $\kappa\,(>0)$ で割って，

$\boldsymbol{E}_1=-\underbrace{\dfrac{1}{\kappa}}_{\text{定数}}\mathbf{grad}\,\phi_0=-\mathbf{grad}\underbrace{\dfrac{\phi_0}{\kappa}}_{\phi_1}$ ……② となる。よって，②と (*)′ を比較して，

$\phi_1=\dfrac{\phi_0}{\kappa}$ である。………………………………………………(答)

(2) 比誘電率κの誘電体の中の電位ϕ_1が，

$\phi_1(x, y, z) = -5\times10^4x^2 - 10^5y^2 + 5\times10^4z^2$ (V) であるとき，この誘電体の中の電場$\boldsymbol{E}_1$は，(*)′より，

$$\boldsymbol{E}_1 = -\mathbf{grad}\,\phi = -\left[\frac{\partial\phi}{\partial x},\ \frac{\partial\phi}{\partial y},\ \frac{\partial\phi}{\partial z}\right]$$

$(-5\times10^4x^2 - \cancel{10^5y^2} + \cancel{5\times10^4z^2})_x = -10\times10^4x = -10^5x$

$(\cancel{-5\times10^4x^2} - 10^5y^2 + \cancel{5\times10^4z^2})_y = -2\times10^5y$

$(\cancel{-5\times10^4x^2} - \cancel{10^5y^2} + 5\times10^4z^2)_z = 10\times10^4z = 10^5z$

$$= -[-10^5x,\ -2\times10^5y,\ 10^5z]$$

$\therefore \boldsymbol{E}_1 = 10^5[x,\ 2y,\ -z]$ ……③ となる。………………………………(答)

③より，電束密度$\boldsymbol{D}$は，

$$\boldsymbol{D} = \varepsilon_1\boldsymbol{E}_1 = \underbrace{\kappa}_{\frac{\varepsilon_1}{\varepsilon_0}}\varepsilon_0\boldsymbol{E}_1 = \underbrace{10^5\kappa\varepsilon_0}_{\text{定数}}[x,\ 2y,\ -z] \quad ……④ \text{ となる。}$$

ここで，④にマクスウェルの方程式：$\mathbf{div}\,\boldsymbol{D} = \underbrace{\rho}_{5.34\times10^{-6}(\mathrm{C/m^3})}$ を用いると，

$$10^5\kappa\varepsilon_0\underbrace{\mathbf{div}[x,\ 2y,\ -z]}_{\frac{\partial(x)}{\partial x}+\frac{\partial(2y)}{\partial y}+\frac{\partial(-z)}{\partial z}=1+2-1=2} = 5.34\times10^{-6} \text{ より，}$$

$$2\times10^5\times\kappa\times\underbrace{8.9\times10^{-12}}_{\varepsilon_0} = 5.34\times10^{-6}$$

$$17.8\times10^{-7}\kappa = 5.34\times10^{-6}$$

∴求める比誘電率κは，

$\kappa = \dfrac{5.34\times\cancel{10^{-6}}}{1.78\times\cancel{10^{-6}}} = 3$ である。………………………………(答)

講義 Lecture 4 定常電流と磁場 methods & formulae

§1. 定常電流が作る磁場

電流の 3 通りの表し方を示す。

(Ⅰ) 導体の断面を Δt(s) 間に ΔQ(C) の電荷が通過するとき，

電流 $I = \frac{\Delta Q}{\Delta t}$ となる。ここで，$\Delta t \to 0$ の極限をとると，

電流 $I = \frac{dQ}{dt}$ ……① と表せる。← これは，I が定常電流でないときでも，I を表現する方法の 1 つだ。

(Ⅱ) 断面積 S の一様な導線内を，電荷が一定の速さ v(m/s) で流れる**定常電流** I は，図 1 に示すように，

$I = vS\eta e$ ……②

(ηe = ρ(電荷の体積密度))

v：自由電子の平均速度 (m/s)
S：導線の断面積 (m^2)
η：単位体積当りの自由電子の個数 (m^{-3})
e：**電気素量** (1.602×10^{-19} (C))

図1　電流 I

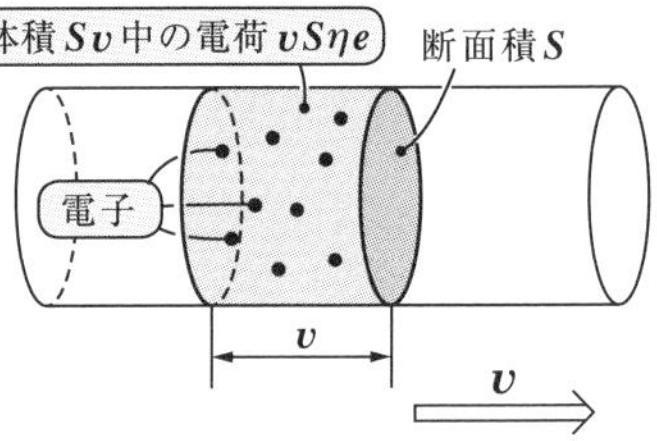

(Ⅲ) 単位面積当りのベクトル表示の**電流密度** $\boldsymbol{i}$ (A/m^2) を用いると，図 2 に示すように，電流 I は，

$I = \iint_S \boldsymbol{i} \cdot \boldsymbol{n} dS$ ……③ と表せる。

($\boldsymbol{n}$ は，微小面積 dS に対する単位法線ベクトルを表す。)

図2　$\boldsymbol{i}$ による I の表し方

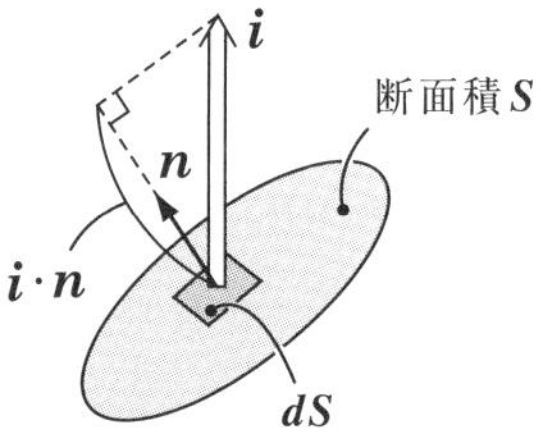

さらに，電流密度 $\boldsymbol{i}$ を用いて，"**電荷の保存則**" の公式

$\mathrm{div}\, \boldsymbol{i} = -\frac{\partial \rho}{\partial t}$ を導くことができる。

次に，高校の物理の復習として電流と**磁場**の 3 つの関係式を示す。

(i) 無限に伸びた直線状の導線に定常電流 I(A) が流れているとき，導線から a(m) だけ離れたところに磁場：

$$H = \frac{I}{2\pi a} \quad \cdots\cdots ①$$

が生じる。**(アンペールの法則)**

(ii) 次，半径 a(m) の円形状の導線に定常電流 I(A) が流れているとき，円の中心に磁場：

$$H = \frac{I}{2a} \quad \cdots\cdots ②$$

が生じる。

(iii) 単位長さ当りの巻き数 n(1/m)(または，長さ L(m) 当り N 巻き) の無限に長いソレノイド・コイル (円筒状のコイル) に定常電流 I(A) が流れているとき，その内部には磁場：

$$H = nI = \frac{N}{L}I \quad \cdots\cdots ③$$ が生じる。

図3　定常電流が作る磁場 (高校物理)

(i) 直線電流が作る磁場

$H = \frac{I}{2\pi a}$ (アンペールの法則)

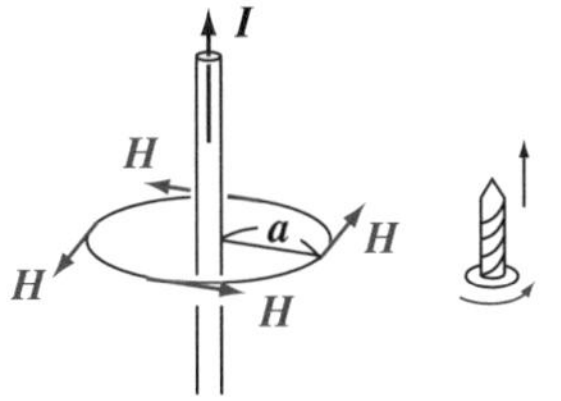

(ii) 円形電流が中心に作る磁場

$H = \frac{I}{2a}$

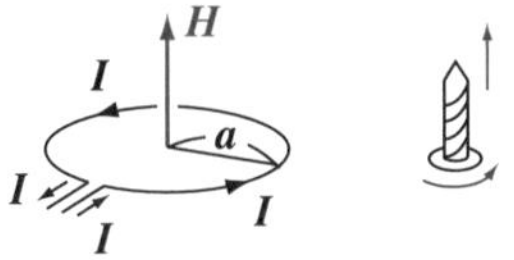

(iii) ソレノイド・コイルが作る磁場

$H = nI = \frac{N}{L}I$

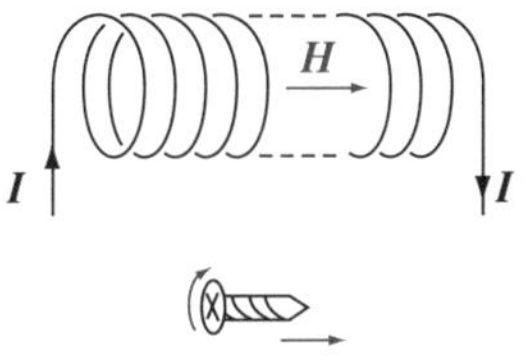

(i) に示す高校物理の**アンペールの法則** (①式) は，磁場 $\boldsymbol{H}$ の次の 2 つの性質を表している。

(I) N 極だけや S 極だけといった単磁荷は存在しないので，磁場 $\boldsymbol{H}$ は湧き出しも吸い込みもなく，閉曲線 (ループ) を描く。

(II) 磁場 $\boldsymbol{H}$ が描く閉曲線 (ループ) の内部を，その磁場を生み出す定常電流が貫いている。

そして，この 2 つの $\boldsymbol{H}$ の性質から，次の 2 つのマクスウェルの方程式が導かれる。

$\mathrm{div}\boldsymbol{B} = 0$　　$\mathrm{rot}\boldsymbol{H} = \boldsymbol{i}$　ただし，真空中では**磁束密度** $\boldsymbol{B}$(Wb/m^2) は，$\boldsymbol{B} = \mu_0 \boldsymbol{H}$ (μ_0：真空の**透磁率**，$\mu_0 = 4\pi \times 10^{-7}$(N/A^2)) であり，コイルに鉄の棒などを入れる場合は，$\boldsymbol{B} = \mu \boldsymbol{H}$ (μ：透磁率) となる。

図 4 に示すように，磁石に単磁荷は存在しない。よって，そのまわりの任意の場所に閉曲面 S をとると，磁束密度 $\boldsymbol{B}$ (または磁場 $\boldsymbol{H}$) には湧き出しも吸い込みもなく，閉曲線を描くだけなので，この閉曲面 S を通って流入および流出する正味の磁束密度 $\boldsymbol{B}$ の総計は当然 **0** になる。

図 4 $\mathrm{div}\boldsymbol{B}=0$ ……(*)

(i) 磁束線

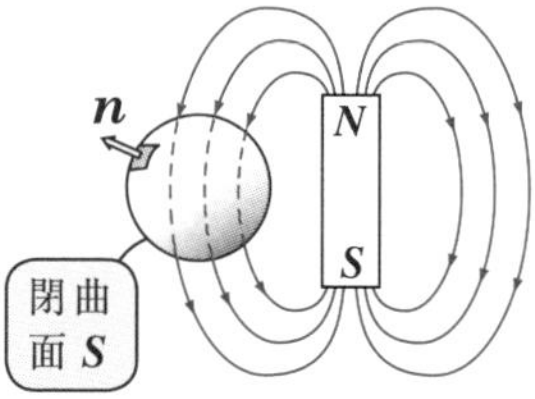

(ii) 磁石の中の磁束線も含めた図

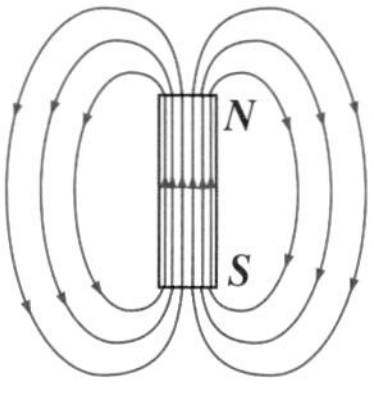

$\therefore \iint_S \boldsymbol{B}\cdot\boldsymbol{n}dS=0$ ……①

これから，マクスウェルの方程式の **1** つ：

$\mathrm{div}\boldsymbol{B}=0$ ……(*) が導ける。また，アンペールの法則を一般化すると，

マクスウェルのもう **1** つの方程式： $\mathrm{rot}\boldsymbol{H}=\boldsymbol{i}$ ……(*)′ も導ける。

これに変位電流も加えたものが，より一般的なマクスウェルの方程式 $\mathrm{rot}\boldsymbol{H}=\boldsymbol{i}+\frac{\partial \boldsymbol{D}}{\partial t}$ である。

ここで，N 極のみ，S 極のみの単磁荷を想定すると，

静電場におけるクーロンの法則：$f=k\frac{q_1q_2}{r^2}$ ………② と同様に，

静磁場におけるクーロンの法則：$f=k_m\frac{m_1m_2}{r^2}$ ……③ が導ける。

(ただし，m_1，m_2：単磁荷 (Wb))

②，③の係数 k と k_m は，

$k=\frac{1}{4\pi\varepsilon_0}$ $(\mathrm{Nm^2/C^2})$，$k_m=\frac{1}{4\pi\mu_0}$ $(\mathrm{A^2/N})$ であり，さらに，

$\varepsilon_0=\frac{1}{4\pi\times10^{-7}\times c^2}$ $(\mathrm{C^2/Nm^2})$，$\mu_0=4\pi\times10^{-7}$ $(\mathrm{N/A^2})$ より，

$\varepsilon_0\mu_0=\frac{\cancel{4\pi\times10^{-7}}}{\cancel{4\pi\times10^{-7}}\times c^2}=\frac{1}{c^2}$ $(\mathrm{s^2/m^2})$ となる。

(ただし，c は光速で，$c=2.998\times10^8$ (m/s) である。)

§2. ビオ・サバールの法則

エルステッドが電流の回りに磁場が発生していることを発見した後，ビオとサバールは精緻な実験の結果，**電流素片 $Id\boldsymbol{l}$** が空間内の任意の点に作る微小な磁場 $d\boldsymbol{H}$ が，次式で求められることを示した。

$$d\boldsymbol{H} = \frac{1}{4\pi} \cdot \frac{Id\boldsymbol{l} \times \boldsymbol{r}}{r^3} \quad \cdots\cdots(*)$$

これを，**ビオ・サバールの法則**という。

図1 ビオ・サバールの法則

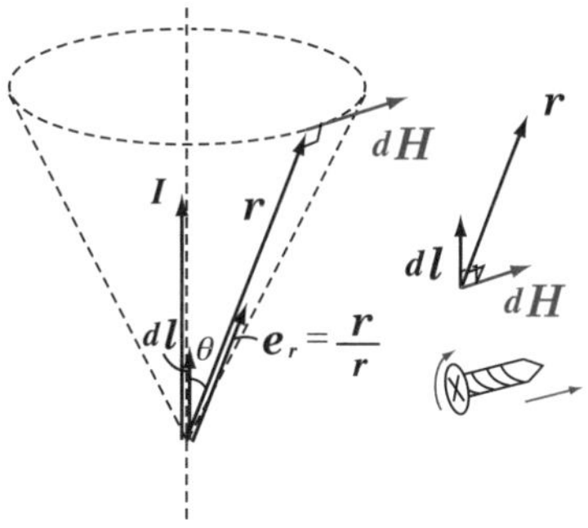

(I と $d\boldsymbol{l}$ は同じ向きにとる)

図1に示すように，電流 I が流れる導線の長さ dl の微小な部分を考え，これをベクトル表示した $Id\boldsymbol{l}$ を電流素片と呼ぶ。
$(dl = \|d\boldsymbol{l}\|)$
ここで，この $Id\boldsymbol{l}$ を始点として，位置ベクトル $\boldsymbol{r}$（大きさ $r = \|\boldsymbol{r}\|$）の点において，この電流素片 $Id\boldsymbol{l}$ によって作られる微小な磁場ベクトル $d\boldsymbol{H}$ が，その向きも含めて，$(*)$ のビオ・サバールの法則で求められる。

ここで，$\boldsymbol{r}$ と同じ向きの単位ベクトルを $\boldsymbol{e}_r\left(=\frac{\boldsymbol{r}}{r}\right)$ とおくと，$(*)$ は，

$$d\boldsymbol{H} = \frac{1}{4\pi} \cdot \frac{I}{r^2} \cdot d\boldsymbol{l} \times \underbrace{\left(\frac{\boldsymbol{r}}{r}\right)}_{\boldsymbol{e}_r}$$ より，$$d\boldsymbol{H} = \frac{1}{4\pi} \cdot \frac{Id\boldsymbol{l} \times \boldsymbol{e}_r}{r^2} \quad \cdots\cdots(*)'$$ となる。

さらに，$d\boldsymbol{l}$ と $\boldsymbol{e}_r$（または $\boldsymbol{r}$）のなす角を θ とおくと，$(*)'$ の両辺の大きさは，

$$dH = \left\| \frac{1}{4\pi} \cdot \frac{I}{r^2} \cdot d\boldsymbol{l} \times \boldsymbol{e}_r \right\| = \frac{I}{4\pi r^2} \underbrace{\|d\boldsymbol{l} \times \boldsymbol{e}_r\|}_{\|d\boldsymbol{l}\| \cdot \|\boldsymbol{e}_r\| \sin\theta = dl \cdot \sin\theta} = \frac{I}{4\pi r^2} dl \sin\theta$$

$(\|d\boldsymbol{l}\| = dl,\ \|\boldsymbol{e}_r\| = 1)$

$$\therefore dH = \frac{I\sin\theta}{4\pi r^2} dl \quad \cdots\cdots(*)''$$ となる。$d\boldsymbol{l} \perp \boldsymbol{r}$，すなわち $\theta = \frac{\pi}{2}$ のとき，

$\sin\frac{\pi}{2} = 1$ より，$$dH = \frac{I}{4\pi r^2} dl \quad \cdots\cdots(*)'''$$ と簡単に表される。

§3. アンペールの力とローレンツ力

一様な磁束密度 $\boldsymbol{B}(=\mu_0\boldsymbol{H})$ の中を流れる(導線の)長さ l の定常電流 $\boldsymbol{I}$ に働く力，すなわち"**アンペールの力**" $\boldsymbol{f}$ は，

図1 アンペールの力

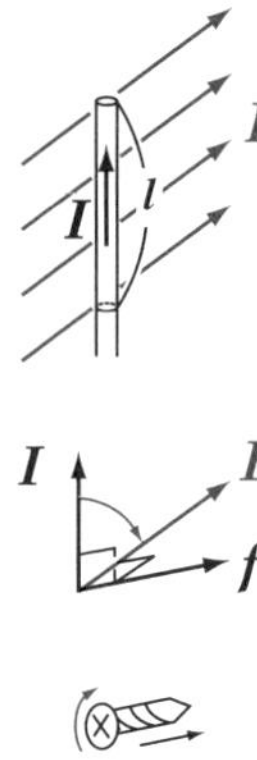

$$\boldsymbol{f} = l\boldsymbol{I} \times \boldsymbol{B} \quad \cdots\cdots (*)$$

("*Let it be.*"と覚えよう!)

で求められる。(*)の式より，図1に示すように，ベクトル $\boldsymbol{I}$ からベクトル $\boldsymbol{B}$ に回転したとき，右ネジの進む向きがアンペールの力 $\boldsymbol{f}$ の向きになる。

次に，(*)の両辺のノルム(大きさ)をとると，

$f = \|l\boldsymbol{I} \times \boldsymbol{B}\| = lIB\sin\theta \quad \cdots\cdots (*)'$ となる。

(ただし，$I = \|\boldsymbol{I}\|$，$B = \|\boldsymbol{B}\|$，θ：$\boldsymbol{I}$ と $\boldsymbol{B}$ のなす角)

よって，$\boldsymbol{I} \perp \boldsymbol{B}$，すなわち $\theta = \dfrac{\pi}{2}$ のときは，

$f = lIB \quad \cdots\cdots (*)''$ となる。 ←(これも"*Let it be.*"だ!)

次に，図2に示すように，間隔 a だけ離れた2本の無限に長い平行な導線1と導線2に定常電流 I_1 と I_2 が，

(i) 同じ向きに流れるとき，導線2の長さ l の部分に，図2(i)に示すように，

　アンペールの力 $f = \dfrac{\mu_0 l I_1 I_2}{2\pi a}$ が，導線1への引力として働く。

(ii) I_1 と I_2 が逆向きのとき，(i)と同様に考えると，図2(ii)に示すように，同じ大きさのアンペールの力 f が今度は互いに斥力として働く。

図2 2本の平行導線に働くアンペールの力

(i) I_1 と I_2 が同じ向きのとき　　　(ii) I_1 と I_2 が逆向きのとき

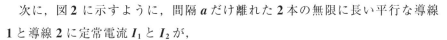

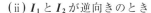

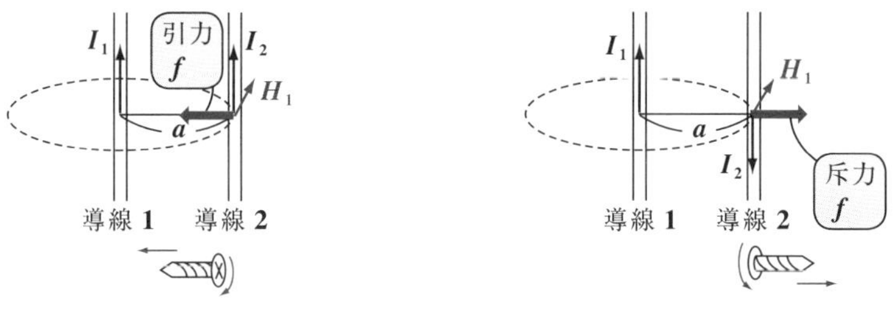

では次に，図3に示すように，$+q(\mathrm{C})$の荷電粒子が一様な磁束密度$\boldsymbol{B}(=\mu_0\boldsymbol{H})$の中を速度$\boldsymbol{v}$で運動するとき，この荷電粒子には次の力，すなわち"**ローレンツ力**"$\boldsymbol{f}_1$が働く。

図3　ローレンツ力(Ⅰ)

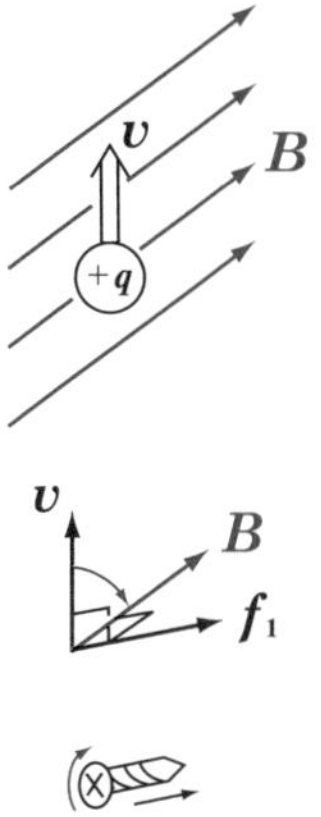

$\boldsymbol{f}_1 = q\boldsymbol{v}\times\boldsymbol{B}$ ……$(**)$

("*Queens are very beautiful.*"と覚えよう！)

このローレンツ力$\boldsymbol{f}_1$の向きは，$\boldsymbol{v}$から$\boldsymbol{B}$に回転させたとき，右ネジの進む向きになる。

また，$+q(\mathrm{C})$の荷電粒子が一様な電場$\boldsymbol{E}$の中にあるとき，それが運動する，しないに関わらず，クーロン力

図4　ローレンツ力(Ⅱ)

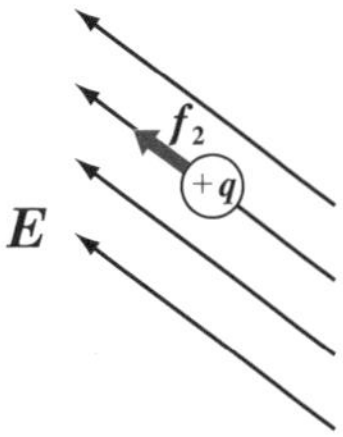

$\boldsymbol{f}_2 = q\boldsymbol{E}$ ……① を受けることになる。

$(**)$のローレンツ力と，①のクーロン力をたし合わせたものを$\boldsymbol{f}$とおくと，

$\boldsymbol{f} = q(\boldsymbol{E}+\boldsymbol{v}\times\boldsymbol{B})$ ……$(**)'$ となる。

この$(**)'$を$(**)$と同様に，"**ローレンツ力**"と呼ぶこともある。

ローレンツ力$\boldsymbol{f} = q\boldsymbol{v}\times\boldsymbol{B}$ ……$(**)$とアンペールの力$\boldsymbol{f} = l\boldsymbol{I}\times\boldsymbol{B}$ ……$(*)$は，

$\boldsymbol{f} = l\underbrace{\boldsymbol{I}}_{\rho\boldsymbol{v}S}\times\boldsymbol{B} = \underbrace{\rho lS}_{q}\boldsymbol{v}\times\boldsymbol{B} = q\boldsymbol{v}\times\boldsymbol{B}$と変形できるので，本質的に同じ力である。

また，$(**)$のローレンツ力の大きさをfとすると，

$f = \|\underbrace{q}_{\text{正の定数}}\boldsymbol{v}\times\boldsymbol{B}\| = q\underbrace{\|\boldsymbol{v}\times\boldsymbol{B}\|}_{\|\boldsymbol{v}\|\|\boldsymbol{B}\|\sin\theta = vB\sin\theta} = qvB\sin\theta$ ……$(**)''$

(ただし，$v = \|\boldsymbol{v}\|$，$B = \|\boldsymbol{B}\|$，θ：$\boldsymbol{v}$と$\boldsymbol{B}$のなす角)となる。

さらに，$\boldsymbol{v}\perp\boldsymbol{B}$，すなわち$\theta = \dfrac{\pi}{2}$のときは，

$f = qvB$ ……$(**)'''$ となる。 ← (これも，"*Queens are very beautiful.*"だ。)

演習問題 56　●電流●

次の各電流 $\boldsymbol{I}$(A) を求めよ。

(1) 導線のある断面を $\Delta t = 10^{-3}$(s) 間に $\Delta Q = 4\times10^{-4}$(C) の電荷が通過するときの電流 $\boldsymbol{I}$(A)

(2) 導線のある断面を通過する電荷 Q が $Q(t) = 10^{-2}\sin5t$ (C) のときの電流 $\boldsymbol{I}$(A)

(3) 断面積 $S = 10^{-5}$(m²) の導線を自由電子が平均速度 $v = 10^{10}$(m/s) で移動し，単位体積あたりの自由電子の個数 $\eta = 5\times10^{12}$(m^{-3}) で，電気素量 $e = 1.60\times10^{-19}$(C) であるときの電流 $\boldsymbol{I}$(A)

(4) 電流密度 $\boldsymbol{i} = [0,\ 0,\ 4\times10^4(x+y)]$(A/m²) で，断面が $0 \leqq x \leqq 10^{-2}$(m)，$0 \leqq y \leqq 10^{-2}$(m) で，z 軸の正の向きに流れる電流 $\boldsymbol{I}$(A)

ヒント！ (1),(3),(4) は定常電流（直流）で，(2) のみが時間的に変動する電流（交流）だね。(1) は，$I = \dfrac{\Delta Q}{\Delta t}$ で求め，(2) の交流は $I = \dfrac{dQ}{dt}$ で求めよう。(3) は，公式：$I = vS\eta e$ を用い，(4) は公式：$I = \iint_S \boldsymbol{i}\cdot\boldsymbol{n}dS$ を利用して，電流 I を求めればいいんだね。

解答＆解説

(1) 導線のある断面を $\Delta t = 10^{-3}$(s) 間に電荷 $\Delta Q = 4\times10^{-4}$(C) が通過するときの電流 I は，

$$I = \frac{\Delta Q}{\Delta t} = \frac{4\times10^{-4}}{10^{-3}} = 4\times10^{-4+3} = 4\times10^{-1} = 0.4\,(\mathrm{A})$$ である。 ………(答)

(2) 導線のある断面を通過する電荷 Q が時刻 t の関数として，

$Q(t) = 10^{-2}\sin5t$ (C) で与えられているとき，求める電流 I は，

$$I = \dot{Q} = \frac{dQ}{dt} = 10^{-2}\times5\times\cos5t = \underline{5\cdot10^{-2}\cos5t}\,(\mathrm{A})$$ である。……………(答)

（これは，交流電流である。）

(3) 断面積 $S = 10^{-5}$(m²) の導線を移動する電子の平均速度 $v = 10^{10}$(m/s) であり，単位体積当りの自由電子の個数 $\eta = 5\times10^{12}$(m^{-3}) で，電気素量（1 個の電子が持っている電荷）$e = 1.60\times10^{-19}$(C) である。よって，

右図に示すように，この導線を流れる電流 I は，

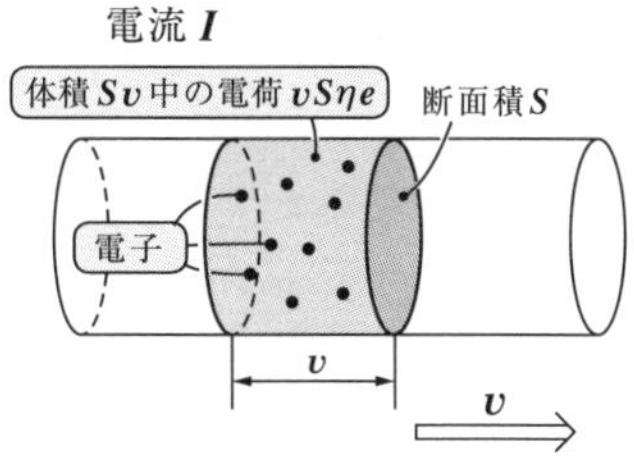

$$I = vS\eta e$$

$$= \underbrace{10^{10}}_{v} \times \underbrace{10^{-5}}_{S} \times \underbrace{5\times10^{12}}_{\eta} \times \underbrace{1.6\times10^{-19}}_{e}$$

$= 8\times10^{10-5+12-19} = 8\times10^{-2} = 0.08\,(\mathrm{A})$ である。………………………(答)

(4) 右図に示すように，断面 S が

$$\begin{cases} 0 \leqq x \leqq 10^{-2}\,(\mathrm{m}) \\ 0 \leqq y \leqq 10^{-2}\,(\mathrm{m}) \quad (z=0) \end{cases}$$

で表される z 軸方向に伸びる導線を z 軸の正の向きに流れる電流密度 $\boldsymbol{i}$ が $\boldsymbol{i} = [0,\ 0,\ 4\times10^4(x+y)]$ であり，断面 S に対する法線ベクトル $\boldsymbol{n}$ は $\boldsymbol{n} = [0,\ 0,\ 1]$ より，この導線を流れる電流 I は，

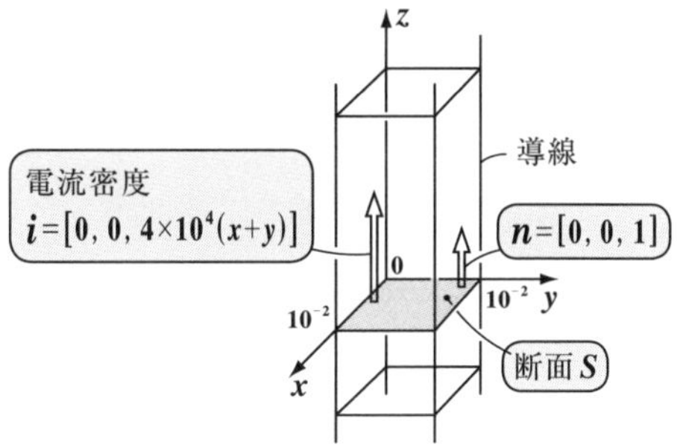

$$I = \iint_S \boldsymbol{i}\cdot\boldsymbol{n}\,dS = 4\times10^4 \iint_S (x+y)\,dS$$

$$\boldsymbol{i}\cdot\boldsymbol{n} = [0,\ 0,\ 4\times10^4(x+y)]\cdot[0,\ 0,\ 1] = 0+0+1\times4\times10^4(x+y) = 4\times10^4(x+y)$$

定数扱い（y）

$$= 4\times10^4 \int_0^{10^{-2}} \left\{ \int_0^{10^{-2}} (x+y)\,dx \right\} dy$$

← x での積分の後に y で積分する重積分（面積分）の問題

$$\int_0^{10^{-2}} (x+y)\,dx = \left[\frac{1}{2}x^2 + y\cdot x\right]_0^{10^{-2}} = \frac{1}{2}\cdot10^{-4} + 10^{-2}\cdot y$$

$$= 4\times10^4 \int_0^{10^{-2}} \left(10^{-2}y + \frac{1}{2}\cdot10^{-4}\right) dy$$

$$\left[\frac{1}{2}\cdot10^{-2}\cdot y^2 + \frac{1}{2}\cdot10^{-4}\cdot y\right]_0^{10^{-2}} = \frac{1}{2}\cdot10^{-6} + \frac{1}{2}\cdot10^{-6} = 10^{-6}$$

$= 4\times10^4\times10^{-6} = 4\times10^{-2} = 0.04\,(\mathrm{A})$ である。………………………(答)

演習問題 57　● 電荷の保存則 $\mathrm{div}\,\boldsymbol{i} = -\dfrac{\partial\rho}{\partial t}$ の証明 ●

右図に示すように，閉曲面 S で囲まれた領域 V 内の時刻 t における電荷を Q(C) とする。この閉曲面の微小面積 dS を通って，内側から外側に電流密度 $\boldsymbol{i}$ で電荷が流出していくものとすると，

$$\iint_S \boldsymbol{i}\cdot\boldsymbol{n}\,dS = -\frac{dQ}{dt} \quad \cdots\cdots①$$

が成り立つ。

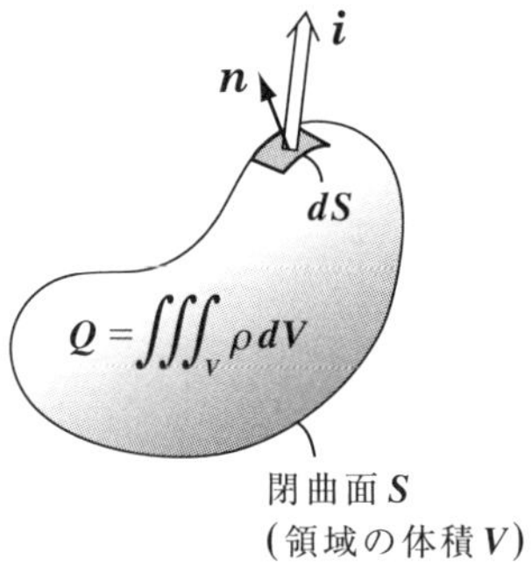

①を変形して，電荷の保存則：

$\mathrm{div}\,\boldsymbol{i} = -\dfrac{\partial\rho}{\partial t}$ ……(*) が成り立つことを示せ。(ただし，$\boldsymbol{n}$ は dS に対する内側から外側に向かう単位法線ベクトルであり，ρ は V における電荷密度 $(\mathrm{C/m^3})$ を表す。)

ヒント！ 領域 V の電荷密度を ρ とおくと，V における全電荷 Q は $Q=\iiint_V \rho\,dV$ となる。これを①の右辺に代入し，さらに，①の左辺に“ガウスの発散定理”を用いて変形すると，電荷の保存則の公式 (*) を導くことができるんだね。これも重要公式の1つなので，公式の導出が自分でできるようになるまで何回でも練習しよう。

解答＆解説

領域 V における電荷密度を $\rho\,(\mathrm{C/m^3})$ とおくと，時刻 t における V がもつ全電荷 Q(C) は，次式で表される。

$$Q=\iiint_V \rho\,dV \quad \cdots\cdots②$$

②を，$\displaystyle\iint_S \boldsymbol{i}\cdot\boldsymbol{n}\,dS = -\frac{dQ}{dt}$ ……①に代入し，また，①の左辺にガウスの発散

①の右辺に，負号 (⊖) が付いているのは，閉曲面 S を通して領域 V の電荷が流出していくことを前提としているからだ。

定理を用いると，

$$\iiint_V \mathrm{div}\,\boldsymbol{i}\,dV = -\frac{d}{dt}\iiint_V \rho\,dV$$ となる。

$\iint_S \boldsymbol{i}\cdot\boldsymbol{n}\,dS$

ガウスの発散定理：
$\iint_S \boldsymbol{f}\cdot\boldsymbol{n}\,dS = \iiint_V \mathrm{div}\,\boldsymbol{f}\,dV$
を用いた。

$-\iiint_V \frac{\partial\rho}{\partial t}dV$ (②より)
(積分と微分の順序を入れ替えた。)

よって，

$$\iiint_V \mathrm{div}\,\boldsymbol{i}\,dV = -\iiint_V \frac{\partial\rho}{\partial t}dV$$ より，

$$\iiint_V \mathrm{div}\,\boldsymbol{i}\,dV + \iiint_V \frac{\partial\rho}{\partial t}dV = 0$$

$$\therefore \iiint_V \left(\mathrm{div}\,\boldsymbol{i} + \frac{\partial\rho}{\partial t}\right)dV = 0 \quad \cdots\cdots ③$$

③が恒等的に成り立つためには，これが0でなければならない。

よって，③の体積分が恒等的に0となるためには，この被積分関数が0でなければならない。よって，

$\mathrm{div}\,\boldsymbol{i} + \frac{\partial\rho}{\partial t} = 0$ となる。

∴電荷の保存則：$\mathrm{div}\,\boldsymbol{i} = -\frac{\partial\rho}{\partial t}$ ……(＊) は成り立つ。 ……………………………(終)

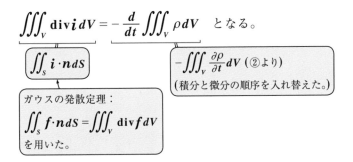

演習問題 58　●アンペールの法則，コイル●

真空の透磁率 $\mu_0 = 4\pi \times 10^{-7}$ (N/A^2) として，次の各問いに有効数字 3 桁で答えよ。

(1) 図1に示すように，直流電流 $I = 0.2$ (A) に対して，その周りの半径 $a = 4$ (m) の位置に生じる磁場 H(A/m) と磁束密度 B(Wb/m^2) を求めよ。

図1

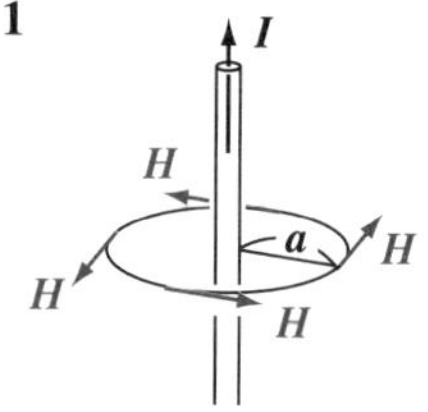

(2) 図2に示すように，Oを中心とする半径 $a = 0.1$ (m) の円形の導線を流れる電流 $I = 10^{-2}$(A) に対して，中心 O に生じる磁場 H(A/m) と磁束密度 B(Wb/m^2) を求めよ。

図2

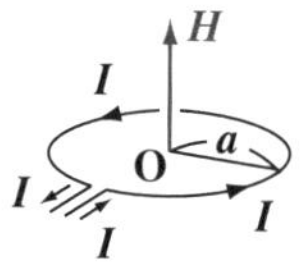

(3) 図3に示すように，長さ $L = 0.1$ (m) で巻き数 $N = 10^3$(−) のコイルに電流 $I = 2\times10^{-3}$(A) を流したときコイルの内部に生じる磁場 H(A/m) と磁束密度 B(Wb/m^2) を求めよ。ただし，このコイルには，透磁率 $\mu = 5000\mu_0$ の鉄の棒が挿入されているものとする。

図3

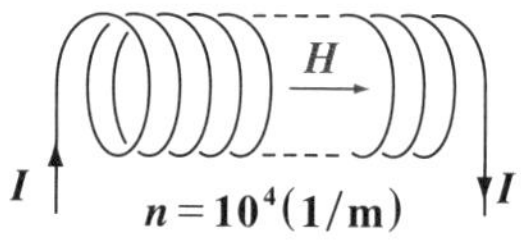

ヒント！ すべて，高校の物理の復習問題だ。(1) では，アンペールの法則：$H = \dfrac{I}{2\pi a}$ を用い，(2) では，公式：$H = \dfrac{I}{2a}$ を利用する。また，(3) では，コイルの磁場の公式：$H = nI$ $\left(n = \dfrac{N}{L}\right)$ を利用すればいい。磁束密度は，(1), (2) は $B = \mu_0 H$ で，(3) は鉄の棒が挿入されたコイルなので，$B = 5000\mu_0 H$ となるんだね。

解答＆解説

(1) $I = 0.2$ (A) の直流電流に対して $a = 4$ (m) 離れたところに生じる磁場 H は，アンペールの法則より，

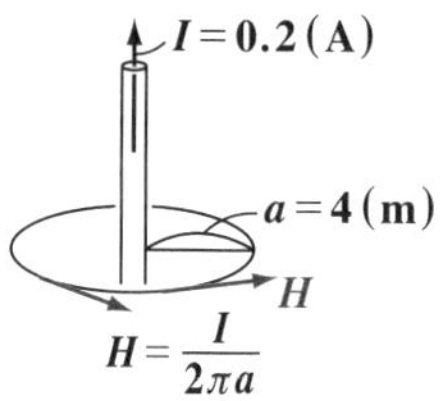

$$H=\frac{I}{2\pi a}=\frac{0.2}{2\pi\times4}=\frac{1}{40\pi}$$

$=7.9577\cdots\times10^{-3}\fallingdotseq7.96\times10^{-3}$ (A/m) である。……………………(答)

よって，磁束密度 B は，

$$B=\mu_0\cdot H=4\pi\times10^{-7}\times\frac{1}{40\pi}=10^{-8}=1.00\times10^{-8}\ (\mathrm{Wb/m^2})$$ である。

………(答)

(2) O を中心とする半径 $a=0.1$ (m) の円形導線を流れる $I=10^{-2}$ (A) の電流により，O に生じる磁場 H は，公式

$H=\dfrac{I}{2a}$ より，

$$H=\frac{10^{-2}}{2\times0.1}=\frac{1}{20}=5.00\times10^{-2}\ (\mathrm{A/m})$$

である。…………………………………(答)

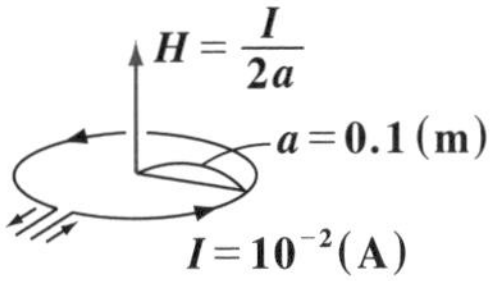

よって，磁束密度 B は，

$$B=\mu_0\cdot H=4\pi\times10^{-7}\times\frac{1}{20}=2\pi\times10^{-8}$$

μ_0 は，"酔(4)っぱらってん(10)なー(−7)"と覚えよう

$=6.283\cdots\times10^{-8}\fallingdotseq6.28\times10^{-8}$ (Wb/m²) である。……………………(答)

(3) 長さ $L=0.1$ (m) で巻き数 $N=10^3$ (−) のコイルより，単位長さ当りの巻き数 n は，$n=\dfrac{N}{L}=\dfrac{10^3}{10^{-1}}=10^4$ (1/m) である。よって，このコイルに $I=2\times10^{-3}$ (A) の電流を流したとき内部に生じる磁場 H は，公式：$H=nI$ より，

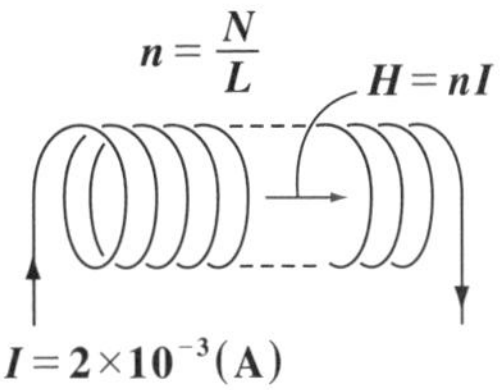

$H=10^4\times2\times10^{-3}=2.00\times10$ (A/m) である。…………………………(答)

また，このコイルに透磁率 $\mu=5000\mu_0$ の鉄の棒が挿入されている場合の磁束密度 B は，$B=\mu H$ より，

$$B=5000\mu_0H=5\times10^3\times\underbrace{4\pi\times10^{-7}}_{\mu_0}\times\underbrace{2\times10}_{H}=4\pi\times10^{-2}$$

$=0.12566\cdots=1.26\times10^{-1}$ (Wb/m²) である。…………………………(答)

演習問題 59　● マクスウェルの方程式 $\mathrm{div}\boldsymbol{H}=0$ と $\mathrm{rot}\boldsymbol{H}=\boldsymbol{i}$ の導出 ●

次の各問いに答えよ。

(1) 磁石に単磁荷は存在しないので，真空中で磁場の存在する任意の閉曲面 S について，$\iint_S \boldsymbol{B}\cdot\boldsymbol{n}dS=0$ ……① が成り立つ。(ただし，$\boldsymbol{n}$ は閉曲面 S の内側から外側に向かう単位法線ベクトルである。)
①を変形してマクスウェルの方程式の 1 つ：$\mathrm{div}\boldsymbol{H}=0$……(*) を導け。

(2) 一般のアンペールの法則：$\oint_C \boldsymbol{H}\cdot d\boldsymbol{r}=\iint_S \boldsymbol{i}\cdot\boldsymbol{n}dS$ ……② を変形して，マクスウェルの方程式の 1 つ：$\mathrm{rot}\boldsymbol{H}=\boldsymbol{i}$ ……(**) を導け。

ヒント！ **(1)** では，①の左辺に“ガウスの発散定理”を用いて変形すれば，マクスウェルの方程式の 1 つである (*) を導ける。**(2)** の②は，アンペールの法則：$2\pi a\cdot H=I$ を一般化したものなんだね。②の左辺に“ストークスの定理”を利用すれば (**) を導くことができる。いずれも，自力で公式が導けるようになるまで何度も練習しよう。

解答＆解説

(1) 右図に示すように，磁石に単磁荷は存在しないので，真空中で磁場のある任意の閉曲面 S に対して，磁束密度 $\boldsymbol{B}$ には湧き出しも吸い込みもない。よって，閉曲面 S を通って流入または流出する正味の磁束密度の総計は常に 0 になる。よって，

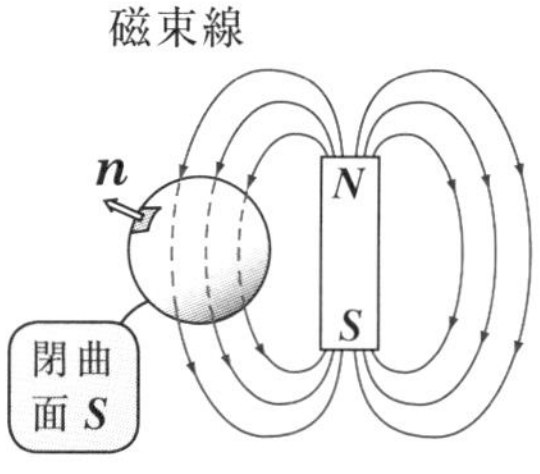

$$\iint_S \boldsymbol{B}\cdot\boldsymbol{n}dS=0 \quad \cdots\cdots①$$ となる。($\boldsymbol{n}$：S に対する単位法線ベクトル)

$\iint_S \boldsymbol{B}\cdot\boldsymbol{n}dS = \iiint_V \mathrm{div}\boldsymbol{B}dV$ ← ガウスの発散定理：$\iint_S \boldsymbol{f}\cdot\boldsymbol{n}dS=\iiint_V \mathrm{div}\boldsymbol{f}dV$

よって，閉曲面 S で囲まれる領域を V とおくと，ガウスの発散定理より，①は，

$$\iiint_V \underbrace{\mathrm{div}\boldsymbol{B}}_{0}\,dV=0 \quad \cdots\cdots②$$ となる。

②の左辺の体積分が恒等的に $\mathbf{0}$ となるためには，その被積分関数 $\mathrm{div}\boldsymbol{B}$ が $\mathbf{0}$ でなければならない。

$\therefore \mathrm{div}\underbrace{\boldsymbol{B}}_{\mu_0\boldsymbol{H}} = 0$ ……③ となる。ここで，真空中では，$\boldsymbol{B} = \underbrace{\mu_0}_{\oplus\text{の定数}}\boldsymbol{H}$ より，

これを③に代入して，$\mathrm{div}(\mu_0\boldsymbol{H}) = 0$　　$\mu_0\mathrm{div}\boldsymbol{H} = 0$

両辺を定数(真空透磁率) $\mu_0(>0)$ で割ってマクスウェルの方程式：

$\mathrm{div}\boldsymbol{H} = 0$ ……(*) が導ける。 ……………………………………(終)

(2) 右図に示すように，一般化したアンペールの法則は，

$$\underbrace{\oint_C \boldsymbol{H}\cdot d\boldsymbol{r}}_{\iint_S \mathrm{rot}\boldsymbol{H}\cdot\boldsymbol{n}dS} = \iint_S \boldsymbol{i}\cdot\boldsymbol{n}dS \quad \cdots\cdots ④$$

となる。

ストークスの定理：
$$\oint_C \boldsymbol{f}\cdot d\boldsymbol{r} = \iint_S \mathrm{rot}\boldsymbol{f}\cdot\boldsymbol{n}dS$$

一般化したアンペールの法則

$$\oint_C \boldsymbol{H}\cdot d\boldsymbol{r} = \underbrace{\iint_S \boldsymbol{i}\cdot\boldsymbol{n}dS}_{I}$$

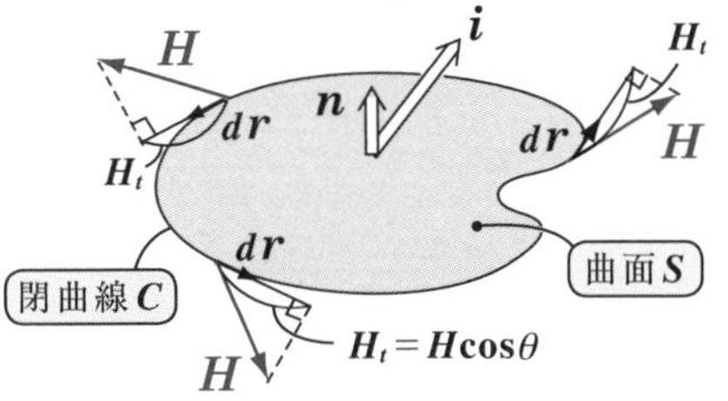

($\boldsymbol{n}$：閉曲線 $\boldsymbol{C}$ で囲まれる曲面 $\boldsymbol{S}$ に対する単位法線ベクトル)

④の左辺にストークスの定理を用いると，

$$\iint_S \mathrm{rot}\boldsymbol{H}\cdot\boldsymbol{n}dS = \iint_S \boldsymbol{i}\cdot\boldsymbol{n}dS \text{ より，}$$

$$\iint_S \underbrace{(\mathrm{rot}\boldsymbol{H} - \boldsymbol{i})}_{\mathbf{0}}\cdot\boldsymbol{n}dS = 0 \quad \cdots\cdots ⑤ \text{ となる。}$$

⑤の左辺の面積分が恒等的に $\mathbf{0}$ となるためには，$\mathrm{rot}\boldsymbol{H} - \boldsymbol{i} = \mathbf{0}$ とならなければならない。よって，マクスウェルの方程式：

$\mathrm{rot}\boldsymbol{H} = \boldsymbol{i}$ ……(**) が導ける。 ……………………………………(終)

(**) に，さらに変位電流 $\dfrac{\partial \boldsymbol{D}}{\partial t}$ を加えることにより，アンペール・マクスウェルの法則：
$\mathrm{rot}\boldsymbol{H} = \boldsymbol{i} + \dfrac{\partial \boldsymbol{D}}{\partial t}$
が導かれる。

演習問題 60　● 一般化されたアンペールの法則 ●

右図に示すように，xy 平面の原点 $\mathbf{O}$ からこの平面に垂直上方に $I = 0.1(\mathrm{A})$ の電流が流れているとき，xy 平面上の原点 $\mathbf{O}$ を中心とする半径 $a = 0.2(\mathrm{m})$ の円周上の点 $\mathbf{P}(x,\ y) = (0.2\cos\theta,\ 0.2\sin\theta)$ $(0 \leqq \theta \leqq 2\pi)$ における I による磁場を $\boldsymbol{H} = [-H\sin\theta,\ H\cos\theta]$ とおく。

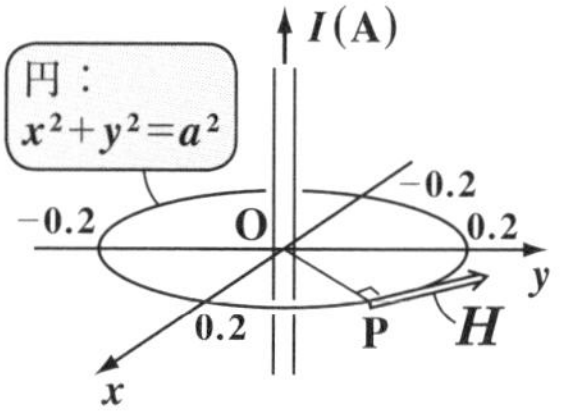

このとき，一般化されたアンペールの法則：$\oint_C \boldsymbol{H}\cdot d\boldsymbol{r} = I$ ……(*) を用いて，磁場の大きさ H を有効数字 3 桁で求めよ。

ヒント！ $\overrightarrow{\mathrm{OP}} = [0.2\cdot\cos\theta,\ 0.2\cdot\sin\theta]$ と $\boldsymbol{H} = [-H\sin\theta,\ H\cos\theta]$ の内積は，$\overrightarrow{\mathrm{OP}}\cdot\boldsymbol{H} = 0$ となるので，$\overrightarrow{\mathrm{OP}} \perp \boldsymbol{H}$（垂直）であり，かつ $\boldsymbol{H}$ のノルム（大きさ）は $\|\boldsymbol{H}\| = H$ となる。このとき，$d\boldsymbol{r} = [dx,\ dy] = [-0.2\sin\theta d\theta,\ 0.2\cos\theta d\theta]$ となるので，(*) の左辺の積分を媒介変数 $\theta\ (0 \leqq \theta \leqq 2\pi)$ で置換積分すれば，H を求めることができるんだね。

解答＆解説

一般化されたアンペールの法則：$\oint_C \boldsymbol{H}\cdot d\boldsymbol{r} = I$ ……(*) の左辺の積分を行う。

まず，点 $\mathbf{P}(x,\ y)$ は，xy 平面上の原点 $\mathbf{O}$ を中心とする半径 $a = 0.2(\mathrm{m})$ の円周上の点より，媒介変数 $\theta\ (0 \leqq \theta \leqq 2\pi)$ を用いて，

$$\begin{cases} x = 0.2\cos\theta & \cdots\cdots ① \\ y = 0.2\sin\theta & \cdots\cdots ② \end{cases} \quad (0 \leqq \theta \leqq \pi)$$ とおける。よって，

$\overrightarrow{\mathrm{OP}} = [x,\ y] = [0.2\cos\theta,\ 0.2\sin\theta]$ ……③ となる。

ここで，点 $\mathbf{P}$ における I による磁場 $\boldsymbol{H}$ は，

$\boldsymbol{H} = [-H\sin\theta,\ H\cos\theta]$ ……④ と与えられているので，

$\overrightarrow{\mathrm{OP}}$ と $\boldsymbol{H}$ の内積 $\overrightarrow{\mathrm{OP}}\cdot\boldsymbol{H}$ を求めると，③，④より，

$\overrightarrow{\mathrm{OP}}\cdot\boldsymbol{H} = [0.2\cos\theta,\ 0.2\sin\theta]\cdot[-H\sin\theta,\ H\cos\theta] = -0.2H\sin\theta\cos\theta + 0.2H\sin\theta\cos\theta = 0$

となる。よって，$\overrightarrow{\mathrm{OP}} \perp \boldsymbol{H}$（垂直）であることが確認された。

次に，$\boldsymbol{H}$のノルムを求めると，

$$\|\boldsymbol{H}\| = \sqrt{(-H\sin\theta)^2 + (H\cos\theta)^2} = \sqrt{H^2(\underbrace{\sin^2\theta + \cos^2\theta}_{1})} = H$$ となる。よって，

磁場ベクトル$\boldsymbol{H}$は，$\overrightarrow{OP}$と直交する大きさがHのベクトルである。

ここで，$d\boldsymbol{r} = [dx,\ dy]$ ……⑤ より，dxと$d\theta$，およびdyと$d\theta$の関係式を求めると，

$\underbrace{1\cdot dx}_{} = \underbrace{-0.2\sin\theta d\theta}_{}$　　$\underbrace{1\cdot dy}_{} = \underbrace{0.2\cos\theta d\theta}_{}$　より，

（①のxをxで微分してdxをかけたもの）（①の$0.2\cos\theta$をθで微分して$d\theta$をかけたもの）（②のyをyで微分してdyをかけたもの）（②の$0.2\sin\theta$をθで微分して$d\theta$をかけたもの）

$$\begin{cases} dx = -0.2\sin\theta d\theta & \cdots\cdots①' \\ dy = 0.2\cos\theta d\theta & \cdots\cdots\cdots②' \end{cases}$$ となる。よって，①′，②′を⑤に代入すると，

$d\boldsymbol{r} = [-0.2\sin\theta d\theta,\ 0.2\cos\theta d\theta]$ ……⑤′ となる。

以上より，(∗)の左辺に④と⑤′を代入して，θにより積分区間$[0,\ 2\pi]$で置換積分すると，

$$((*)\text{の左辺}) = \oint_C \boldsymbol{H}\cdot d\boldsymbol{r} = \int_0^{2\pi} \underbrace{[-H\sin\theta,\ H\cos\theta]\cdot[-0.2\sin\theta d\theta,\ 0.2\cos\theta d\theta]}$$

$$0.2H\sin^2\theta d\theta + 0.2H\cos^2\theta d\theta = 0.2H(\underbrace{\sin^2\theta + \cos^2\theta}_{1})d\theta = \underbrace{0.2H}_{\text{定数}}d\theta$$

$$= 0.2H\int_0^{2\pi} d\theta = 0.2H[\theta]_0^{2\pi} = 0.2H\times 2\pi = 0.4\pi H \quad \cdots\cdots⑥$$

⑥と$I = 0.1$(A)を(∗)に代入すると，

$0.4\pi H = 0.1$

$\therefore H = \dfrac{1}{4\pi} = 0.079577\cdots \fallingdotseq 7.96\times 10^{-2}$ (A/m) である。……………………(答)

参考

この結果は，高校物理のアンペールの法則：$H = \dfrac{I}{2\pi a}$ を用いて計算した $H = \dfrac{0.1}{2\pi\times 0.2} = \dfrac{1}{4\pi}$ と一致することが分かる。

演習問題 61　●ビオ-サバールの法則(I)●

ビオ-サバールの法則：$dH = \dfrac{I\sin\theta}{4\pi r^2}dl$ ……(*) を差分形式で表した公式：$\Delta H = \dfrac{I\sin\theta}{4\pi r^2}\Delta l$ ……(*)′を用いて，次の各問いに答えよ。

(1) $I = 0.2\,(\mathrm{A})$，$\theta = \dfrac{\pi}{2}$，$r = 0.5\,(\mathrm{m})$，$\Delta l = 10^{-3}\,(\mathrm{m})$ のとき，$\Delta H\,(\mathrm{A/m})$ を有効数字 3 桁で求めよ。

(2) $I = 0.5\,(\mathrm{A})$，$\theta = \dfrac{5}{6}\pi$，$r = 0.1\,(\mathrm{m})$，$\Delta l = \pi\times 10^{-2}\,(\mathrm{m})$ のとき，$\Delta H\,(\mathrm{A/m})$ を有効数字 3 桁で求めよ。

ヒント！ 各値を (*) の公式に代入して，ΔH を求めればいいんだね。

解答&解説

(1) $I = 0.2\,(\mathrm{A})$，$\theta = \dfrac{\pi}{2}$，$r = 0.5\,(\mathrm{m})$，$\Delta l = 10^{-3}\,(\mathrm{m})$

を (*)′ の公式に代入すると ΔH は，

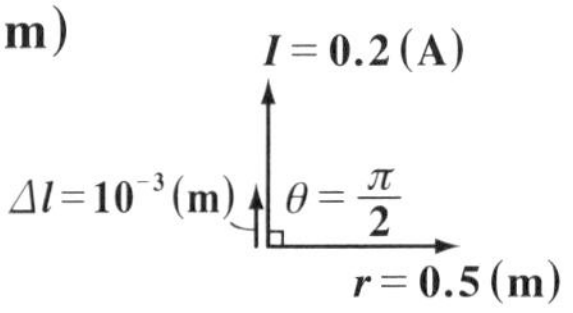

$$\Delta H = \frac{0.2\times \overbrace{\sin\frac{\pi}{2}}^{1}}{4\pi\cdot 0.5^2}\times 10^{-3} = \frac{2\times 10^{-4}}{\pi}$$

$$= 6.3661\cdots\times 10^{-5} \fallingdotseq 6.37\times 10^{-5}\,(\mathrm{A/m})\cdots(答)$$

となる。($\boldsymbol{dl}$ と $\boldsymbol{r}$ と $\Delta\boldsymbol{H}$ の向きを右図に示す。)

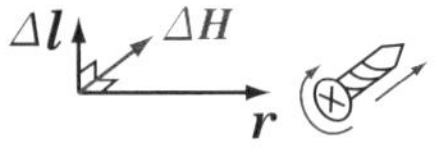

(2) $I = 0.5\,(\mathrm{A})$，$\theta = \dfrac{5}{6}\pi$，$r = 0.1\,(\mathrm{m})$，$\Delta l = \pi\times 10^{-2}\,(\mathrm{m})$

を (*)′ の公式に代入すると ΔH は，

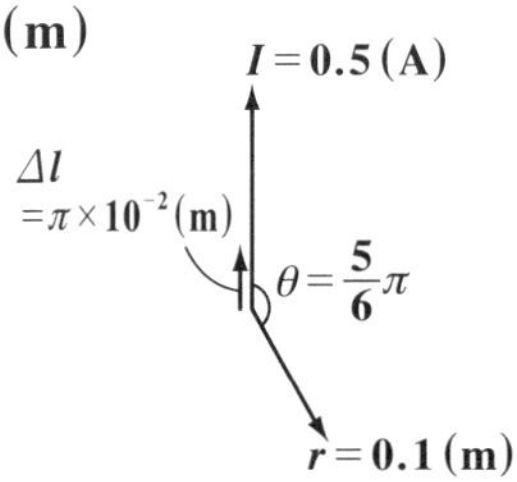

$$\Delta H = \frac{0.5\times \overbrace{\sin\frac{5}{6}\pi}^{\frac{1}{2}}}{4\pi\cdot 0.1^2}\times \pi\times 10^{-2} = \frac{\frac{1}{4}\times 10^{-2}}{4\times 10^{-2}}$$

$$= \frac{1}{16} = 0.0625 = 6.25\times 10^{-2}\,(\mathrm{A/m})\cdots\cdots(答)$$

となる。($\boldsymbol{dl}$ と $\boldsymbol{r}$ と $\Delta\boldsymbol{H}$ の向きを右図に示す。)

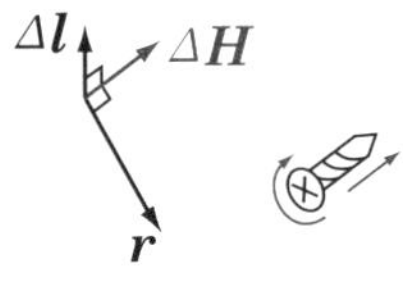

演習問題 62　● ビオ-サバールの法則 (Ⅱ) ●

右図に示すように，半径 $a = 2$ (m) の円形状の導線に定常電流 $I = 0.5$ (A) が流れているとき，円の中心 $\mathbf{O}$ にできる磁場の大きさ H (A/m) をビオ-サバールの法則を用いて求めよ。

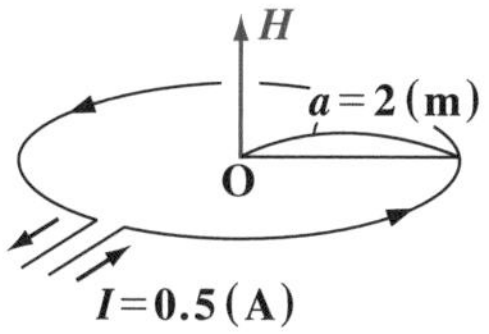

ヒント！ ビオ-サバールの法則：$dH = \frac{I\sin\theta}{4\pi a^2}dl$ を使って，$H = \oint_C \frac{I\sin\theta}{4\pi a^2}dl$ (C：半径 a の円周) から計算してみよう。

解答＆解説

右図に示すように，長さ dl の電流素片 $Id\boldsymbol{l}$ が，円の中心に作る微小な磁場の大きさ dH は，ビオ-サバールの法則より，

$$dH = \frac{I\sin\theta}{4\pi a^2}dl \quad \cdots\cdots ①$$ となる。

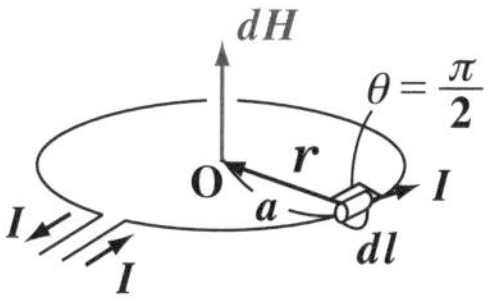

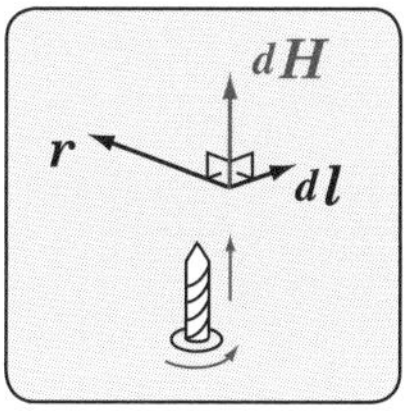

ここで，$a = 2$ (m)，$I = 0.5$ (A)，$\theta = \frac{\pi}{2}$ より，これらを①に代入すると，

$$dH = \frac{0.5 \cdot \sin\frac{\pi}{2}}{4\pi \cdot 2^2}dl = \frac{1}{32\pi}dl \quad \cdots\cdots ②$$

（$\sin\frac{\pi}{2} = 1$）

となる。

よって，②の右辺を半径 $a = 2$ の円周に沿って積分すると，円形電流がその中心 $\mathbf{O}$ に作る磁場の大きさ H を求めることができる。よって，

$$H = \oint_C dH = \frac{1}{32\pi}\oint_C dl = \frac{4\pi}{32\pi} = \frac{1}{8} = 0.125 \text{ (A/m)}$$ となる。 ……………(答)

（$\oint_C dl = 2\pi a = 2\pi \times 2 = 4\pi$）

この結果は，高校物理の公式 $H = \frac{I}{2a} = \frac{0.5}{2 \times 2} = \frac{1}{8}$ の結果と一致する。

演習問題 63　● ビオ-サバールの法則 (Ⅲ) ●

ビオ-サバールの法則：$d\boldsymbol{H} = \dfrac{1}{4\pi} \cdot \dfrac{Id\boldsymbol{l} \times \boldsymbol{r}}{r^3}$ ……(＊) を変形して，

公式：$dH = \dfrac{dQ \cdot v}{4\pi r^2}$ ……(＊＊) を導け。ただし，$d\boldsymbol{l} \perp \boldsymbol{r}$ (直交) とする。

(ここで，dQ は微小電荷，$\boldsymbol{v}$ は微小電荷の移動速度，v はそのノルム (大きさ) とする。)

ヒント！ ビオ-サバールの法則 (＊) の右辺の $Id\boldsymbol{l}$ を変形して，$Id\boldsymbol{l} = dQ \cdot \boldsymbol{v}$ にもち込んで，(＊) の両辺のノルム (大きさ) をとれば，(＊＊) が導けるんだね。この (＊＊) の公式はガウスの法則と関連して覚えておくといいんだね。これについては，参考で解説しよう。

解答＆解説

ビオ-サバールの法則：$d\boldsymbol{H} = \dfrac{1}{4\pi} \cdot \dfrac{Id\boldsymbol{l} \times \boldsymbol{r}}{r^3}$ ……(＊) の

右辺の分子の $Id\boldsymbol{l}$ を変形すると，

$$Id\boldsymbol{l} = \boldsymbol{I}\,dl = \boldsymbol{i}\,S\,dl = \rho \boldsymbol{v}\, dV = \rho\, dV \boldsymbol{v} = dQ \cdot \boldsymbol{v}$$

($\boldsymbol{I}$ = $\boldsymbol{i}S$ ($\boldsymbol{i}$：電流密度，S：断面積))

($\boldsymbol{i}$ = $\rho\boldsymbol{v}$，$S\,dl$ = dV：微小体積，$\rho\, dV$ = dQ：微小電荷)

($d\boldsymbol{l}$ の代わりに $\boldsymbol{I}$ をベクトルにした)

(dQ は導線の微小体積 dV に含まれる微小電荷を表す)

$\therefore Id\boldsymbol{l} = dQ \cdot \boldsymbol{v}$ ……① となる。

この①を (＊) に代入すると，

$$d\boldsymbol{H} = \frac{1}{4\pi} \cdot \frac{dQ \cdot \boldsymbol{v} \times \boldsymbol{r}}{r^3} = \frac{dQ}{4\pi r^3} \cdot \boldsymbol{v} \times \boldsymbol{r} \text{ ……② }$$ となる。

ここで，$d\boldsymbol{l} /\!/ \boldsymbol{v}$ (平行) より，$d\boldsymbol{l} \perp \boldsymbol{r}$ から，$\boldsymbol{v} \perp \boldsymbol{r}$ (直交) となる。

(右図より，$d\boldsymbol{l} /\!/ \boldsymbol{I} /\!/ \boldsymbol{i} /\!/ \boldsymbol{v} \perp \boldsymbol{r}$ となる。)

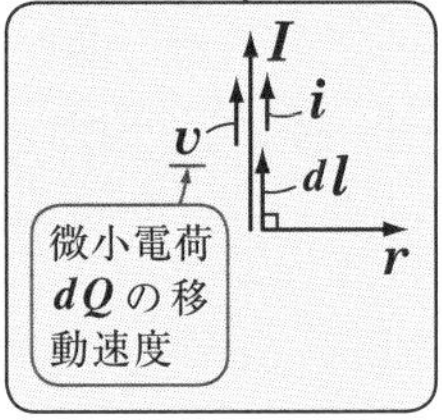

よって，②の両辺のノルム (大きさ) をとると，

$$dH = \left\| \frac{dQ}{4\pi r^3} \cdot \boldsymbol{v} \times \boldsymbol{r} \right\| = \frac{dQ}{4\pi r^3} \| \boldsymbol{v} \times \boldsymbol{r} \|$$

(正の定数)

($\boldsymbol{v} \perp \boldsymbol{r}$ より，これは，$\boldsymbol{v}$ と $\boldsymbol{r}$ を 2 辺とする長方形の面積 $S = \|\boldsymbol{v}\| \cdot \|\boldsymbol{r}\| = v \cdot r$ になる。)

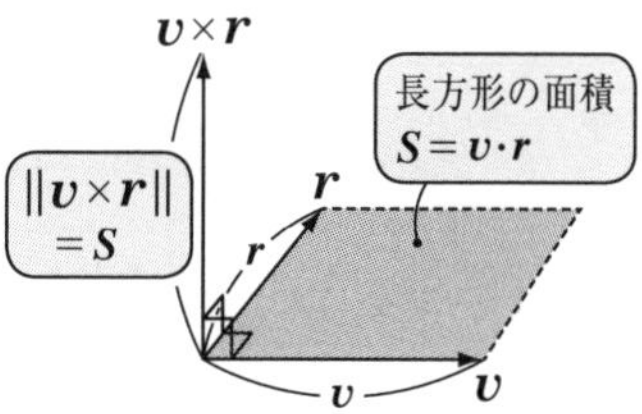

$$= \frac{dQ}{4\pi r^3} \cdot vr$$

∴公式：$dH = \dfrac{dQ \cdot v}{4\pi r^2}$ ……$(**)$ が導ける。……………………………………(終)

参考

この $(**)$ の式は “ガウスの法則” と対比して覚えておこう。

ガウスの法則：$4\pi r^2 \cdot E = \dfrac{Q}{\varepsilon_0}$ より，$\underset{(\varepsilon_0 E)}{D} = \dfrac{Q}{4\pi r^2}$　よって，この両辺の微分量をとると，

$dD = \dfrac{dQ}{4\pi r^2}$ ……$(**)'$ となって，$(**)$ と類似した式になる。

つまり，微小電荷 dQ が，速さ v で動くとき，ビオ-サバールの法則の公式 $(**)$ となり，dQ が静止しているとき，ガウスの法則の公式 $(**)'$ になる。下に，これらのイメージを図示しておこう。

(i) ビオ-サバールの法則

$dH = \dfrac{dQ \cdot v}{4\pi r^2}$

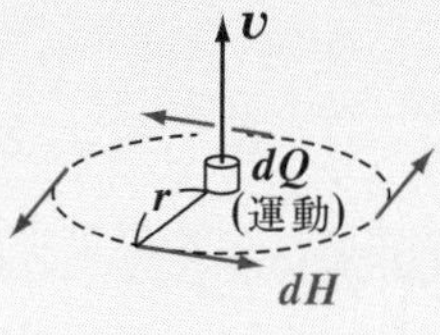

(ii) ガウスの法則

$dD = \dfrac{dQ}{4\pi r^2}$

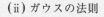

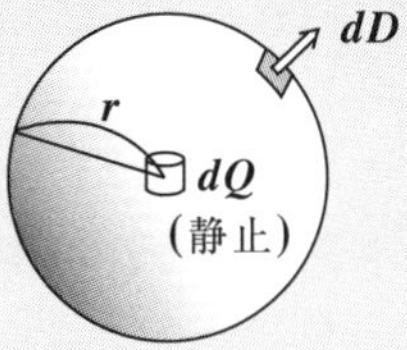

演習問題 64　● ビオ - サバールの法則 (IV) ●

ビオ-サバールの法則：$d\boldsymbol{H}=\dfrac{1}{4\pi}\cdot\dfrac{Id\boldsymbol{l}\times\boldsymbol{r}}{r^3}$ ……(∗) を差分形式にした，

$\Delta\boldsymbol{H}=\dfrac{1}{4\pi}\cdot\dfrac{I}{r^3}\cdot\Delta\boldsymbol{l}\times\boldsymbol{r}$ ……(∗)′ を利用して，次の各問いに答えよ。

答えはベクトルの係数を有効数字 **3** 桁で答えよ。ただし，$\sqrt{2}$ はそのままでよい。

(1) $I=0.2\,(\mathrm{A})$，$\Delta\boldsymbol{l}=[2\times10^{-4},\ -10^{-4},\ 3\times10^{-4}]$，$\boldsymbol{r}=[1,\ 2,\ -2]$ であるとき，電流素片 $I\cdot\Delta\boldsymbol{l}$ によりできる磁場 $\Delta\boldsymbol{H}$ を求めよ。

(2) $I=1.2\,(\mathrm{A})$，$\Delta\boldsymbol{l}=[3\times10^{-2},\ 10^{-2},\ -2\times10^{-2}]$，$\boldsymbol{r}=[-4,\ 0,\ 3]$ であるとき，電流素片 $I\cdot\Delta\boldsymbol{l}$ によりできる磁場 $\Delta\boldsymbol{H}$ を求めよ。

(3) $I=0.4\,(\mathrm{A})$，$\Delta\boldsymbol{l}=[3\times10^{-3},\ 0,\ -10^{-3}]$，$\boldsymbol{r}=[1,\ 1,\ -\sqrt{2}]$ であるとき，電流素片 $I\cdot\Delta\boldsymbol{l}$ によりできる磁場 $\Delta\boldsymbol{H}$ を求めよ。

ヒント！ たとえば，微分量 dx は限りなく **0** に近い量であるけれど，差分量 Δx は，10^{-2} や 10^{-5} などのようにかなり **0** に近い量であると考えればいい。ここでは，微小ベクトル $d\boldsymbol{H}$ や $d\boldsymbol{l}$ のビオ-サバールの法則の公式 (∗) を (∗)′ の差分表示に書き換えた。(1), (2), (3) の各値やベクトルを差分公式 (∗)′ に代入して，磁場の差分量 $\Delta\boldsymbol{H}$ を求めよう。

解答＆解説

差分形式のビオ-サバールの法則：$\Delta\boldsymbol{H}=\dfrac{1}{4\pi}\cdot\dfrac{I}{r^3}\cdot\Delta\boldsymbol{l}\times\boldsymbol{r}$ ……(∗)′ を用いて，各値やベクトルを代入して，磁場の差分量 $\Delta\boldsymbol{H}$ を計算しよう。

(1) $I=0.2\,(\mathrm{A})$，

$\Delta\boldsymbol{l}=10^{-4}[2,\ -1,\ 3]$，

$\boldsymbol{r}=[1,\ 2,\ -2]$ より，

$\boldsymbol{r}$ のノルム (大きさ) r は，

$r=\|\boldsymbol{r}\|=\sqrt{1^2+2^2+(-2)^2}=\sqrt{9}=3$ である。

以上を (∗)′ に代入して $\Delta\boldsymbol{H}$ を求めると，

ビオ-サバールの法則のイメージ

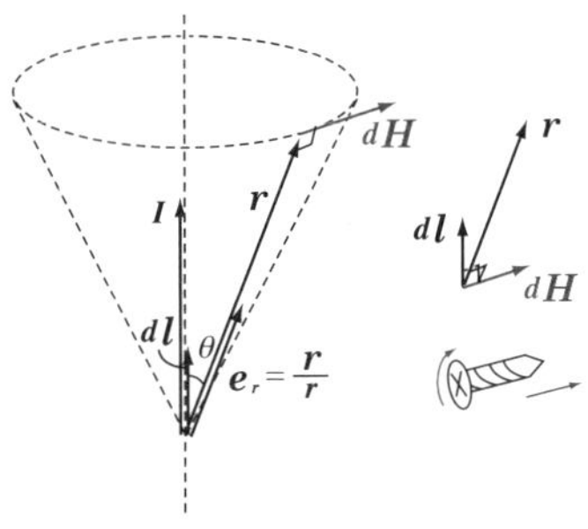

$$\Delta \boldsymbol{H} = \frac{1}{4\pi} \cdot \frac{0.2}{3^3} \cdot 10^{-4} \cdot [2,\ -1,\ 3] \times [1,\ 2,\ -2]$$

よって，

$$\Delta \boldsymbol{H} = \underbrace{\frac{2 \times 10^{-5}}{108\pi}}_{5.894\cdots \times 10^{-8}} [-4,\ 7,\ 5]$$

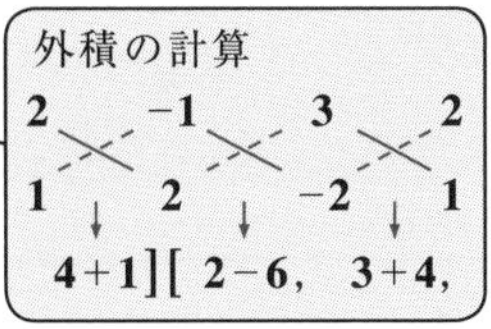
外積の計算
2 −1 3 2
1 2 −2 1
4+1][2−6, 3+4,

$\therefore\ \Delta \boldsymbol{H} \fallingdotseq 5.89 \times 10^{-8} [-4,\ 7,\ 5]$ (A/m)

である。 ……………………………………………………………………(答)

(2) $I = 1.2$(A)，$\Delta \boldsymbol{l} = 10^{-2}[3,\ 1,\ -2]$，$\boldsymbol{r} = [-4,\ 0,\ 3]$ より，

$\boldsymbol{r}$ のノルム(大きさ) r は，

$r = \sqrt{(-4)^2 + 0^2 + 3^2} = \sqrt{25} = 5$ である。

以上を $(*)'$ に代入して，磁場の差分量 $\Delta \boldsymbol{H}$ を求めると，

$$\Delta \boldsymbol{H} = \frac{1}{4\pi} \cdot \frac{1.2}{5^3} \cdot 10^{-2} [3,\ 1,\ -2] \times [-4,\ 0,\ 3]$$

$$= \underbrace{\frac{1.2 \times 10^{-2}}{500\pi}}_{7.639\cdots \times 10^{-6}} [3,\ -1,\ 4]$$

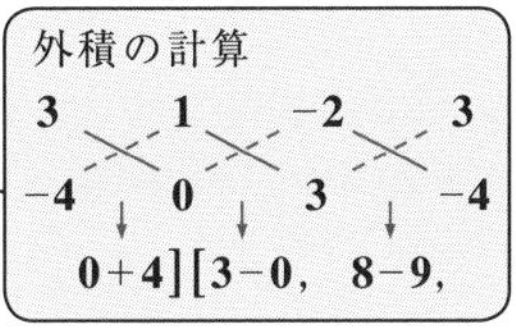
外積の計算
3 1 −2 3
−4 0 3 −4
0+4][3−0, 8−9,

$\therefore\ \Delta \boldsymbol{H} \fallingdotseq 7.64 \times 10^{-6} [3,\ -1,\ 4]$ (A/m) である。 ………………………(答)

(3) $I = 0.4$(A)，$\Delta \boldsymbol{l} = 10^{-3}[3,\ 0,\ -1]$，$\boldsymbol{r} = [1,\ 1,\ -\sqrt{2}]$ より，

$\boldsymbol{r}$ のノルム(大きさ) r は，

$r = \sqrt{1^2 + 1^2 + (-\sqrt{2})^2} = \sqrt{4} = 2$ である。

以上を $(*)'$ に代入して，磁場の差分量 $\Delta \boldsymbol{H}$ を求めると，

$$\Delta \boldsymbol{H} = \frac{1}{4\pi} \cdot \frac{0.4}{2^3} \cdot 10^{-3} [3,\ 0,\ -1] \times [1,\ 1,\ -\sqrt{2}]$$

$$= \underbrace{\frac{4 \times 10^{-4}}{32\pi}}_{3.978\cdots \times 10^{-6}} [1,\ 3\sqrt{2} - 1,\ 3]$$

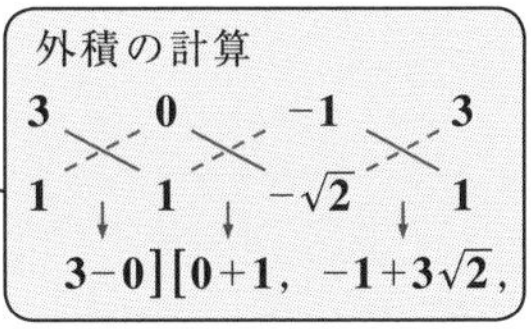
外積の計算
3 0 −1 3
1 1 −√2 1
3−0][0+1, −1+3√2,

$\therefore\ \Delta \boldsymbol{H} \fallingdotseq 3.98 \times 10^{-6} [1,\ 3\sqrt{2} - 1,\ 3]$ (A/m) である。 ……………………(答)

演習問題 65 ● ビオ-サバールの法則 (V) ●

上下に無限に伸びた直線状の導線に定常電流 $I = 0.5$ (A) が流れているとき，この導線から $a = 2$ (m) だけ離れたところにできる磁場の大きさ H をビオ-サバールの法則：$dH = \frac{1}{4\pi}\cdot\frac{I\sin\theta}{r^2}dl$ ……(*) を用いて求めよ。

ヒント！ 直線状の導線を流れる電流の電流素片 Idl が，導線から $a = 2$ (m) だけ離れたところに作る微小な磁場 dH を，ビオ-サバールの法則の公式 (*) により求め，これを無限積分して，磁場の大きさ H を計算すればいいんだね。

解答&解説

右図に示すように，直線電流 $I = 0.5$ (A) に沿って x 軸と原点 O を設定する。

ここで，ある x の位置にある電流素片の大きさ $I\cdot dl = I\cdot dx$ が，O から x 軸に垂直な方向に $a = 2$ (m) の距離にある点 P に作る微小な磁場の大きさ dH は，ビオ-サバールの法則より，

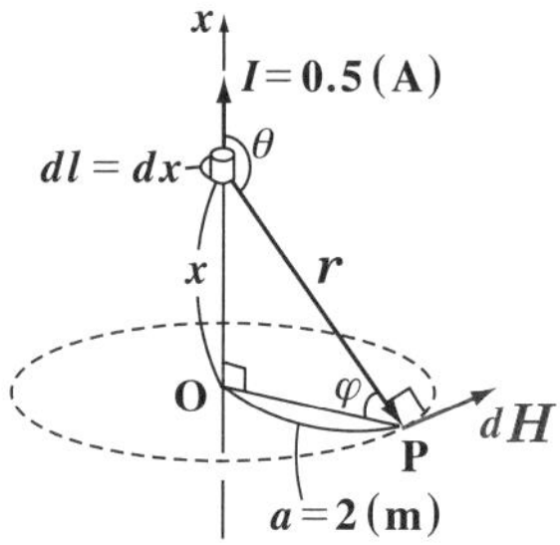

$$dH = \frac{1}{4\pi}\cdot\frac{I\sin\theta}{r^2}dx \quad \cdots\cdots\cdots\cdots ①$$

(I: 0.5, r^2: $2^2 + x^2$)

($r^2 = 2^2 + x^2$, θ : dl と r のなす角)

となる。ここで，上下の対称性から，x について積分区間 $0 \leqq x < \infty$ で積分して，2 倍したものが，求める磁場 H となる。よって，

$$H = 2\times\frac{0.5}{4\pi}\int_0^\infty \frac{\sin\theta}{4 + x^2}dx \quad \cdots\cdots ①' \text{ となる。}$$

($2\times\frac{0.5}{4\pi} = \frac{1}{4\pi}$ (定数), $4 + x^2 = r^2$)

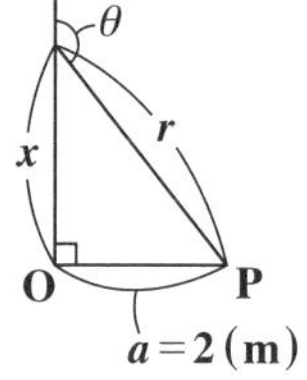

ここで，変数は θ と x だけれど，右図に示すような新たな角 φ を変数として置換積分した方が，計算が楽になる。

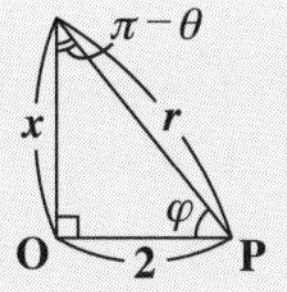

$\pi-\theta+\varphi=\dfrac{\pi}{2}$

$\theta=\varphi+\dfrac{\pi}{2}$

$\pi-\theta+\varphi=\dfrac{\pi}{2}$ より，$\theta=\varphi+\dfrac{\pi}{2}$

$\therefore \sin\theta=\sin\left(\varphi+\dfrac{\pi}{2}\right)=\cos\varphi$

また，$\tan\varphi=\dfrac{x}{2}$ より，$x=2\tan\varphi$ ……②

(x の式) = (φ の式) ……② から dx と $d\varphi$ の関係式の求める。

$\therefore 1\cdot dx=2\cdot\dfrac{1}{\cos^2\varphi}d\varphi$　　$\therefore dx=\dfrac{2}{\cos^2\varphi}d\varphi$

x を x で微分して dx をかけたもの

$2\tan\varphi$ を φ で微分して $d\varphi$ をかけたもの

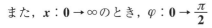

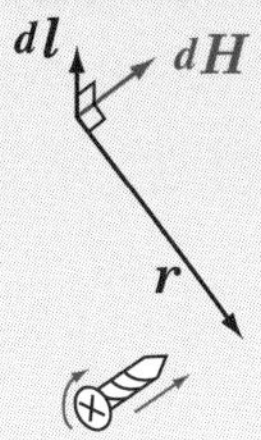

また，$x:0\to\infty$ のとき，$\varphi:0\to\dfrac{\pi}{2}$

以上より，①′ は，

$$H=\frac{1}{4\pi}\int_0^{\infty}\frac{\sin\theta}{4+x^2}dx=\frac{1}{4\pi}\int_0^{\frac{\pi}{2}}\frac{\cos\varphi}{\frac{4}{\cos^2\varphi}}\times\frac{2}{\cos^2\varphi}d\varphi$$

$\sin\theta$ → $\cos\varphi$

dx → $\dfrac{2}{\cos^2\varphi}d\varphi$

$4+(2\tan\varphi)^2=4(1+\tan^2\varphi)=\dfrac{4}{\cos^2\varphi}$ ← 公式：$1+\tan^2\varphi=\dfrac{1}{\cos^2\varphi}$

$$=\frac{1}{8\pi}\int_0^{\frac{\pi}{2}}\cos\varphi\,d\varphi=\frac{1}{8\pi}\left[\sin\varphi\right]_0^{\frac{\pi}{2}}=\frac{1}{8\pi}\left(\sin\frac{\pi}{2}-\sin 0\right)=\frac{1}{8\pi}$$

（$\sin\frac{\pi}{2}$ → 1，$\sin 0$ → 0）

$\therefore H=\dfrac{1}{8\pi}$ (A/m) である。 ………………………………………………(答)

この結果は，高校物理のアンペールの法則：$H=\dfrac{I}{2\pi a}=\dfrac{0.5}{2\pi\times 2}=\dfrac{1}{8\pi}$ と一致する。

演習問題 66　● アンペールの力 (Ⅰ) ●

次の各問いに答えよ。

(1) 磁束密度 $\boldsymbol{B}=[1,\ 1,\ -3]$ $(\mathrm{Wb/m^2})$ の中の導線に流れる直線電流が $\boldsymbol{I}=[2,\ 1,\ -1]$ (A) であるとき，長さ $l=2$ (m) の導線に働く力 $\boldsymbol{f}$ を求めよ。

(2) 磁束密度 $\boldsymbol{B}=[2,\ 3,\ -5]$ $(\mathrm{Wb/m^2})$ の中の導線に流れる直線電流が $\boldsymbol{I}=[1,\ -2,\ 0]$ (A) であるとき，長さ $l=0.1$ (m) の導線に働く力 $\boldsymbol{f}$ を求めよ。

(3) 磁束密度 $\boldsymbol{B}=[1,\ 2,\ -1]$ $(\mathrm{Wb/m^2})$ の中の導線に流れる直線電流が $\boldsymbol{I}=[a,\ b,\ 1]$ (A) であるとき，長さ $l=1$ (m) の導線に働く力 $\boldsymbol{f}$ について，

(ⅰ) $\boldsymbol{f}=\boldsymbol{0}$ となるとき，a，b の値を求めよ。

(ⅱ) $b=-1$ のとき，力の大きさ $f=\|\boldsymbol{f}\|$ が最小となる a の値と，そのときの力の最小値 f を求めよ。

ヒント！ 磁束密度 $\boldsymbol{B}$ の中の導線に流れる直線電流が $\boldsymbol{I}$ であるとき，長さ l の導線に働くアンペールの力は，$\boldsymbol{f}=l\boldsymbol{I}\times\boldsymbol{B}$ ……(＊) となる。(1)，(2) は，(＊) を使って力 $\boldsymbol{f}$ を求めればよい。(3) は，応用問題だね。(ⅰ) $\boldsymbol{f}=\boldsymbol{0}$ となるとき，$\boldsymbol{I}/\!/\boldsymbol{B}$ (平行) となる。(ⅱ) は，f^2 が a の 2 次関数になるので，f の最小値と a の値が求められる。

解答＆解説

(1) $l=2$ (m)，$\boldsymbol{I}=[2,\ 1,\ -1]$ (A)，$\boldsymbol{B}=[1,\ 1,\ -3]$ $(\mathrm{Wb/m^2})$ より，

長さ $l=2$ (m) の導線に働くアンペールの力 $\boldsymbol{f}$ は，

$$\boldsymbol{f}=l\boldsymbol{I}\times\boldsymbol{B}=2\cdot[2,\ 1,\ -1]\times[1,\ 1,\ -3]$$

"*Let it be.*" と覚えよう！

$\boldsymbol{I}\times\boldsymbol{B}$ の計算

2	1	−1	2
1	1	−3	1

$2-1][-3+1,\ -1+6,$

$=2\cdot[-2,\ 5,\ 1]=[-4,\ 10,\ 2]$ (N) になる。……………………(答)

(2) $l=0.1$ (m)，$\boldsymbol{I}=[1,\ -2,\ 0]$ (A)，$\boldsymbol{B}=[2,\ 3,\ -5]$ $(\mathrm{Wb/m^2})$ より，

長さ $l=0.1$ (m) の導線に働くアンペールの力 $\boldsymbol{f}$ は，

$$\boldsymbol{f}=l\boldsymbol{I}\times\boldsymbol{B}=0.1\cdot[1,\ -2,\ 0]\times[2,\ 3,\ -5]$$

$=0.1[10,\ 5,\ 7]=[1,\ 0.5,\ 0.7]$ (N)

$\boldsymbol{I}\times\boldsymbol{B}$ の計算

1	−2	0	1
2	3	−5	2

$3+4][10-0,\ 0+5,$

になる。……………………(答)

(3) $l=1$(m), $\boldsymbol{I}=[a,\ b,\ 1]$ (A), $\boldsymbol{B}=[1,\ 2,\ -1]$ (Wb/m²) より,
長さ $l=1$(m) の導線に働くアンペールの力 $\boldsymbol{f}$ は,

$$\boldsymbol{f}=l\cdot\boldsymbol{I}\times\boldsymbol{B}=1\cdot[a,\ b,\ 1]\times[1,\ 2,\ -1]$$
$$=[-b-2,\ a+1,\ 2a-b]\ \text{(N)}\ \cdots\cdots①$$

になる。

$\boldsymbol{I}\times\boldsymbol{B}$ の計算
$a\ \ b\ \ 1\ \ a$
$1\ \ 2\ \ -1\ \ 1$
$2a-b][-b-2,\ 1+a,$

(i) $\boldsymbol{f}=\boldsymbol{0}=[0,\ 0,\ 0]$ となるとき,

$-b-2=0$, かつ $a+1=0$, かつ $2a-b=0$ より,

($b=-2$)　($a=-1$)　($a=-1$, $b=-2$ のとき, $2\cdot(-1)-(-2)=-2+2=0$ となって, この方程式は満たされる。)

$a=-1$, $b=-2$ である。……………………………………………(答)

参考

$a=-1$, $b=-2$ のとき, $\boldsymbol{I}=[-1,\ -2,\ 1]=-1\cdot[1,\ 2,\ -1]=-1\cdot\boldsymbol{B}$ となって,
$\boldsymbol{I}/\!/\boldsymbol{B}$ (平行) となるので, $\boldsymbol{I}\times\boldsymbol{B}=\boldsymbol{0}$ となったんだね。

(ii) $b=-1$ のとき, ①は,

$$\boldsymbol{f}=[-(-1)-2,\ a+1,\ 2a-(-1)]=[-1,\ a+1,\ 2a+1]\ \text{となる。}$$

よって, $\boldsymbol{f}$ のノルム (大きさ) f の 2 乗は,

$$f^2=\|\boldsymbol{f}\|^2=(-1)^2+(a+1)^2+(2a+1)^2=1+a^2+2a+1+4a^2+4a+1$$

よって, $f^2=g(a)$ とおくと,

$$g(a)=5a^2+6a+3=5\left(a^2+\frac{6}{5}a+\frac{9}{25}\right)+3-\frac{9}{5}$$
$$=5\left(a+\frac{3}{5}\right)^2+\frac{6}{5}\ \text{より,}$$

(2で割って2乗)

$y=g(a)$ とおくと, これは, 右図に示すように, 頂点 $\left(-\frac{3}{5},\ \frac{6}{5}\right)$ をもつ下に凸の放物線である。

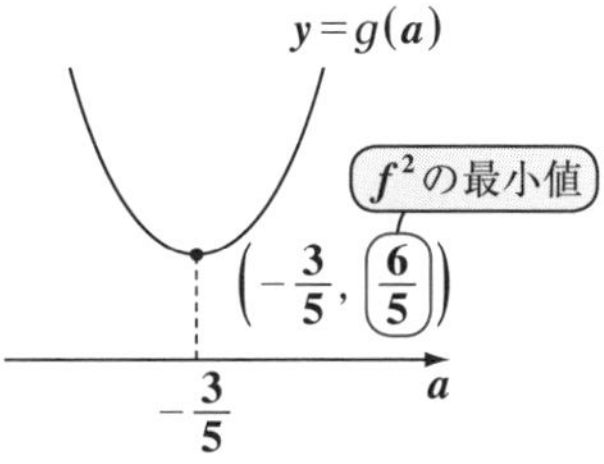

$\therefore a=-\dfrac{3}{5}$ のとき, f^2 すなわち, f は,

最小値 $f=\sqrt{\dfrac{6}{5}}=\dfrac{\sqrt{30}}{5}$ (N) となる。……………………………(答)

演習問題 67 ●アンペールの力(Ⅱ)●

右図に示すように，$a = 2$(m)の間隔でおかれた2本の導線1と2に逆向きに$I_1 = 0.1$(A)，I_2(A)の電流が流れている。このとき，導線1による導線2の単位長さ1(m)に働く斥力$f = 3 \times 10^{-10}$(N)であった。導線2に流れる電流I_2(A)を求めよ。(ただし，真空の透磁率$\mu_0 = 4\pi \times 10^{-7}$(N/A²))

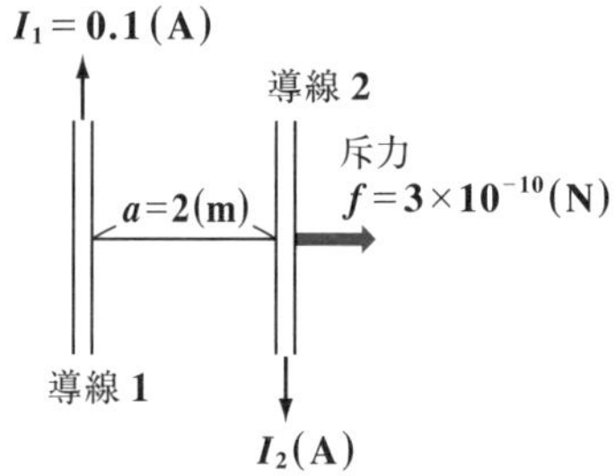

ヒント！ 平行な2本の導線に働くアンペールの力の公式：$f = \frac{\mu_0 l I_1 I_2}{2\pi a}$ を利用して，I_2を求めればいいんだね。

解答＆解説

導線1に流れる電流$I_1 = 0.1$(A)が，$a = 2$(m)だけ離れた電流I_2(A)が流れる単位長さの導線2に及ぼす
($l = 1$(m)のこと)

アンペールの力(斥力)fは，次式で表される。

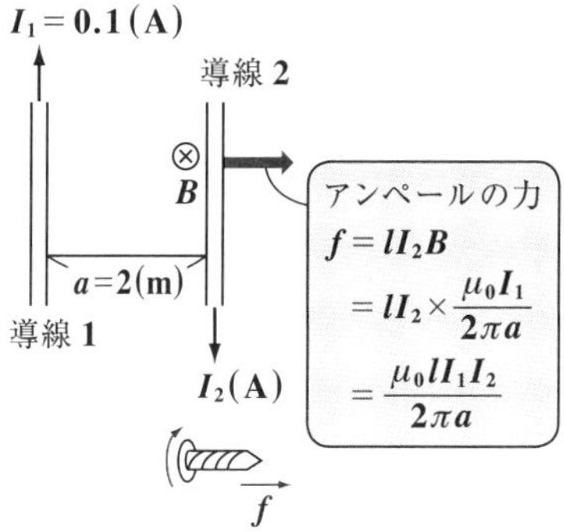

$$f = \frac{\mu_0 l I_1 I_2}{2\pi a} \quad \cdots\cdots ①$$

ここで，①に$f = 3 \times 10^{-10}$(N)，$\mu_0 = 4\pi \times 10^{-7}$(N/A²)，$l = 1$(m)，$I_1 = 0.1$(A)，$a = 2$(m)を代入すると，

$$3 \times 10^{-10} = \frac{4\pi \times 10^{-7} \times 1 \times 0.1 \times I_2}{2\pi \times 2} \text{ より，}$$

$$10^{-8} I_2 = 3 \times 10^{-10} \qquad I_2 = \frac{3 \times 10^{-10}}{10^{-8}} = 3 \times 10^{-2} \text{ より，}$$

$I_2 = 0.03$(A)である。……………………………………………………(答)

演習問題 68　● ローレンツ力(Ⅰ) ●

次の各問いに答えよ。

(1) 大きさ $B = 10^4$ (Wb/m²)の磁束密度 $\boldsymbol{B}$ の中を，$\boldsymbol{B}$ の向きと 30°の向きに速さ $v = 10^2$ (m/s) で移動する点電荷 $q = 10^{-7}$ (C)に働く力 f (N)を求めよ。

(2) 磁束密度 $\boldsymbol{B} = [0,\ 2\times10^3,\ -10^3]$ (Wb/m²) の中を速度 $\boldsymbol{v} = [10^3,\ 0,\ -10^3]$ (m/s)で移動する点電荷 $q = 10^{-7}$ (C)に働く力 $\boldsymbol{f}$ (N)を求めよ。

ヒント！ ローレンツ力の公式として，(1)では，$f = qvB\sin\theta$ を用い，(2)では，$\boldsymbol{f} = q\boldsymbol{v}\times\boldsymbol{B}$ を利用すればいいんだね。

解答＆解説

(1) 右図に示すように，$q = 10^{-7}$ (C)，$v = 10^2$ (m/s)，$B = 10^4$ (Wb/m²)，$\theta = 30°$ (θ：$\boldsymbol{B}$ と $\boldsymbol{v}$ のなす角) より，これらの値をローレンツ力 f の公式に代入して，

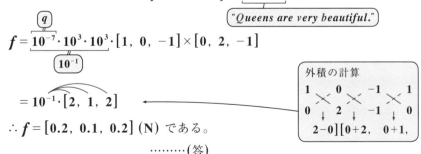

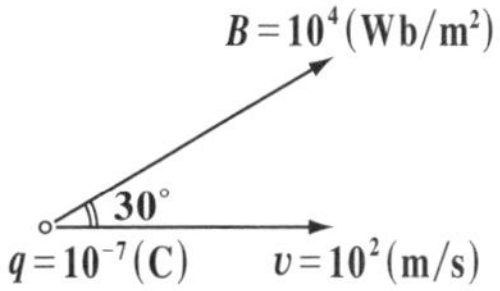

$$f = qvB\sin\theta = \underbrace{10^{-7}\times10^2\times10^4}_{10^{-1}}\times\underbrace{\sin30°}_{\frac{1}{2}}$$

$= 0.5\times10^{-1} = 5\times10^{-2}$ (N) である。 ……………………(答)

(2) $q = 10^{-7}$ (C)，$\boldsymbol{v} = [10^3,\ 0,\ -10^3]$ (m/s)，
$\boldsymbol{B} = [0,\ 2\times10^3,\ -10^3]$ (Wb/m²) より，
これらをローレンツ力 $\boldsymbol{f}$ の公式：$\boldsymbol{f} = \underline{q\boldsymbol{v}\times\boldsymbol{B}}$ に代入して，
("Queens are very beautiful.")

$$\boldsymbol{f} = \underbrace{\overbrace{10^{-7}}^{q}\cdot10^3\cdot10^3}_{10^{-1}}\cdot[1,\ 0,\ -1]\times[0,\ 2,\ -1]$$

$= 10^{-1}\cdot[2,\ 1,\ 2]$

外積の計算

1	0	−1	1
0	2	−1	0

2−0] [0+2，　0+1，

$\therefore\ \boldsymbol{f} = [0.2,\ 0.1,\ 0.2]$ (N) である。

………(答)

演習問題 69　● ローレンツ力 (Ⅱ) ●

右図にそのイメージを示すように，一様な電場 $\boldsymbol{E} = [-0.3,\ -0.2,\ -0.2]$ (N/C) と一様な磁束密度 $\boldsymbol{B} = [-2\times10^{-2},\ 3\times10^{-2},\ 0]$ (Wb/m²) が存在する真空中を，$q = 10^{-5}$(C)の荷電粒子が速度 $\boldsymbol{v} = [a,\ 7,\ -10]$ (m/s) で等速直線運動しているものとする。このとき，定数 a の値を求めよ。
(ただし，この荷電粒子に働く重力は無視できるものとする。)

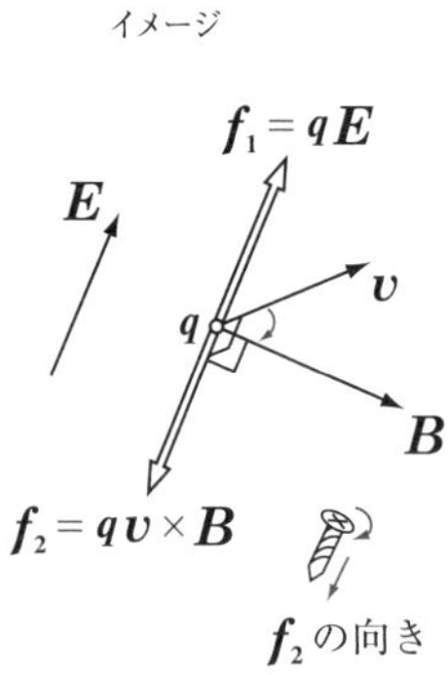

ヒント！ この電場 $\boldsymbol{E}$ と磁束密度 $\boldsymbol{B}$ の中を速度 $\boldsymbol{v}$ で運動する電荷 q の荷電粒子に働く力，すなわちローレンツ力は，$\boldsymbol{f} = q(\boldsymbol{E} + \boldsymbol{v}\times\boldsymbol{B})$ となる。この粒子が等速直線運動しているため，当然 $\boldsymbol{f} = \boldsymbol{0}$ となる。よって，$\boldsymbol{f}_1 = q\boldsymbol{E}$，$\boldsymbol{f}_2 = q\boldsymbol{v}\times\boldsymbol{B}$ とおくと，上の図のイメージより，$\boldsymbol{f}_1 = -\boldsymbol{f}_2$，すなわち $q\boldsymbol{E} = -q\boldsymbol{v}\times\boldsymbol{B}$ となるんだね。これから，定数 a の値が求まる。

解答＆解説

(ⅰ) 右図に示すように，一様な電場
$\boldsymbol{E} = [-0.3,\ -0.2,\ -0.2]$ (N/C) により，
$q = 10^{-5}$(C) の荷電粒子に働く力を $\boldsymbol{f}_1$ とおくと，

$\boldsymbol{f}_1 = q\boldsymbol{E} = 10^{-5}[-0.3,\ -0.2,\ -0.2]$ (N) ……①

である。

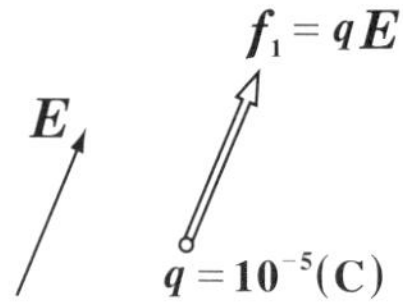

(ⅱ) 次に，右図に示すように，一様な磁束密度 $\boldsymbol{B} = 10^{-2}[-2,\ 3,\ 0]$ (Wb/m²) の中で速度 $\boldsymbol{v} = [a,\ 7,\ -10]$ (m/s) で移動する電荷 $q = 10^{-5}$(C) の荷電粒子に働く力を $\boldsymbol{f}_2$ とおくと，

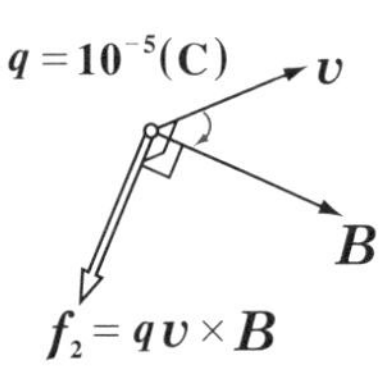

$\boldsymbol{f}_2 = q\boldsymbol{v}\times\boldsymbol{B} = 10^{-5}\cdot10^{-2}\cdot[a,\ 7,\ -10]\times[-2,\ 3,\ 0]$

$\therefore \boldsymbol{f}_2 = 10^{-7} \cdot [30,\ 20,\ 3a+14]$ (N)

……② である。

外積の計算

$$\begin{matrix} a & & 7 & & -10 & & a \\ & \times & & \times & & \times & \\ -2 & \downarrow & 3 & \downarrow & 0 & \downarrow & -2 \end{matrix}$$

$3a+14] [0+30,\ 20-0,$

ここで，一様な電場 $\boldsymbol{E}$ と一様な磁束密度 $\boldsymbol{B}$ の中で速度 $\boldsymbol{v}$ で等速直線運動する電荷 q の荷電粒子に働く力，すなわちローレンツ力 $\boldsymbol{f}$ は $\boldsymbol{0}$ となる。よって，

$$\boldsymbol{f} = q(\boldsymbol{E} + \boldsymbol{v} \times \boldsymbol{B}) = \underbrace{q\boldsymbol{E}}_{\boldsymbol{f}_1\ (①より)} + \underbrace{q\boldsymbol{v} \times \boldsymbol{B}}_{\boldsymbol{f}_2\ (②より)} = \boxed{\boldsymbol{f}_1 + \boldsymbol{f}_2 = \boldsymbol{0}}$$ より，

$\boldsymbol{f}_1 = -\boldsymbol{f}_2$ ……③ となる。

③に①，②を代入して，

$$10^{-5} \cdot [-0.3,\ -0.2,\ -0.2] = -10^{-7} \cdot [30,\ 20,\ 3a+14]$$

$$\cancel{10^{-6}} \cdot [-3,\ -2,\ \underline{\underline{-2}}] = \cancel{10^{-6}} \cdot \left[-3,\ -2,\ \underline{\underline{-\frac{1}{10}(3a+14)}}\right]$$

両辺に 10^6 をかけて各成分を比較すると，

$$-2 = -\frac{1}{10}(3a+14) \qquad 3a+14 = 20$$

$3a = 6 \quad \therefore a = 2$ である。……………………………………(答)

演習問題 70 ● 単振動の微分方程式 ●

次の単振動の微分方程式を解け。ただし，$\dot{x}$ や $\ddot{x}$ は変位 x を時刻 t で 1 階および 2 階微分したものを示す。

(1) $\ddot{x}=-\pi^2x$ ……① の一般解を求めよ。

(2) $\ddot{x}=-4x$ ……② (初期条件：$x(0)=0$，$\dot{x}(0)=6$) の特殊解を求めよ。

ヒント！ 単振動の微分方程式：$\ddot{x}=-\omega^2x$ の一般解は，$x(t)=A_1\cos\omega t+A_2\sin\omega t$ (A_1, A_2：定数) となる。物理ではよく出てくる微分方程式なので，シッカリ頭に入れておこう。

解答＆解説

(1) 単振動の微分方程式：$\ddot{x}=-\pi^2x$ ……① の

($\frac{d^2x}{dt^2}=-\pi^2x$ のこと)

($\ddot{x}=-\omega^2x$ の一般解は，$x=A_1\cos\omega t+A_2\sin\omega t$)

一般解は，$x(t)=A_1\cos\pi t+A_2\sin\pi t$ (A_1, A_2：定数) である。………(答)

(2) 単振動の微分方程式：$\ddot{x}=-2^2x$ ……② の

一般解は，$x(t)=A_1\cos 2t+A_2\sin 2t$ ……③ (A_1, A_2：定数) となる。

③の両辺を t で微分して，

$\dot{x}(t)=-2A_1\sin 2t+2A_2\cos 2t$ ……④ となる。

ここで，初期条件：$x(0)=0$ かつ $\dot{x}(0)=6$ より，③，④に $t=0$ を代入して，

$$x(0)=A_1\underbrace{\cos 0}_{1}+\cancel{A_2\underbrace{\sin 0}_{0}}=\boxed{A_1=0}\quad\therefore A_1=0$$

$$\dot{x}(0)=\cancel{-2\underbrace{A_1}_{0}\underbrace{\sin 0}_{0}}+2A_2\underbrace{\cos 0}_{1}=\boxed{2A_2=6}\quad\therefore A_2=3$$

以上の結果を③に代入すると，初期条件を考慮に入れた②の特殊解は，

$x(t)=3\sin 2t$ になる。……………………………………………………(答)

(このように，初期条件から，2 つの定数 A_1, A_2 の値を決定して，特殊解を求めることができるんだね。)

演習問題 71 ● ローレンツ力（Ⅲ）●

右図に示すように，重力も電場もなく一様な磁束密度 $B=10^{-3}$ (Wb/m²) のみが存在する真空中に，質量 $m=10^{-5}$ (kg)，電荷 $q=10^{-1}$ (C) をもつ荷電粒子 P に，$\boldsymbol{B}$ と垂直な向きに速さ $v=30$ (m/s) の速さを与えた。このとき，この荷電粒子 P がどのような運動をするのか調べよ。

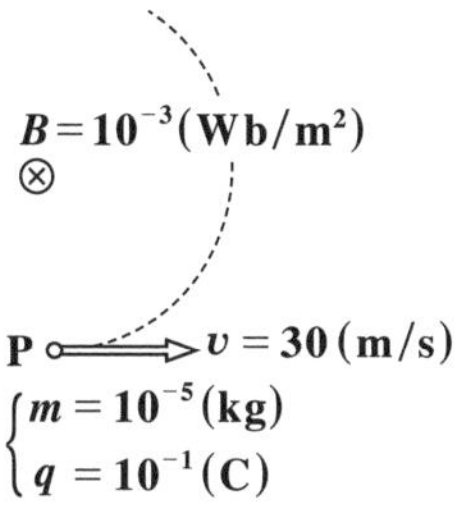

ヒント！ ローレンツ力 $f=qvB$ は，粒子の速度の向きと常に垂直に働くことに気を付けよう。

解答＆解説

右図に示すように，荷電粒子 P は速度 $\boldsymbol{v}$ と磁束密度 $\boldsymbol{B}$ の外積 $\boldsymbol{v}\times\boldsymbol{B}$ の向き（右図の右ネジの進む向き）に，ローレンツ力 $\boldsymbol{f}$ を受ける。←（ベクトルで表現）

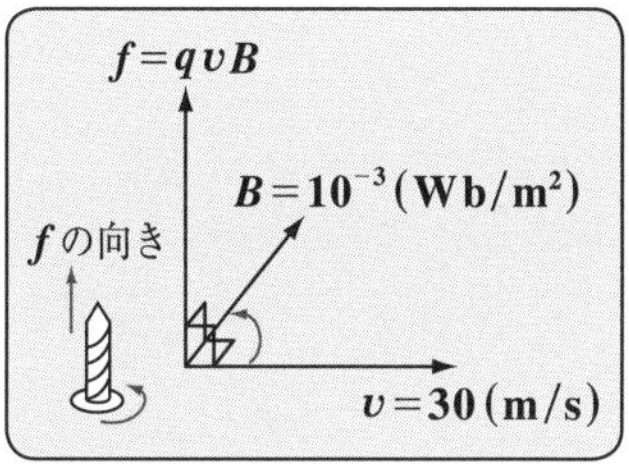

ここで，$\boldsymbol{v}\perp\boldsymbol{f}$ より，速度 $\boldsymbol{v}$ は大きさ v を変えることなく，向きだけを変化させるので，ローレンツ力 $\boldsymbol{f}$ の大きさは変化せず，常に $\boldsymbol{v}$ の向きと直交することになる。

よって，このローレンツ力は円運動の向心力と考えることができるので，荷電粒子 P は，円運動をすることになる。この粒子の描く円の半径を r とおくと，

$$\underbrace{m\cdot\frac{v^2}{r}}_{\text{向心力}}=\underbrace{qvB}_{\text{ローレンツ力}}\quad\cdots\cdots①$$

となる。よって，①を変形すると，

$$r=\frac{mv^{2}}{qvB}=\frac{mv}{qB}\quad\cdots\cdots②$$

となる。　②に，$m=10^{-5}$ (kg)，$v=30$ (m/s)，$q=10^{-1}$ (C)，$B=10^{-3}$ (Wb/m²) を代入すると，

$$r=\frac{10^{-5}\times 30}{10^{-1}\times 10^{-3}}=\frac{3\times 10^{-4}}{10^{-4}}=3\text{ (m)}$$

となる。

よって，この荷電粒子 P は，半径 $r=3$ (m) の等速円運動をすることが分かる。……（答）

演習問題 72　●ローレンツ力と円運動(Ⅳ)●

右図に示すように，xyz 座標空間内に，z 軸の負の向きに一様な磁束密度

$$\boldsymbol{B}=\begin{bmatrix}0\\0\\-10^{-3}\end{bmatrix}(\mathrm{Wb/m^2})$$ が存在する。

時刻 $t=0\,(\mathrm{s})$ のとき，質量 $m=10^{-9}\,(\mathrm{kg})$，電荷 $q=10^{-5}\,(\mathrm{C})$ の荷電粒子 P を点 $(0,\ -3,\ 0)$ におき，この粒子に初速度 $\boldsymbol{v}_0=\begin{bmatrix}30\\0\\0\end{bmatrix}(\mathrm{m/s})$ を与えた。

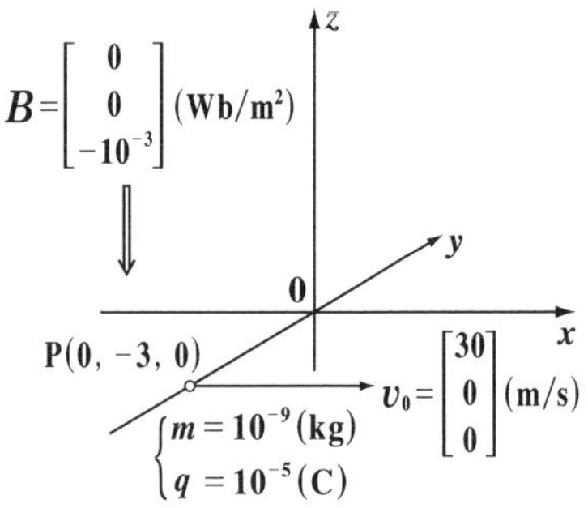

(ただし，この xyz 座標空間内は真空で，電場は存在せず，また，この粒子 P に働く重力も無視できるものとする。) このとき，次の各問いに答えよ。

(1) 時刻 t における粒子 P の速度を $\boldsymbol{v}(t)=\begin{bmatrix}v_1(t)\\v_2(t)\\0\end{bmatrix}$ とおくと，ニュートンの運動方程式：$m\dot{\boldsymbol{v}}=q\boldsymbol{v}\times\boldsymbol{B}$ ……(*) より，$\dot{v}_1(t)$ と $v_2(t)$，および $\dot{v}_2(t)$ と $v_1(t)$ との関係式を求めよ。

(2) 粒子 P の速度ベクトル $\boldsymbol{v}(t)$ $(t\geqq 0)$ を求めよ。

(3) 粒子 P の位置ベクトル $\boldsymbol{r}(t)=\begin{bmatrix}x(t)\\y(t)\\0\end{bmatrix}$ を求め，粒子 P が xy 平面上に描く軌跡 (曲線) の方程式を求めよ。

ヒント！ 演習問題 71(P151) を本格的な形で解いてみよう。(1) 荷電粒子 P の初速度 $\boldsymbol{v}_0$ は xy 平面上の平面ベクトルより，ローレンツ力 $\boldsymbol{f}=q\boldsymbol{v}\times\boldsymbol{B}$ も xy 平面上の平面ベクトルとなる。よって，粒子 P は xy 平面上を運動するはずなので，速度ベクトル $\boldsymbol{v}$ の z 成分は常に 0 となる。(*) の運動方程式から $\dot{v}_1$ と v_2，$\dot{v}_2$ と v_1 の関係式が導かれる。(2)(1) より，v_2 について単振動の微分方程式：$\ddot{v}_2=-\omega^2 v_2$ が導かれるので，まず，これを解いていこう！

解答＆解説

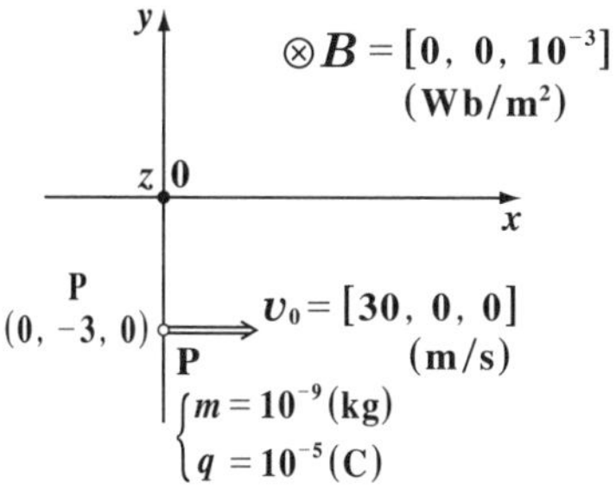

(xyz座標のz軸の正側(真上)から見た図)

右図に示すように，一様な磁束密度 $\boldsymbol{B}=\begin{bmatrix}0\\0\\-10^{-3}\end{bmatrix}$ (Wb/m²) のベクトル場において，点 (0，−3，0) に置かれた質量 $m=10^{-9}$ (kg)，電荷 $q=10^{-5}$ (C) の荷電粒子 P に，時刻 $t=0$ のときに，初速度 $\boldsymbol{v}_0=\begin{bmatrix}30\\0\\0\end{bmatrix}$ (m/s) を与えた。

このとき，粒子 P は，xy 平面上を運動するはずなので，時刻 t における P の位置ベクトル $\boldsymbol{r}$ と速度ベクトル $\boldsymbol{v}$ は，

$$\boldsymbol{r}(t)=\begin{bmatrix}x(t)\\y(t)\\0\end{bmatrix}\ \cdots\cdots①,\quad \boldsymbol{v}(t)=\begin{bmatrix}v_1(t)\\v_2(t)\\0\end{bmatrix}\ \cdots\cdots②$$ とおける。

(1) この粒子 P に働く力はローレンツ力 $\boldsymbol{f}=q\boldsymbol{v}\times\boldsymbol{B}$ だけなので，ニュートンの運動方程式は，$m\ddot{\boldsymbol{r}}=q\boldsymbol{v}\times\boldsymbol{B}$ ……③ となる。

ここで，$\ddot{\boldsymbol{r}}=\dot{\boldsymbol{v}}=\begin{bmatrix}\dot{v}_1\\\dot{v}_2\\0\end{bmatrix}$ ……④ であり，また，

$$\boldsymbol{v}\times\boldsymbol{B}=\begin{bmatrix}-10^{-3}v_2\\10^{-3}v_1\\0\end{bmatrix}=10^{-3}\begin{bmatrix}-v_2\\v_1\\0\end{bmatrix}\ \cdots\cdots⑤$$ より，

$\boldsymbol{v}\times\boldsymbol{B}$ の計算
$v_1 \quad v_2 \quad 0 \quad v_1$
$0 \quad 0 \quad -10^{-3} \quad 0$
$[-10^{-3}v_2,\ 10^{-3}v_1,\ 0\ ]$

④と⑤を③に代入して，

$$\underset{10^{-9}}{m}\begin{bmatrix}\dot{v}_1\\\dot{v}_2\\0\end{bmatrix}=\underset{10^{-5}}{q}\times10^{-3}\begin{bmatrix}-v_2\\v_1\\0\end{bmatrix}\ \cdots\cdots⑥$$ となる。⑥に $m=10^{-9}$ (kg)，$q=10^{-5}$ (C) を代入して，

$$10^{-9}\begin{bmatrix}\dot{v}_1\\\dot{v}_2\\0\end{bmatrix}=10^{-8}\begin{bmatrix}-v_2\\v_1\\0\end{bmatrix}\quad\therefore\begin{bmatrix}\dot{v}_1\\\dot{v}_2\\0\end{bmatrix}=10\begin{bmatrix}-v_2\\v_1\\0\end{bmatrix}\ \cdots\cdots⑦$$ となる。

よって，⑦より，

$$\begin{cases} \dot{v}_1(t) = -10v_2(t) \cdots\cdots ⑧ \\ \dot{v}_2(t) = 10v_1(t) \cdots\cdots\cdots ⑨ \end{cases} \quad (t \geqq 0)$$

$$\begin{bmatrix} \dot{v}_1 \\ \dot{v}_2 \\ 0 \end{bmatrix} = 10 \begin{bmatrix} -v_2 \\ v_1 \\ 0 \end{bmatrix} \cdots\cdots ⑦$$

が導ける。……………………………………………………………………(答)

(2) ⑨の両辺を t で1階微分して，

$\ddot{v}_2(t) = 10\dot{v}_1 \cdots\cdots$ ⑨′となる。これに，$\dot{v}(t) = -10v_2(t) \cdots\cdots$ ⑧を代入すると，

$\ddot{v}_2(t) = -\underbrace{100}_{\omega^2} v_2 \cdots\cdots$ ⑩ が導ける。

単振動の微分方程式
$\ddot{x} = -\omega^2 x$ の一般解は，
$x = A_1\cos\omega t + A_2\sin\omega t$
$(A_1, A_2$：定数$)$

⑩は単振動の微分方程式より，この一般解は，

$v_2(t) = A_1\cos 10t + A_2\sin 10t \cdots\cdots$ ⑪ となる。

ここで，$v_2(0) = 0$ より，⑪に $t = 0$ を代入すると，

$v_2(0) = A_1\underbrace{\cos 0}_{1} + \cancel{A_2\underbrace{\sin 0}_{0}} = \boxed{A_1 = 0}$

初速度 $\boldsymbol{v}_0$ は，

$$\boldsymbol{v}_0 = \boldsymbol{v}(0) = \begin{bmatrix} v_1(0) \\ v_2(0) \\ 0 \end{bmatrix} = \begin{bmatrix} 30 \\ 0 \\ 0 \end{bmatrix}$$

$\therefore v_1(0) = 30,\ v_2(0) = 0$

$A_1 = 0$ より，⑪は，$v_2(t) = A_2\sin 10t \cdots\cdots$ ⑪′ となる。

⑨より，$v_1(t) = \dfrac{1}{10}\dot{v}_2(t) = \dfrac{1}{\cancel{10}} \cdot \underbrace{\dfrac{d}{dt}(A_2\sin 10t)}_{A_2 \cdot \cancel{10}\cos 10t}$

公式：
$\cdot(\sin mx)' = m\cos mx$
$\cdot(\cos mx)' = -m\sin mx$

$\therefore v_1(t) = A_2\cos 10t \cdots\cdots$ ⑫ となる。

ここで，$v_1(0) = 30$ より，⑫に $t = 0$ を代入すると，

$v_1(0) = A_2\underbrace{\cos 0}_{1} = \boxed{A_2 = 30}$

以上より，$A_1 = 0,\ A_2 = 30 \cdots\cdots$ ⑬

⑬を⑫と⑪′に代入すると，

$$\begin{cases} v_1(t) = 30\cos 10t \cdots\cdots ⑭ \\ v_2(t) = 30\sin 10t \cdots\cdots ⑮ \end{cases}$$

$\therefore \boldsymbol{v}(t) = \begin{bmatrix} v_1(t) \\ v_2(t) \\ 0 \end{bmatrix} = \begin{bmatrix} 30\cos 10t \\ 30\sin 10t \\ 0 \end{bmatrix} \ (t \geqq 0)$ となる。………………………(答)

(3) (ⅰ) ⑭を t で積分して，$x(t)$ を求めると，

位置 $\boldsymbol{r}(t)$ の初期条件
$$\boldsymbol{r}(0)=\begin{bmatrix}x(0)\\y(0)\\0\end{bmatrix}=\begin{bmatrix}0\\-3\\0\end{bmatrix}$$
$\therefore x(0)=0,\ y(0)=-3$

$$x(t)=\int v_1(t)dt=30\int\cos 10t\,dt$$
$$=30\cdot\frac{1}{10}\sin 10t+C_1$$

$\therefore x(t)=3\sin 10t+C_1$ ……⑯ (C_1：定数)

ここで，初期条件：$x(0)=0$ より，⑯に $t=0$ を代入すると，

$x(0)=3\cdot\underbrace{\sin 0}_{0}+C_1=$ $C_1=0$　　$\therefore C_1=0$　これを⑯に代入して，

$x(t)=3\sin 10t$ ……⑯′ となる。

(ⅱ) ⑮を t で積分して，

$$y(t)=\int v_2(t)dt=30\int\sin 10t\,dt=30\cdot\left(-\frac{1}{10}\cos 10t\right)+C_2$$

$\therefore y(t)=-3\cos 10t+C_2$ ……⑰ (C_2：定数)

ここで，初期条件：$y(0)=-3$ より，⑰に $t=0$ を代入すると，

$y(0)=-3\cdot\underbrace{\cos 0}_{1}+C_2=$ $-3+C_2=-3$　　$\therefore C_2=0$

これを⑰に代入して，

$y(t)=-3\cos 10t$ ……⑰′ となる。

以上 (ⅰ)(ⅱ) の⑯′, ⑰′ より，粒子 P の位置ベクトル $\boldsymbol{r}(t)$ は，

$$\boldsymbol{r}(t)=\begin{bmatrix}x(t)\\y(t)\\0\end{bmatrix}=\begin{bmatrix}3\sin 10t\\-3\cos 10t\\0\end{bmatrix}=\begin{bmatrix}3\cos\left(10t-\frac{\pi}{2}\right)\\3\sin\left(10t-\frac{\pi}{2}\right)\\0\end{bmatrix}$$ ($t\geqq 0$) である。……(答)

また，⑯′, ⑰′ より，$x^2+y^2=9(\underbrace{\sin^2 10t+\cos^2 10t}_{1})$

∴点 P が描く軌跡の方程式は，円：

$x^2+y^2=9$ ($z=0$) である。……(答)

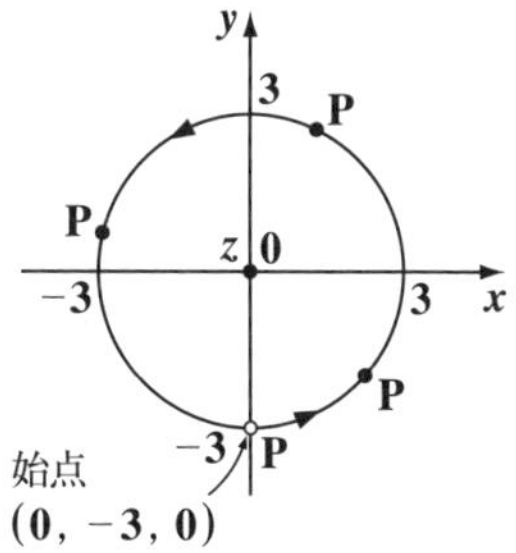

§1. アンペール-マクスウェルの法則

静電場や静磁場における特殊なマクスウェルの方程式と，時間的に変化する電磁場における一般的なマクスウェルの方程式とを対比して下に示す。

● 静電場，静磁場における マクスウェルの方程式	● 時間変化する電磁場における マクスウェルの方程式
(i) $\mathrm{div}\boldsymbol{D}=\rho$ ……(∗1)	(i) $\mathrm{div}\boldsymbol{D}=\rho$ ……(∗1)
(ii) $\mathrm{div}\boldsymbol{B}=0$ ……(∗2)	(ii) $\mathrm{div}\boldsymbol{B}=0$ ……(∗2)
(iii) $\mathrm{rot}\boldsymbol{H}=\boldsymbol{i}$ ……(∗3)′	(iii) $\mathrm{rot}\boldsymbol{H}=\boldsymbol{i}+\dfrac{\partial\boldsymbol{D}}{\partial t}$ ……(∗3)
(iv) $\mathrm{rot}\boldsymbol{E}=\boldsymbol{0}$ ……(∗4)′	(iv) $\mathrm{rot}\boldsymbol{E}=-\dfrac{\partial\boldsymbol{B}}{\partial t}$ ……(∗4)

クーロンの法則から導いた方程式(i) $\mathrm{div}\boldsymbol{D}=\rho$ と，単磁荷が存在しないことから導いた方程式(ii) $\mathrm{div}\boldsymbol{B}=0$ の2つは，静電場，静磁場においても，時間変化する電磁場においても同じで，修正を加える必要はない。

これに対して，静磁場において，アンペールの法則 $\left(\oint_C \boldsymbol{H}\cdot d\boldsymbol{r}=I\right)$ から導いた方程式(iii) $\mathrm{rot}\boldsymbol{H}=\boldsymbol{i}$ だけでは，(II)の時間変化する電磁場の問題に対応できない。したがって，マクスウェルは，図1に示すように，導線のまわりだけでなく，コンデンサーの2枚の極板間にも磁場が生じるものと考えて，右辺に新たに"**変位電流**(へんいでんりゅう)"の項 $\dfrac{\partial\boldsymbol{D}}{\partial t}$ を加えて一般化した。よって，

(iii) $\mathrm{rot}\boldsymbol{H}=\boldsymbol{i}+\dfrac{\partial\boldsymbol{D}}{\partial t}$ ……(∗3) を

図1 アンペール-マクスウェルの法則

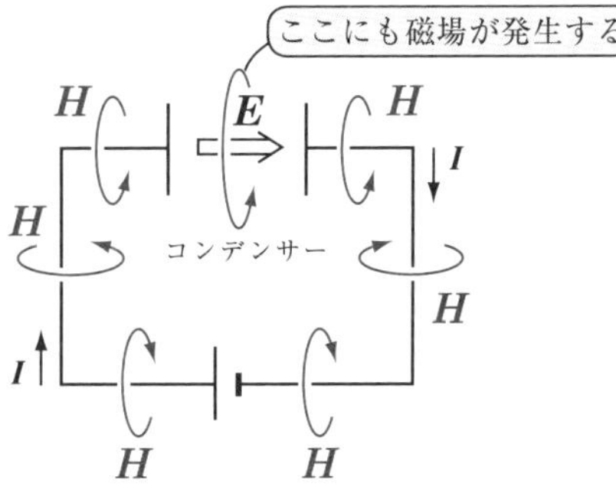

"**アンペール-マクスウェルの法則**"という。

さらに，静電場における方程式(iv) $\mathbf{rot}\,\boldsymbol{E}=\mathbf{0}$ は，静電場 $\boldsymbol{E}$ がスカラー・ポテンシャル(電位) ϕ をもち，$\boldsymbol{E}=-\mathbf{grad}\,\phi=-\nabla\phi$ と表せるための条件だった。

これに対して時間変化する電磁場における方程式(iv) $\mathbf{rot}\,\boldsymbol{E}=-\dfrac{\partial \boldsymbol{B}}{\partial t}$ は，ファラデーの"**電磁誘導の法則**"から導くことができる。

電磁場が時間変化しないとき，$\boldsymbol{D}$(電束密度)と $\boldsymbol{B}$(磁束密度)は一定となる。よって，$\dfrac{\partial \boldsymbol{D}}{\partial t}=\mathbf{0}$，$\dfrac{\partial \boldsymbol{B}}{\partial t}=\mathbf{0}$ となり，時間変化する電磁場でのマクスウェルの方程式(*3)，(*4)はそれぞれ，静電場，静磁場におけるマクスウェルの方程式(*3)′，(*4)′と一致する。

§2. 電磁誘導の法則

ファラデーは様々な実験を重ねた結果，「回路(コイル)を貫く磁束 Φ(Wb)が時間的に変化するときにのみ，回路(コイル)に起電力が生じて電流が流れる」ことを発見した。これを"**電磁誘導の法則**"と呼び，その起電力を"**誘導起電力**"といい，その電流を"**誘導電流**"と呼ぶ。

例えば，図1に示すように，1巻きの円形コイルの中心軸に沿って，棒磁石のN極を上下に動かすと，円形コイル(回路)を貫く磁束密度 $\boldsymbol{B}$($\mathrm{Wb/m^2}$)は時間的に変化する。その結果，コイルを貫く磁束 Φ も時間的に変化するので，コイルには誘導起電力が生じ，誘導電流 I が流れることになる。

図1 電磁誘導の法則

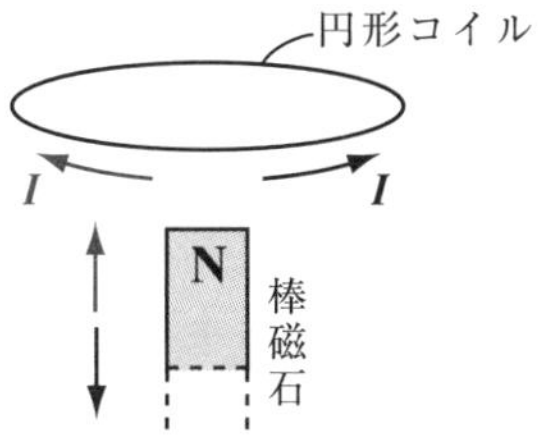

この誘導電流 I の向きについて次の"**レンツの法則**"がある。

「誘導起電力は，これによって流れる誘導電流が作る磁界が，磁束の変化を妨げる向きに生じる。」

このレンツの法則も含めて，電磁誘導の法則は次の式で表される。

$$V=-\frac{\partial \Phi}{\partial t}\ \cdots\cdots(*)\qquad \left(\begin{array}{l} V：誘導起電力(\mathrm{V}),\ \Phi：磁束(\mathrm{Wb}) \\ t：時刻(\mathrm{s}) \end{array}\right)$$

コイルが N 巻きの場合，電磁誘導の公式は，

$$V = -N\frac{d\Phi}{dt} \quad \cdots\cdots(*)'$$

となる。したがって，巻き数の多いソレノイド・コイルなどの場合でも，それに流れる電流 I が時間的に変化するときにのみ，磁束

（ただし，I の時間変化は余り速くないものとする。）

Φ も時間的に変化し，その変化を妨げる向きに，$(*)'$ による大きな誘導起電力がソレノイド・コイル自身の中に生じることになる。これを“**自己誘導**”と呼ぶ。この自己誘導の起電力は，これを生み出す元の電圧の変化を妨げる向き，すなわち逆向きに生じるので，“**逆起電力**”と呼ぶこともある。この逆起電力をこれから V_- と表すことにすると $(*)'$ も逆起電力を表す場合には，

$$V_- = -N\frac{d\Phi}{dt} \quad \cdots\cdots(*)''$$

となる。ここで，1 巻きのコイルの磁束 Φ を，

$\Phi = S \cdot B$ ……① とおくと，（S：コイルの断面積 (m^2) B：磁束密度 (Wb/m^2)）

（これは無次元（単位はない））（(T)または(N/Am)でもいい。）

N 巻きのコイルの磁束は $N\Phi$ となり，これは流れる電流 I に比例するので，

$N\Phi = LI$ ……② （L：比例定数）となる。I の時間変化率がそれ程大きくなければ，I が時間的に変化しても②が成り立つ。よって，②の両辺を時刻 t で微分して，⊖を付けると，

$$-\frac{d(N\Phi)}{dt} = -\frac{d(LI)}{dt} \quad \therefore \boxed{-N\frac{d\Phi}{dt}} = -L\frac{dI}{dt}$$

（V_-（$(*)''$ より））

となるので，$(*)''$ より

$$\text{逆起電力 } V_- = -L\frac{dI}{dt} \quad \cdots\cdots(*1)$$

が導かれる。この L を“**自己インダクタンス**”と呼び，その単位は［H（ヘンリー）］で表す。

図 2 に示すように，2 つのコイル L_1 と L_2 が軸を共通に近接して置かれていたり，同一の鉄心に巻かれていたりする場合，互いに一方のコイルの変化する電流による磁束の変化が，他方のコイルに電磁誘導を引き起こす。これを“**相互誘導**”という。

図2　相互誘導

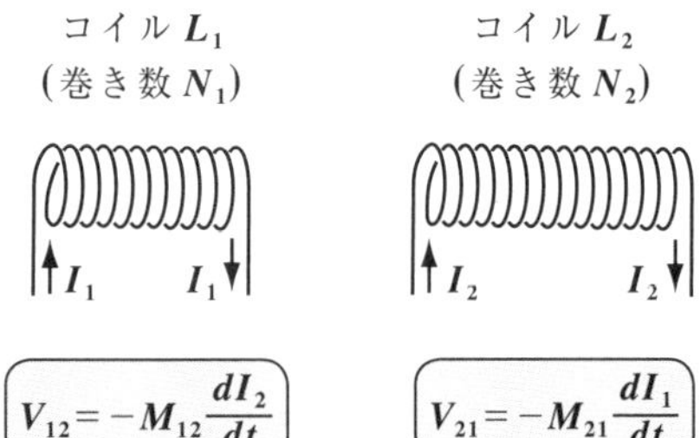

(i) コイル L_1 に流れる電流 I_1 の時間変化率 $\frac{dI_1}{dt}$ により，コイル L_2 に生じる誘導起電力 V_{21} は，次式で求められる。

$$V_{21} = -M_{21}\frac{dI_1}{dt} \quad (M_{21}：相互インダクタンス\,(\mathrm{H}))$$

(ii) コイル L_2 に流れる電流 I_2 の時間変化率 $\frac{dI_2}{dt}$ により，コイル L_1 に生じる誘導起電力 V_{12} は，

$$V_{12} = -M_{12}\frac{dI_2}{dt} \quad (M_{12}：相互インダクタンス\,(\mathrm{H}))$$

2つの相互インダクタンス M_{21}，M_{12} の単位は共に (H) で，

$M_{21} = M_{12}$ の関係がある。これを"**相互インダクタンスの相反定理**"と呼ぶ。

コンデンサーに蓄えられるエネルギー $U_e = \frac{1}{2}CV^2$ から静電場のエネルギー密度 u_e は，$u_e = \frac{1}{2}\varepsilon_0 E^2$ と求められた。

同様に，図3に示すような自己インダクタンス L(H) のコイルに定常電流 I_0(A) の電流が流れているとき，ソレノイド・コイルが持っている磁場のエネルギー U_m は，I_0 が流れるようになるまで外部からなされた仕事の総和となる。電流が $I\ (0 \leqq I \leqq I_0)$ のとき，微小時間 Δt の間に，$I \cdot \Delta t$(C) の微小電荷を逆起電力 $V_- = -L\frac{\Delta I}{\Delta t}$ に逆らってこのコイルに流す微小な仕事を ΔW とおくと，

図3　磁場のエネルギー

$U_m = \frac{1}{2}LI_0^2$

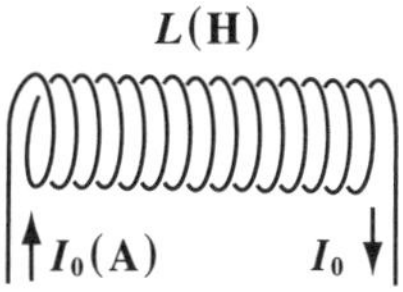

$\Delta W = -V_- \cdot I\Delta t = L\frac{\Delta I}{\Delta t} \cdot I \cdot \Delta t = L \cdot I \cdot \Delta I$ より，この微小な極限をとると，

$dW = LIdI$　この両辺を積分区間 $[0,\ I_0]$ で，I について積分すると，

$$W = \int_0^{I_0} LIdI = L\left[\frac{1}{2}I^2\right]_0^{I_0} = \frac{1}{2}LI_0^2 \qquad \therefore\ U_m = \frac{1}{2}LI^2 \ \cdots\cdots ③ \text{ となる。}$$

（L：定数）（定常電流 I_0 の代わりに I が流れているものとする。）

ソレノイド・コイルの長さを l，断面積を S，単位長さ当たりの巻き数を n とおくと，$L = \mu_0 n^2 lS$ ……④ となる。

④を③に代入して，

$$U_m = \frac{1}{2}\cdot\mu_0 n^2 lSI^2 = \frac{1}{2}\mu_0(\underline{nI})^2 lS = \frac{1}{2}\mu_0 H^2 lS$$

(nI = H（磁場の強さ）)

$U_m = \frac{1}{2}LI^2$ ……③
$L = \mu_0 n^2 lS$ ……④

よって，この**磁場のエネルギー** U_m を，ソレノイド・コイルの大きさ $l \cdot S$ で割ったものが“**磁場のエネルギー密度**” u_m となるので，$u_m = \frac{1}{2}\mu_0 H^2$ が導かれる。

§3. さまざまな回路

抵抗 R，コイル L，コンデンサー C をつないで，RC 回路や RL 回路や LC 回路などを作ることができる。これらの問題を解く際に，“**変数分離形の微分方程式**”が出てくるので，まずこの解法のパターンを下に示す。

変数分離形の微分方程式

$\frac{dx}{dt} = f(t)\cdot g(x)$ ……① $(g(x) \neq 0)$ の形の微分方程式を“**変数分離形の微分方程式**”と呼び，その一般解は，

①を，$(x$ の式$)dx = (t$ の式$)dt$ の形にした後，両辺を積分して，

$$\int \frac{1}{g(x)}dx = \int f(t)dt$$ から求める。

($\frac{1}{g(x)}$ = (x の式)，$f(t)$ = (t の式))

では，各回路とその方程式について示す。

(i) RC 回路は，右図に示すように，抵抗 $R(\Omega)$ とコンデンサー $C(\mathrm{F})$ を直流電源 $V_0(\mathrm{V})$ に直列につないだもので，次の方程式を解けばよい。

図1　RC 回路

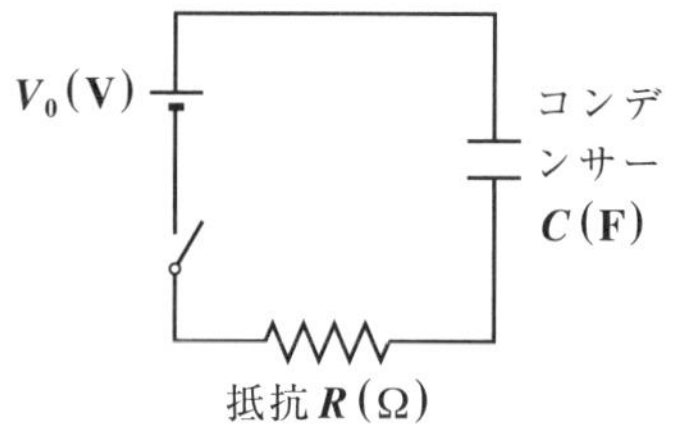

$$V_0 = RI + \frac{Q}{C}$$

(V_0：起電力（定数），RI：抵抗による電圧降下，$\frac{Q}{C}$：コンデンサーによる電圧降下)

(ii) ***RL*** 回路は，右図に示すように，抵抗 $R(\Omega)$ とコイル $L(\mathrm{H})$ を直流電源 $V_0(\mathrm{V})$ に直列につないだもので，次の方程式を解けばよい。

図2 ***RL*** 回路

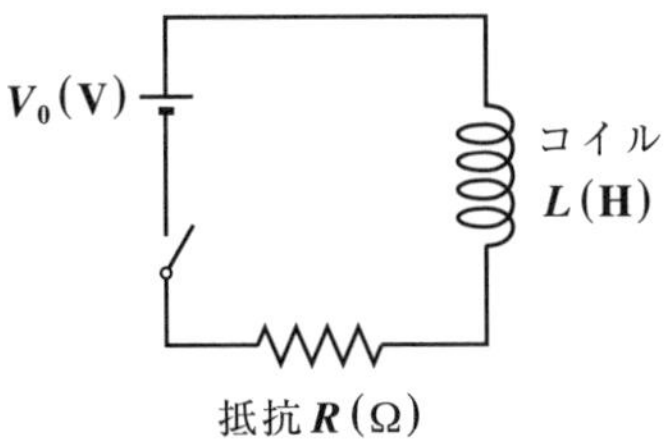

$$\underbrace{V_0}_{\text{電池による起電力(定数)}} + \underbrace{V_-}_{\text{コイルによる逆起電力} -L\frac{dI}{dt}} = \underbrace{RI}_{\text{抵抗による電圧降下}}$$

(iii) ***LC*** 回路は，右図に示すように，コイル $L(\mathrm{H})$ とコンデンサー $C(\mathrm{F})$ を直列につないだもので，コンデンサーには予め $\pm Q_0(\mathrm{C})$ の電荷が与えられているものとし，時刻 $t=0$ においてスイッチを閉じるものとする。この場合の方程式は，

図3 ***LC*** 回路

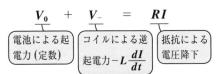

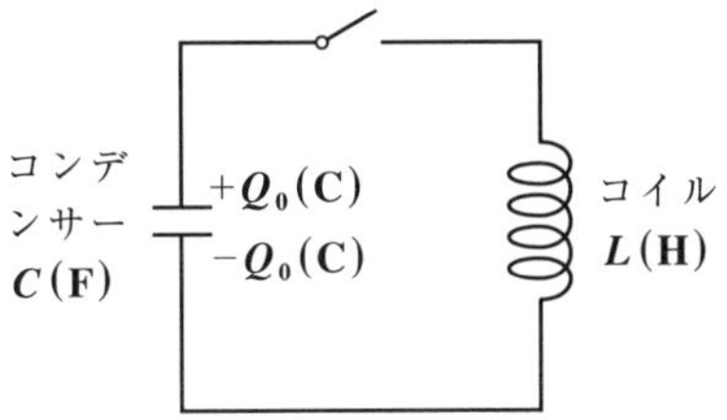

$$\underbrace{-L\frac{dI}{dt}}_{\text{コイルによる逆起電力}} = \underbrace{\frac{Q}{C}}_{\text{コンデンサーによる電圧降下}} \quad \cdots\cdots ①$$ となる。

①の左辺に $I=\dfrac{dQ}{dt}$ を代入すると，

$-L\dfrac{d}{dt}\left(\dfrac{dQ}{dt}\right)=\dfrac{Q}{C}$ より，$L\dfrac{d^2Q}{dt^2}=-\dfrac{1}{C}Q$ となる。

$\therefore \ddot{Q}=-\dfrac{1}{LC}Q$ となって，単振動の微分方程式が導かれるの

（$\dfrac{1}{LC}$ は ω^2；つまり $\omega=\dfrac{1}{\sqrt{LC}}$ と考える。）

で，これを解けばいい。

演習問題 73	● 公式：$\mathrm{rot}\,\boldsymbol{H} = \boldsymbol{i} + \dfrac{\partial \boldsymbol{D}}{\partial t}$ (I) ●

伝導電流 $\boldsymbol{i}$ または変位電流 $\dfrac{\partial \boldsymbol{D}}{\partial t}$ により，磁場 $\boldsymbol{H} = [2z - ax,\ 3x + 2y,\ -y + 2z]$ (A/m) が生じているものとする。このとき，次の各問いに答えよ。

(1) $\mathrm{div}\,\boldsymbol{H} = 0$ より，定数 a の値を求めよ。

(2) 磁場 $\boldsymbol{H}$ が，伝導電流 $\boldsymbol{i}$ のみによって生じているとき，電流密度 $\boldsymbol{i}$ ($\mathrm{A/m^2}$) を求めよ。

(3) 磁場 $\boldsymbol{H}$ が，変位電流 $\dfrac{\partial \boldsymbol{D}}{\partial t}$ のみによって生じているとき，電束密度 $\boldsymbol{D}$ が $\boldsymbol{D} = [\alpha t,\ (\beta+1)t,\ 2\gamma t]$ ($\mathrm{C/m^2}$) と表されるものとする。このとき，定数 α, β, γ を求めよ。

(4) 磁場 $\boldsymbol{H}$ が，$\boldsymbol{i} + \dfrac{\partial \boldsymbol{D}}{\partial t}$ により生じているとき，$\boldsymbol{i} = \left[\dfrac{1}{2},\ -\dfrac{1}{2},\ -\dfrac{1}{2}\right]$ ($\mathrm{A/m^2}$)，$\boldsymbol{D} = [\alpha t,\ (\beta+1)t,\ 2\gamma t]$ ($\mathrm{C/m^2}$) とする。このとき，定数 α, β, γ を求めよ。

ヒント！ (1) マクスウェルの方程式：$\mathrm{div}\,\boldsymbol{B} = \mathrm{div}(\mu_0 \boldsymbol{H}) = \mu_0 \mathrm{div}\,\boldsymbol{H} = 0$ より，$\mathrm{div}\,\boldsymbol{H} = 0$ となる。これから定数 a の値を求めよう。(2) は，$\mathrm{rot}\,\boldsymbol{H} = \boldsymbol{i}$ により $\boldsymbol{i}$ を求め，(3) は，$\mathrm{rot}\,\boldsymbol{H} = \dfrac{\partial \boldsymbol{D}}{\partial t}$ により定数 α, β, γ の値を求めよう。(4) は，$\mathrm{rot}\,\boldsymbol{H} = \boldsymbol{i} + \dfrac{\partial \boldsymbol{D}}{\partial t}$ の場合の問題なんだね。

解答＆解説

伝導電流 $\boldsymbol{i}$ または変位電流 $\dfrac{\partial \boldsymbol{D}}{\partial t}$ により生じる磁場

$\boldsymbol{H} = [2z - ax,\ 3x + 2y,\ -y + 2z]$ (A/m) について考える。

(1) マクスウェルの方程式より，$\boldsymbol{H}$ の発散 $\mathrm{div}\,\boldsymbol{H} = 0$ となる。よって，

$$\mathrm{div}\,\boldsymbol{H} = \frac{\partial}{\partial x}(2z - ax) + \frac{\partial}{\partial y}(3x + 2y) + \frac{\partial}{\partial z}(-y + 2z)$$

$= \boxed{-a + 2 + 2 = 0}$ より，$a = 4$ である。 ……………………………(答)

(2) 磁場 $\boldsymbol{H}$ が，伝導電流 $\boldsymbol{i}$ のみによって生じているとき，マクスウェルの方程式より，

$\mathrm{rot}\,\boldsymbol{H} = \boldsymbol{i}$ ……① となる。

ここで，

$\boldsymbol{H} = [2z-4x,\ 3x+2y,\ -y+2z]$

の回転 $\mathrm{rot}\,\boldsymbol{H}$ を求めると，

$\mathrm{rot}\,\boldsymbol{H} = [-1,\ 2,\ 3]$ である。

rot$\boldsymbol{H}$の計算

$\frac{\partial}{\partial x}$　$\frac{\partial}{\partial y}$　$\frac{\partial}{\partial z}$　$\frac{\partial}{\partial x}$

$2z-4x$　$3x+2y$　$-y+2z$　$2z-4x$

$3-0$　][　$-1-0$,　$2-0$,

これを①に代入して，求める $\boldsymbol{i}$ は，

$\boldsymbol{i} = [-1,\ 2,\ 3]\ (\mathrm{A/m^2})$ である。……………………………………………(答)

(3) 磁場 $\boldsymbol{H}$ が，変位電流 $\frac{\partial \boldsymbol{D}}{\partial t}$ のみによって生じているとき，マクスウェルの方程式より，

$\mathrm{rot}\,\boldsymbol{H} = \frac{\partial \boldsymbol{D}}{\partial t}$ ……② となる。

ここで，$\boldsymbol{D} = [\alpha t,\ (\beta+1)t,\ 2\gamma t]$ より，

$\frac{\partial \boldsymbol{D}}{\partial t} = \left[\frac{\partial}{\partial t}(\alpha t),\ \frac{\partial}{\partial t}\{(\beta+1)t\},\ \frac{\partial}{\partial t}(2\gamma t)\right] = [\alpha,\ \beta+1,\ 2\gamma]$ であり，

$\mathrm{rot}\,\boldsymbol{H} = [-1,\ 2,\ 3]$ である。これらを②に代入して，

$[-1,\ 2,\ 3] = [\alpha,\ \beta+1,\ 2\gamma]$ より，$-1 = \alpha$，$2 = \beta+1$，$3 = 2\gamma$

$\therefore\ \alpha = -1$，$\beta = 1$，$\gamma = \frac{3}{2}$ である。……………………………………………(答)

(4) 磁場 $\boldsymbol{H}$ が，$\boldsymbol{i} + \frac{\partial \boldsymbol{D}}{\partial t}$ により生じているとき，マクスウェルの方程式より，

$\mathrm{rot}\,\boldsymbol{H} = \boldsymbol{i} + \frac{\partial \boldsymbol{D}}{\partial t}$ ……③ となる。

ここで，$\mathrm{rot}\,\boldsymbol{H} = [-1,\ 2,\ 3]$，$\boldsymbol{i} = \left[\frac{1}{2},\ -\frac{1}{2},\ -\frac{1}{2}\right]$，$\frac{\partial \boldsymbol{D}}{\partial t} = [\alpha,\ \beta+1,\ 2\gamma]$

より，これらを③に代入して，

$[-1,\ 2,\ 3] = \left[\frac{1}{2},\ -\frac{1}{2},\ -\frac{1}{2}\right] + [\alpha,\ \beta+1,\ 2\gamma]$ となる。よって，

$\alpha + \frac{1}{2} = -1$，$\beta + \frac{1}{2} = 2$，$2\gamma - \frac{1}{2} = 3$ より，

$\alpha = -\frac{3}{2}$，$\beta = \frac{3}{2}$，$\gamma = \frac{7}{4}$ である。……………………………………………(答)

演習問題 74　● 公式：$\mathrm{rot}\,\boldsymbol{H}=\boldsymbol{i}+\dfrac{\partial \boldsymbol{D}}{\partial t}$ (Ⅱ) ●

伝導電流 $\boldsymbol{i}$ または変位電流 $\dfrac{\partial \boldsymbol{D}}{\partial t}$ により，磁場 $\boldsymbol{H}=[5x-3y,\ z+ay,\ x-3z]$ (A/m) が生じているものとする。このとき，次の各問いに答えよ。

(1) $\mathrm{div}\,\boldsymbol{H}=0$ より，定数 a の値を求めよ。

(2) 磁場 $\boldsymbol{H}$ が，伝導電流 $\boldsymbol{i}$ のみによって生じているとき，電流密度 $\boldsymbol{i}$ $(\mathrm{A/m^2})$ を求めよ。

(3) 磁場 $\boldsymbol{H}$ が，変位電流 $\dfrac{\partial \boldsymbol{D}}{\partial t}$ のみによって生じているとき，電束密度 $\boldsymbol{D}$ が $\boldsymbol{D}=[(\alpha+1)t,\ \beta t,\ 3\gamma t]$ $(\mathrm{C/m^2})$ と表されるものとする。このとき，定数 α, β, γ を求めよ。

(4) 磁場 $\boldsymbol{H}$ が，$\boldsymbol{i}+\dfrac{\partial \boldsymbol{D}}{\partial t}$ により生じているとき，$\boldsymbol{i}=\left[1,\ \dfrac{1}{2},\ 2\right]$ $(\mathrm{A/m^2})$，$\boldsymbol{D}=[(\alpha+1)t,\ \beta t,\ 3\gamma t]$ $(\mathrm{C/m^2})$ とする。このとき，定数 α, β, γ を求めよ。

ヒント！ 演習問題 73 と同様の問題をもう 1 題解いておこう。(1) では，$\mathrm{div}\,\boldsymbol{H}=0$ から定数 a の値を求めよう。(2) は，$\mathrm{rot}\,\boldsymbol{H}=\boldsymbol{i}$ により，$\boldsymbol{i}$ を求め，(3) は，$\mathrm{rot}\,\boldsymbol{H}=\dfrac{\partial \boldsymbol{D}}{\partial t}$ により，定数 α, β, γ の値を求めよう。(4) では，$\mathrm{rot}\,\boldsymbol{H}=\boldsymbol{i}+\dfrac{\partial \boldsymbol{D}}{\partial t}$ を利用しよう。

解答＆解説

伝導電流 $\boldsymbol{i}$ または変位電流 $\dfrac{\partial \boldsymbol{D}}{\partial t}$ により生じる磁場

$\boldsymbol{H}=[5x-3y,\ z+ay,\ x-3z]$ (A/m) について考える。

(1) マクスウェルの方程式より，$\boldsymbol{H}$ の発散 $\mathrm{div}\,\boldsymbol{H}=0$ となる。よって，

$$\mathrm{div}\,\boldsymbol{H}=\frac{\partial}{\partial x}(5x-3y)+\frac{\partial}{\partial y}(z+ay)+\frac{\partial}{\partial z}(x-3z)$$

$=\boxed{5+a-3=0}$ より，$a=-2$ である。……………………………(答)

(2) 磁場 $\boldsymbol{H}$ が，伝導電流 $\boldsymbol{i}$ のみによって生じているとき，マクスウェルの方程式より，$\mathrm{rot}\,\boldsymbol{H}=\boldsymbol{i}$ ……① となる。

ここで，

$\boldsymbol{H}=[5x-3y,\ z-2y,\ x-3z]$

の回転 $\mathrm{rot}\,\boldsymbol{H}$ を求めると，

$\mathrm{rot}\,\boldsymbol{H}=[-1,\ -1,\ 3]$ である。

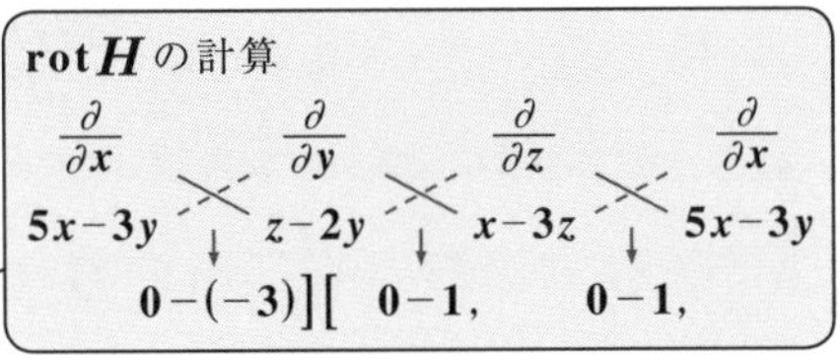
rotHの計算
∂/∂x ∂/∂y ∂/∂z ∂/∂x
5x−3y z−2y x−3z 5x−3y
0−(−3)][0−1, 0−1,

これを①に代入して，求める $\boldsymbol{i}$ は，

$\boldsymbol{i}=[-1,\ -1,\ 3]\ (\mathrm{A/m^2})$ である。……………………………………………(答)

(3) 磁場 $\boldsymbol{H}$ が，変位電流 $\dfrac{\partial \boldsymbol{D}}{\partial t}$ のみによって生じているとき，マクスウェルの方程式より，$\mathrm{rot}\,\boldsymbol{H}=\dfrac{\partial \boldsymbol{D}}{\partial t}$ ……② となる。

ここで，$\boldsymbol{D}=[(\alpha+1)t,\ \beta t,\ 3\gamma t]$ より，$\dfrac{\partial \boldsymbol{D}}{\partial t}=[\alpha+1,\ \beta,\ 3\gamma]$

また，$\mathrm{rot}\,\boldsymbol{H}=[-1,\ -1,\ 3]$ である。これらを②に代入して，

$[-1,\ -1,\ 3]=[\alpha+1,\ \beta,\ 3\gamma]$ より，$-1=\alpha+1$，$-1=\beta$，$3=3\gamma$

$\therefore\ \alpha=-2,\ \beta=-1,\ \gamma=1$ である。……………………………………………(答)

(4) 磁場 $\boldsymbol{H}$ が，$\boldsymbol{i}+\dfrac{\partial \boldsymbol{D}}{\partial t}$ により生じているとき，マクスウェルの方程式より，

$\mathrm{rot}\,\boldsymbol{H}=\boldsymbol{i}+\dfrac{\partial \boldsymbol{D}}{\partial t}$ ……③ となる。

ここで，$\mathrm{rot}\,\boldsymbol{H}=[-1,\ -1,\ 3]$，$\boldsymbol{i}=\left[1,\ \dfrac{1}{2},\ 2\right]$，$\dfrac{\partial \boldsymbol{D}}{\partial t}=[\alpha+1,\ \beta,\ 3\gamma]$

より，これらを③に代入して，

$[-1,\ -1,\ 3]=\left[1,\ \dfrac{1}{2},\ 2\right]+[\alpha+1,\ \beta,\ 3\gamma]$ となる。よって，

$\alpha+2=-1,\ \beta+\dfrac{1}{2}=-1,\ 3\gamma+2=3$ より，

$\alpha=-3,\ \beta=-\dfrac{3}{2},\ \gamma=\dfrac{1}{3}$ である。……………………………………………(答)

演習問題 75	● 公式：$\mathbf{rot}\,\boldsymbol{H} = \dfrac{\partial \boldsymbol{D}}{\partial t}$ ●

真空中で経時変化する変位電流 $\dfrac{\partial \boldsymbol{D}}{\partial t}\,(\mathrm{A/m^2})$ のみにより生じる磁場 $\boldsymbol{H}$ が，$\boldsymbol{H} = [4z\cos 2t,\ 3x\sin^2 t\cos t,\ -ye^{-t}]\,(\mathrm{A/m})$（ただし，$t$：時刻，$t \geqq 0$）であるとき，(Ⅰ) $\dot{\boldsymbol{D}} = \dfrac{\partial \boldsymbol{D}}{\partial t}$ と (Ⅱ) $\boldsymbol{D}$ を求めよ。ただし，$\boldsymbol{D}(0) = [2,\ -1,\ 2]$ とする。

ヒント！ 今回は，伝導電流 $\boldsymbol{i}$ は存在しないので，(Ⅰ) $\dot{\boldsymbol{D}} = \dfrac{\partial \boldsymbol{D}}{\partial t}$ は，マクスウェルの方程式：$\mathbf{rot}\,\boldsymbol{H} = \dfrac{\partial \boldsymbol{D}}{\partial t}$ から求めればいい。(Ⅱ) $\boldsymbol{D} = [D_1(t),\ D_2(t),\ D_3(t)]$ とおくと，$\dot{\boldsymbol{D}} = [\dot{D}_1,\ \dot{D}_2,\ \dot{D}_3]$ は，(Ⅰ) により求められているので，各成分を t で積分し，積分定数は初期条件 $\boldsymbol{D}(0) = [2,\ -1,\ 2]$ から決定すればいいんだね。

解答＆解説

電束密度 $\boldsymbol{D}(t) = [D_1(t),\ D_2(t),\ D_3(t)]$ ……① とおく。

(Ⅰ) 今回は，変位電流：$\dot{\boldsymbol{D}}(t) = \dfrac{\partial \boldsymbol{D}(t)}{\partial t}$ のみによって，磁場 $\boldsymbol{H}$ が生じているので，

マクスウェルの方程式：$\mathbf{rot}\,\boldsymbol{H} = \dfrac{\partial \boldsymbol{D}(t)}{\partial t}$ ……②

が成り立つ。

$\boldsymbol{H} = [4z\cos 2t,\ 3x\sin^2 t\cos t,\ -ye^{-t}]$

の発散 $\mathbf{rot}\,\boldsymbol{H}$ を求めると，

$\mathbf{rot}\,\boldsymbol{H}$ の計算

$\dfrac{\partial}{\partial x}$　$\dfrac{\partial}{\partial y}$　$\dfrac{\partial}{\partial z}$　$\dfrac{\partial}{\partial x}$

$4z\cos 2t$　$3x\sin^2 t\cos t$　$-ye^{-t}$　$4z\cos 2t$

$3\sin^2 t\cos t - 0]\,[-e^{-t} - 0,\ 4\cos 2t - 0,$

$\mathbf{rot}\,\boldsymbol{H} = [-e^{-t},\ 4\cos 2t,\ 3\sin^2 t\cos t]$ ……③

となる。

③を②に代入して，$\dot{\boldsymbol{D}}(t) = \dfrac{\partial \boldsymbol{D}(t)}{\partial t}$ を求めると，

$\dot{\boldsymbol{D}}(t) = \dfrac{\partial \boldsymbol{D}(t)}{\partial t} = \mathbf{rot}\,\boldsymbol{H} = [-e^{-t},\ 4\cos 2t,\ 3\sin^2 t\cos t]$ ……④ $(t \geqq 0)$

となる。……………………………………………………………(答)

(Ⅱ) ①より，$\dot{\boldsymbol{D}}(t)$ は，$\dot{\boldsymbol{D}}(t) = [\dot{D}_1(t),\ \dot{D}_2(t),\ \dot{D}_3(t)]$

$$= \left[\frac{\partial D_1(t)}{\partial t},\ \frac{\partial D_2(t)}{\partial t},\ \frac{\partial D_3(t)}{\partial t}\right] \cdots\cdots ①'$$

①′を④に代入すると，

$$\left[\frac{\partial D_1(t)}{\partial t},\ \frac{\partial D_2(t)}{\partial t},\ \frac{\partial D_3(t)}{\partial t}\right] = [-e^{-t},\ 4\cos 2t,\ 3\sin^2 t\cos t]$$ となる。

よって，$\frac{\partial D_1}{\partial t} = -e^{-t}$ ……⑤，$\frac{\partial D_2}{\partial t} = 4\cos 2t$ ……⑥，

$\frac{\partial D_3}{\partial t} = 3\sin^2 t\cos t$ ……⑦ となり，また，

初期条件：$\boldsymbol{D}(0) = [D_1(0),\ D_2(0),\ D_3(0)] = [2,\ -1,\ 2]$ より，

$D_1(0) = 2$，$D_2(0) = -1$，$D_3(0) = 2$ となる。

以上より，$\boldsymbol{D}$ の各成分を求めると，

(ⅰ) ⑤の両辺を t で積分して，

公式：$\int e^{ax}dx = \frac{1}{a}e^{ax} + C$

$D_1(t) = \int(-e^{-t})dt = e^{-t} + C_1$ ……⑤′ (C_1：定数)

ここで，初期条件：$D_1(0) = e^0 + C_1 = \boxed{1 + C_1 = 2}$ より，$C_1 = 1$

これを⑤′に代入して，

$D_1(t) = e^{-t} + 1$ ……⑧ となる。

(ⅱ) ⑥の両辺を t で積分して，

公式：$\int \cos mx\,dx = \frac{1}{m}\sin mx + C$

$D_2(t) = \int 4\cos 2t\,dt = 2\sin 2t + C_2$ ……⑥′ (C_2：定数)

ここで，初期条件：$D_2(0) = \cancel{2\cdot\sin 0} + C_2 = \boxed{C_2 = -1}$ より，$C_2 = -1$

これを⑥′に代入して，

$D_2(t) = 2\sin 2t - 1$ ……⑨ となる。

(ⅲ) ⑦の両辺を t で積分して，

公式：$\int f^n \cdot f'dx = \frac{1}{n+1}f^{n+1} + C$

$D_3(t) = \int 3\sin^2 t\cos t\,dt = \sin^3 t + C_3$ ……⑦′ (C_3：定数)

ここで，初期条件：$D_3(0) = \cancel{\sin^3 0} + C_3 = \boxed{C_3 = 2}$ より，$C_3 = 2$

これを⑦′に代入して，

$D_3(t) = \sin^3 t + 2$ ……⑩ となる。

以上 (ⅰ)(ⅱ)(ⅲ) の⑧，⑨，⑩より，求める $\boldsymbol{D}(t)$ は，

$\boldsymbol{D}(t) = [e^{-t} + 1,\ 2\sin 2t - 1,\ \sin^3 t + 2]$ である。……………………(答)

演習問題 76 ●ファラデーの電磁誘導の法則(Ⅰ)●

時間的に変化する磁束 $\Phi(t)$ (Wb) により生じる誘導起電力 V が，$V(t)=\cos^4 t\sin t$ $(t\geqq 0)$ であるとき，磁束 $\Phi(t)$ を求めよ。(ただし，$\Phi(0)=0$ (Wb) であるものとする。)

ヒント！ ファラデーの電磁誘導の法則の公式：$V=-\dfrac{d\Phi}{dt}$ より，V が与えられているので，これを時刻 t で積分し，初期条件 $\Phi(0)=0$ により，積分定数を決定すればいい。

解答＆解説

ファラデーの電磁誘導の法則の公式：$V=-\dfrac{d\Phi}{dt}$ を用いると，

磁束 $\Phi(t)$ は，$\Phi(t)=-\int V(t)dt$ ……①

(ただし，初期条件：$\Phi(0)=0$) となる。

ここで，誘導起電力 $V(t)=\cos^4 t\cdot\sin t$ ……② $(t\geqq 0)$ より，

②を①に代入して，磁束 $\Phi(t)$ を求めると，

$$\Phi(t)=-\int\cos^4 t\cdot\sin t\,dt=\int\underbrace{\cos^4 t}_{f^4}\cdot\underbrace{(-\sin t)}_{f'}dt$$

$$\therefore \Phi(t)=\frac{1}{5}\cdot\cos^5 t+C \text{ ……③ } (C：定数)$$

となる。

積分公式：
$\int f^n\cdot f'dt=\dfrac{1}{n+1}f^{n+1}+C$
今回は，$f=\cos t$ とおくと，
$\dot{f}=-\sin t$ より，
$\int f^4\cdot\dot{f}dt=\dfrac{1}{5}f^5+C$
となる。

ここで，初期条件 $\Phi(0)=0$ より，③に $t=0$ を代入して，

$$\Phi(0)=\frac{1}{5}\cdot\underbrace{\cos^5 0}_{1^5}+C=\boxed{\frac{1}{5}+C=0}\qquad\therefore C=-\frac{1}{5}$$

これを③に代入して，求める磁束 $\Phi(t)$ は，

$\Phi(t)=\dfrac{1}{5}\cos^5 t-\dfrac{1}{5}=\dfrac{1}{5}(\cos^5 t-1)$ $(t\geqq 0)$ である。 ……………………(答)

演習問題 77　● ファラデーの電磁誘導の法則 (Ⅱ) ●

右図に示すように，z 軸の正の向きに一様な磁束密度 $B=200(\mathrm{Wb/m^2})$ が存在する。xyz 座標空間内に，コの字型の導線 **ABCD** が，**AB** と **CD** は x 軸と平行に，**BC** は y 軸と平行になるように置かれている。**BC** の長さは $l=4(\mathrm{m})$ で，**BC** 間にのみ抵抗 $R=8(\mathrm{k\Omega})$ が存在する。ここで，導体棒 **PQ** を，**BC** と平行を保ちながら，x 軸方向に一定の速さ $v=5(\mathrm{m/s})$ で移動させるものとする。このとき，閉回路 **PBCQ** に生じる誘導起電力 $V(\mathrm{V})$ と誘導電流 $I(\mathrm{A})$ を求めよ。

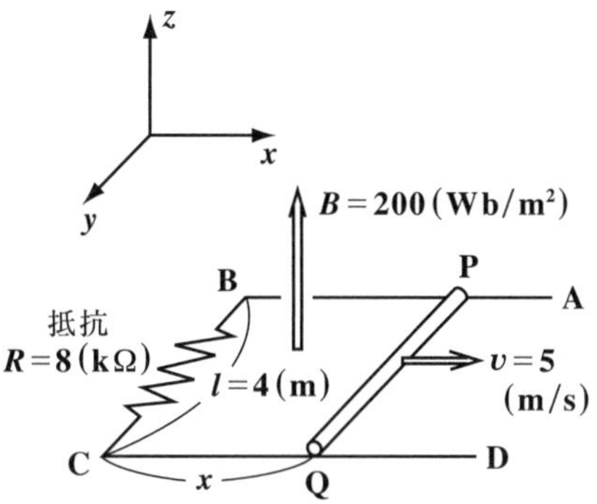

ヒント！ 電磁誘導の公式：$V=-\dfrac{d\Phi}{dt}$ は，$\Phi=B\cdot S=B\cdot l\cdot x\ (S=l\cdot x)$ より，$V=-\dfrac{d}{dt}(B\cdot l\cdot x)$ ($B\cdot l$：定数) となる。よって，$V=-Bl\cdot\dfrac{dx}{dt}=-Blv$ (v：導体棒 **PQ** の速さ) となるんだね。

解答＆解説

磁束 $\Phi=\underbrace{B\cdot l}_{200\times4\,(\text{定数})}\cdot x$ ……① をファラデーの電磁誘導の法則の公式：

$V=-\dfrac{d\Phi}{dt}$ ……② に代入して，$V=-B\cdot l\cdot\dfrac{dx}{dt}=-B\cdot l\cdot\underbrace{v}_{5}$ より，誘導起電力 V は，

$\therefore V=-200\times4\times5=-4000\ (\mathrm{V})$ である。 ……………………………(答)

また，この回路 **PBCQ** における抵抗 R は，$R=8(\mathrm{k\Omega})=8000\ (\Omega)$ より，

この回路の誘導電流 I は，

$I=\dfrac{V}{R}=\dfrac{-4000}{8000}=-0.5\ (\mathrm{A})$ である。 ……………………………(答)

演習問題 78　●ファラデーの電磁誘導の法則(Ⅲ)●

右図に示すように，一様な磁束密度 $B = 150$ (Wb/m^2) の中で，面の面積 $S = 0.2\,(m^2)$ の長方形の **1** 巻きのコイルを，その回転軸 **OO′** が磁束密度と垂直に，角速度 $\omega = 20\pi\,(1/s)$ で回転させる。時刻 $t = 0$ のとき，このコイルの面は磁束密度と垂直であったものとして，このコイルに発生する誘導起電力 V を t の関数として求めよ。

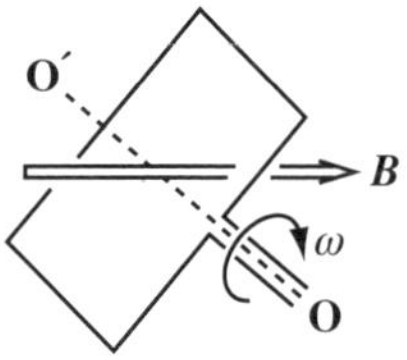

ヒント！ 電磁誘導の法則：$V = -\dfrac{d\Phi}{dt}$ を利用した交流発電機の最もシンプルなモデルなんだね。今回の問題では，磁束 $\Phi = B \cdot S\cos\omega t$ となることが分かるはずだ。

解答&解説

右図は，t 秒後におけるコイルの様子を軸 **OO′** の **O** 側から見たものである。コイルの面に対する単位法線ベクトルを $\boldsymbol{n}$，磁束密度を $\boldsymbol{B}$ とおくと，このコイルを貫く磁束 Φ は，

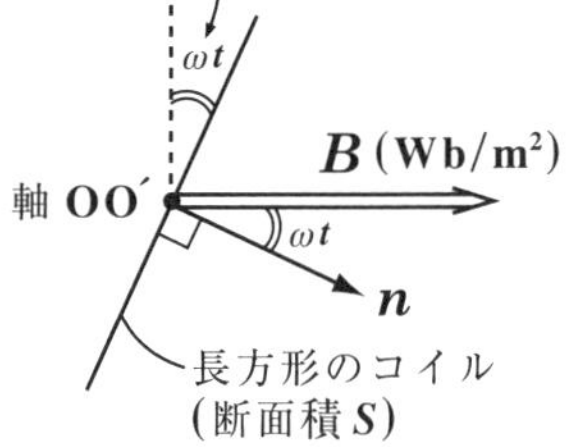

(コイルを軸 OO′ の O 側から見た図)

$\Phi = \boldsymbol{B}\cdot\boldsymbol{n}S = BS\cos\omega t$ (Wb) となる。

（$\boldsymbol{B}\cdot\boldsymbol{n} = \|\boldsymbol{B}\|\,\|\boldsymbol{n}\|\cos\omega t = B\cos\omega t$，$\|\boldsymbol{B}\| = B$，$\|\boldsymbol{n}\| = 1$）

よって，このコイルに発生する誘導起電力 V は，ファラデーの“電磁誘導の法則”より，

$$V = -\frac{d\Phi}{dt} = -\frac{d(BS\cos\omega t)}{dt}$$

$$= -BS\frac{d(\cos\omega t)}{dt} = -BS(-\omega\sin\omega t) = BS\omega\sin\omega t\ (\mathrm{V}) \quad \cdots\cdots ①$$ となる。

（BS：定数，$BS\omega\sin\omega t$：交流の起電力）

①に，$B = 150\,(Wb/m^2)$，$S = 0.2\,(m^2)$，$\omega = 20\pi\,(1/s)$ を代入すると，誘導起電力 V は，$V = 150 \times 0.2 \times 20\pi \cdot \sin 20\pi t = 600\pi\sin 20\pi t$ (V) となる。……(答)

演習問題 79　● $\mathrm{rot}\boldsymbol{E} = -\dfrac{\partial \boldsymbol{B}}{\partial t}$ (Ⅰ) ●

ファラデーの電磁誘導の法則の公式：$V = -\dfrac{\partial \Phi}{\partial t}$ ……(*) について，

(Ⅰ) 磁束 $\Phi = \iint_S \boldsymbol{B}\cdot\boldsymbol{n}dS$ …………① と

(Ⅱ) 誘導起電力 $V = \oint_C \boldsymbol{E}\cdot d\boldsymbol{r}$ ……② が

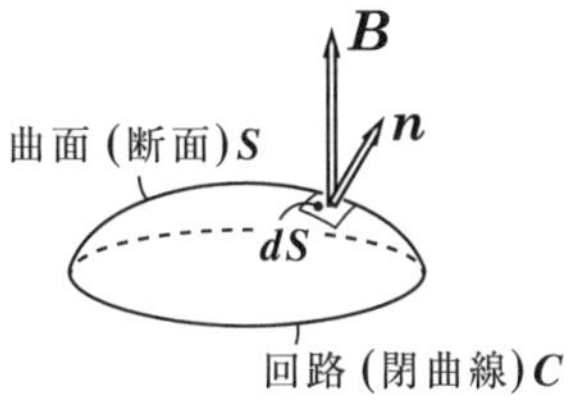

（ただし，C：回路 (閉曲線)，S：C で囲まれる曲面，$\boldsymbol{n}$：S に対する単位法線ベクトル，$\boldsymbol{B}$：磁束密度，Φ：磁束，V：誘電起電力，$\boldsymbol{E}$：電場）

成り立つことを説明し，これらを用いて，マクスウェルの方程式の1つ：

$\mathrm{rot}\boldsymbol{E} = -\dfrac{\partial \boldsymbol{B}}{\partial t}$ ……(**) が成り立つことを示せ。

ヒント！ ①と②を(*)に代入して，$V = \oint_C \boldsymbol{E}\cdot d\boldsymbol{r} = -\dfrac{\partial}{\partial t}\iint_S \boldsymbol{B}\cdot\boldsymbol{n}dS$ となる。この左辺にストークスの定理を利用すれば，公式(**)の形が見えてくるはずだ。このマクスウェルの方程式の導出もとても大事なので，何度も練習して，自力で導けるようになろう！

解答&解説

(Ⅰ) 磁束 Φ について，

右図のように閉曲線 C で囲まれた曲面 S の微小面積 dS を貫く微小な磁束 $d\Phi$ は，dS における磁束密度 $\boldsymbol{B}$ とこれに対する単位法線ベクトル $\boldsymbol{n}$ の内積により，

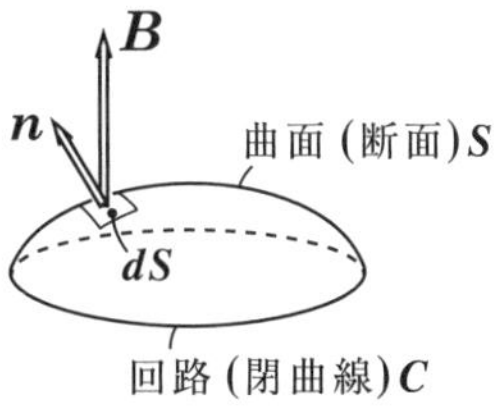

$d\Phi = \boldsymbol{B}\cdot\boldsymbol{n}dS$ ……⓪ と表される。⓪の両辺を曲面 S の全領域で面積分したものが，曲面 S を貫く全磁束 Φ となる。

$\therefore \Phi = \iint_S \boldsymbol{B}\cdot\boldsymbol{n}dS$ ……① となる。…………………………………(答)

(Ⅱ) 起電力 V について,

$$V = -\frac{d\Phi}{dt} \cdots\cdots(*)$$

$$\mathrm{rot}\,\boldsymbol{E} = -\frac{\partial \boldsymbol{B}}{\partial t} \cdots\cdots(**)$$

$$\Phi = \iint_S \boldsymbol{B}\cdot\boldsymbol{n}\,dS \cdots\cdots①$$

図(ⅰ)に示すように,起電力 V(V)の直流電源(電池)と R(Ω)の抵抗のみの単純な閉回路を作る。このとき,I(A)の電流が流れるものとする。

ここで,図(ⅱ)に示すように,電流 I を水の流れにたとえると,I は電位(水位)の高いところから低いところに向かって流れる。この電圧の降下をもたらすものが,抵抗 R で,下がった電位(水位)を引き上げるポンプの働きをするものが,起電力 V と考えられる。

起電力 V

(ⅰ) 閉回路 C

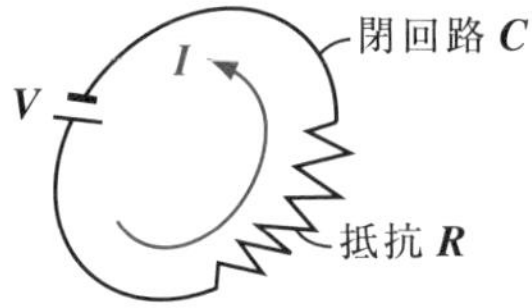

(ⅱ) 起電力のイメージ

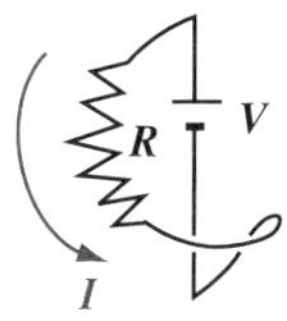

この起電力 V は,閉回路 C の中において電流を周回させる原動力のことで,これは,単位電荷(1(C))をこの回路 C に沿って1周させる仕事 W のことである。したがって,単位電荷に働く力を $\boldsymbol{f}$ とし,閉回路 C の微小変位を $d\boldsymbol{r}$ とおくと,単位電荷を微小変位 $d\boldsymbol{r}$ だけ動かす微小な仕事 dW は,

$dW = \boldsymbol{f}\cdot d\boldsymbol{r}$ ……③ で表される。

よって,③を閉回路 C に沿って1周線積分したものが,1(C)の電荷に対して起電力 V が行なった仕事 W ということになるので,

$$V = W = \oint_C \underset{\underset{1\cdot\boldsymbol{E}=\boldsymbol{E}}{\parallel}}{\boldsymbol{f}}\cdot d\boldsymbol{r} \cdots\cdots④$$ となる。

ここで,単位電荷(1(C))に働く力 $\boldsymbol{f}$ は,起電力によって作られる電場 $\boldsymbol{E}$ による力と考えることができるので,

$\boldsymbol{f} = 1\cdot\boldsymbol{E} = \boldsymbol{E}$ ……⑤ となる。

よって,⑤を④に代入して,起電力 V は,

$V = \oint_C \boldsymbol{E}\cdot d\boldsymbol{r}$ ……② となる。 ……………………………………………(答)

以上(Ⅰ)(Ⅱ)の

$$\begin{cases} \Phi = \iint_S \boldsymbol{B}\cdot\boldsymbol{n}dS \cdots\cdots ① \\ V = \oint_C \boldsymbol{E}\cdot d\boldsymbol{r} \cdots\cdots\cdots ② \end{cases}$$

①と②を，ファラデーの電磁誘導の法則の公式：

$V = -\dfrac{\partial \Phi}{\partial t}$ ……(＊) に代入して，変形すると，← Φは多変数関数にもなり得るので，偏微分で表した。

$$\underbrace{\oint_C \boldsymbol{E}\cdot d\boldsymbol{r}}_{\iint_S \mathrm{rot}\,\boldsymbol{E}\cdot\boldsymbol{n}dS} = \underbrace{-\frac{\partial}{\partial t}\left(\iint_S \boldsymbol{B}\cdot\boldsymbol{n}dS\right)}_{\iint_S \left(-\frac{\partial \boldsymbol{B}}{\partial t}\right)\cdot\boldsymbol{n}dS}$$

（左：ストークスの定理　右：← 微分と積分の順序を入れ替えた。）

ストークスの定理
$\iint_S \mathrm{rot}\,\boldsymbol{f}\cdot\boldsymbol{n}dS = \oint_C \boldsymbol{f}\cdot d\boldsymbol{r}$

$$\iint_S \mathrm{rot}\,\boldsymbol{E}\cdot\boldsymbol{n}dS = \iint_S \left(-\frac{\partial \boldsymbol{B}}{\partial t}\right)\cdot\boldsymbol{n}dS$$

$$\iint_S \underbrace{\left(\mathrm{rot}\,\boldsymbol{E} + \frac{\partial \boldsymbol{B}}{\partial t}\right)}_{\boldsymbol{0}}\cdot\boldsymbol{n}dS = 0 \cdots\cdots ⑥$$

この⑥の左辺が恒等的に**0**となるためには，

$\mathrm{rot}\,\boldsymbol{E} + \dfrac{\partial \boldsymbol{B}}{\partial t} = \boldsymbol{0}$ でなければならない。これから，

マクスウェルの方程式の**1**つ：

$\mathrm{rot}\,\boldsymbol{E} = -\dfrac{\partial \boldsymbol{B}}{\partial t}$ ……(＊＊) が導かれる。…………………………………(終)

演習問題 80　● $\mathbf{rot}\,\boldsymbol{E} = -\dfrac{\partial \boldsymbol{B}}{\partial t}$ (Ⅱ) ●

真空の xyz 座標空間上に電場 $\boldsymbol{E} = [3z+1,\ -x+2,\ 2y-1]$ (N/C) が存在するとき，次の各問いに答えよ。

(1) 電場 $\boldsymbol{E}$ の回転 $\mathbf{rot}\,\boldsymbol{E}$ を求めよ。

(2) 電場 $\boldsymbol{E}$ が，時刻 $t\,(\geqq 0)$ により変化する磁束密度 $\boldsymbol{B}(t) = [at-1,\ 2bt,\ -ct+1]$ (Wb/m²) によって生じているものとする。定数 a, b, c の値を求め，$t = 2$ (s) における磁場 $\boldsymbol{B}(2)$ を求めよ。

ヒント！ 変動する磁束密度 $\boldsymbol{B}$ によって，電場 $\boldsymbol{E}$ が生じるときマクスウェルの方程式：$\mathbf{rot}\,\boldsymbol{E} = -\dfrac{\partial \boldsymbol{B}}{\partial t}$ が成り立つんだね。これを利用して解いていこう。

解答＆解説

(1) $\boldsymbol{E} = [3z+1,\ -x+2,\ 2y-1]$ の回転 $\mathbf{rot}\,\boldsymbol{E}$ は，

$\mathbf{rot}\,\boldsymbol{E} = [2,\ 3,\ -1]$ ……① である。 ………(答)

$\mathbf{rot}\,\boldsymbol{E}$ の計算

$\dfrac{\partial}{\partial x}$　$\dfrac{\partial}{\partial y}$　$\dfrac{\partial}{\partial z}$　$\dfrac{\partial}{\partial x}$

$3z+1$　$-x+2$　$2y-1$　$3z+1$

$-1-0\ ][\ 2-0,\quad 3-0,$

(2) 電場 $\boldsymbol{E}$ が，磁束密度 $\boldsymbol{B}$ の変動によって生じるとき，

$\boldsymbol{B} = [at-1,\ 2bt,\ -ct+1]$ より，

$$-\frac{\partial \boldsymbol{B}}{\partial t} = -\left[\frac{\partial}{\partial t}(at-1),\ \frac{\partial}{\partial t}(2bt),\ \frac{\partial}{\partial t}(-ct+1)\right]$$

$$= -[a,\ 2b,\ -c] = [-a,\ -2b,\ c] \quad \cdots\cdots ②$$ となる。

①，②を，マクスウェルの方程式：$\mathbf{rot}\,\boldsymbol{E} = -\dfrac{\partial \boldsymbol{B}}{\partial t}$ に代入すると，

$[2,\ 3,\ -1] = [-a,\ -2b,\ c]$ より，$2 = -a,\ 3 = -2b,\ -1 = c$

$\therefore\ a = -2,\ b = -\dfrac{3}{2},\ c = -1$ である。 ………………………………(答)

よって，$\boldsymbol{B}(t) = [-2t-1,\ -3t,\ t+1]$ より，

$t = 2$ (s) における磁束密度 $\boldsymbol{B}(2)$ は，

$\boldsymbol{B}(2) = [-4-1,\ -3\cdot 2,\ 2+1] = [-5,\ -6,\ 3]$ (Wb/m²) である。

………(答)

演習問題 81　● 電磁波 ●

2 つのマクスウェルの方程式：

(i) $\mathrm{rot}\,\boldsymbol{H} = \dfrac{\partial \boldsymbol{D}}{\partial t}$ ……(∗1) と (ii) $\mathrm{rot}\,\boldsymbol{E} = -\dfrac{\partial \boldsymbol{B}}{\partial t}$ ……(∗2) を用いて，

初めに，変動する電場が存在するとき，真空中に電磁波が伝播していくメカニズムを定性的に説明せよ。

ヒント！ (∗1) は，伝導電流 $\boldsymbol{i}$ はなく，変位電流のみが存在する場合の式だね。(∗1) と (∗2) を繰り返し使うことにより，電磁波の発生メカニズムを考えていこう。

解答＆解説

(i) (∗1) より，時間変化する電束密度 $\boldsymbol{D}$（すなわち，電場 $\boldsymbol{E}$）のまわりには，回転する磁場 $\boldsymbol{H}$ が発生し，

(ii) (∗2) より，時間変化する磁束密度 $\boldsymbol{B}$（すなわち，磁場 $\boldsymbol{H}$）のまわりには，回転する電場 $\boldsymbol{E}$ が発生する。

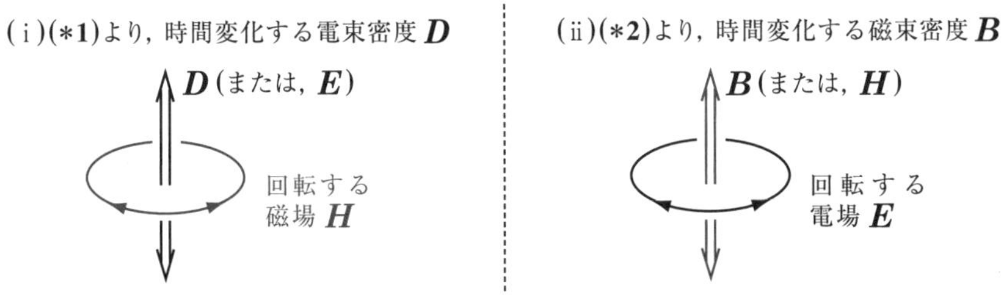

よって，右図に示すように，初めに変動する電場 $\boldsymbol{E}$ が存在すると，(∗1) によりそのまわりに回転（変動）する磁場 $\boldsymbol{H}$ が生じ，この変動する磁場 $\boldsymbol{H}$ のまわりには，(∗2) により回転（変動）する電場 $\boldsymbol{E}$ が発生する。以下，同様のことを連鎖的に繰り返しながら，電磁波が真空中を伝播していくことになる。……………(答)

電磁波のイメージ

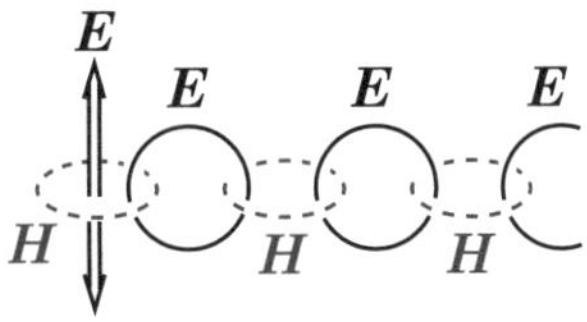

演習問題 82　● コイルの自己誘導 ●

コイルの自己誘導の公式：$V_- = -L\dfrac{dI}{dt}$ ……(∗) (ただし，V_-：逆起電力 (V)，L：自己インダクタンス (H)，I：電流 (A)，t：時刻 (s)) について，次の各問いに答えよ。

(1) 自己インダクタンス L の単位 [H] が [J/A²] と表されることを示せ。

(2) $L = 0.1$ (H)，$I = 50\sin^2 t$ (A) であるとき，コイルの逆起電力 V_- (V) を求めよ。

ヒント！ (1) (∗)の公式を単位で表すと，[V] = [H·A/s] となる。ここで，[V] = [J/C] であることを利用しよう。(2) は，L の値と I の関数を (∗) に代入すればいいんだね。

解答＆解説

(1) (∗)の公式を単位で見ると，[V] = [H·A/s] より，

$$[\mathrm{H}] = \left[\frac{\mathrm{V\cdot s}}{\mathrm{A}}\right] \cdots\cdots ①$$

となる。ここで，$[\mathrm{V}] = \left[\dfrac{\mathrm{J}}{\mathrm{C}}\right]$，[C] = [A·s] より，（[A] = [C/s]）

これらを①に代入して，

$$[\mathrm{H}] = \left[\frac{\mathrm{J\cdot s}}{\mathrm{C\cdot A}}\right] = \left[\frac{\mathrm{J}\cdot \cancel{\mathrm{s}}}{\mathrm{A^2}\cdot \cancel{\mathrm{s}}}\right] = [\mathrm{J/A^2}]$$

となる。 ……………………………………(終)

(2) $L = 0.1$ (H) と $I = 50\sin^2 t$ (A) を (∗) の公式に代入して，
コイルの自己誘導による逆起電力 V_- (V) を求めると，

$$V_- = -0.1\times 50\underbrace{\frac{d}{dt}(\sin^2 t)}_{2\sin t\cdot\cos t}$$

← 公式：$(f^2)' = 2f\cdot f'$

$$= -5\cdot\underbrace{2\sin t\cos t}_{\sin 2t}$$

← 2倍角の公式：$\sin 2\theta = 2\sin\theta\cos\theta$

∴ $V_- = -5\sin 2t$ (V) である。 ……………………………………(答)

演習問題 83　●コイルの自己インダクタンス L ●

コイルの自己インダクタンス L(H)の公式：$N\Phi = LI$ ……(*) (ただし，N：コイルの巻き数(−)，Φ：磁束(Wb)，I：電流(A)) について，次の各問いに答えよ。

(1) 内部が真空のコイルの自己インダクタンス L が，$L = \mu_0 n^2 lS$ ……① (ただし，μ_0：真空の透磁率(N/A²)，n：単位長さ(1m)当りのコイルの巻き数(1/m)，l：コイルの長さ(m)，S：コイルの断面積(m²)) と表されることを示せ。

(2) $S = 10^{-3}$(m²)，$l = 0.15$(m)，$N = 4000$(−)で，内部が真空のソレノイド・コイルの自己インダクタンス L(H)を有効数字 3 桁で求めよ。

ヒント！ (1) (*)の公式に，$N = nl$，$\Phi = S\cdot\mu_0 H = S\cdot\mu_0\cdot nI$ を代入すればいいんだね。(2) 内部が真空のコイルなので，真空の透磁率 $\mu_0 = 4\pi\times10^{-7}$(N/A²) を用いる。

解答＆解説

(1) (*)より，$L = \dfrac{N\Phi}{I}$ ……(*)′ となる。

ここで，$N = nl$，$\Phi = S\cdot\underbrace{B}_{\text{磁束密度}} = S\cdot\mu_0\underbrace{H}_{\text{磁場}} = S\cdot\mu_0\cdot nI$ より，これらを

(*)′ に代入して，L の公式：

$L = \dfrac{nl\cdot S\mu_0 n\cancel{I}}{\cancel{I}} = \mu_0 n^2 lS$ ……① が導ける。 ……………………………(終)

(2) 内部が真空のソレノイド・コイルより，真空透磁率 $\mu_0 = 4\pi\times10^{-7}$(N/A²) を利用する。$n = \dfrac{N}{l}$ を①に代入すると，

$$L = \mu_0\cdot\left(\frac{N}{l}\right)^2\cdot lS = \frac{\mu_0\cdot N^2\cdot S}{l} \quad \cdots\cdots ①'$$ となる。

この①′ に，$S = 10^{-3}$(m²)，$l = 0.15$(m)，$N = 4000$(−) を代入すると，このソレノイド・コイルの自己インダクタンス L は，

$$L = \frac{4\pi\times10^{-7}\cdot4000^2\times10^{-3}}{0.15} = \frac{4\pi\times16\times10^{-7+6-3}}{0.15} = \frac{64\pi}{0.15\times10^4}$$

$= 0.13404\cdots = 1.34\times10^{-1}$(H)である。 ……………………………(答)

演習問題 84　● 磁場のエネルギー密度 u_m ●

磁場のエネルギー U_m と磁場のエネルギー密度 u_m について，次の各問いに答えよ。

(1) 右図に示すような，自己インダクタンス L(H) のコイルに定常電流 I_0(A) の電流が流れているとき，ソレノイド・コイルが持っている磁場のエネルギー U_m が，
$U_m = \frac{1}{2}LI_0^2$ ……(*1) となることを示せ。

磁場のエネルギー
$U_m = \frac{1}{2}LI_0^2$
L(H)

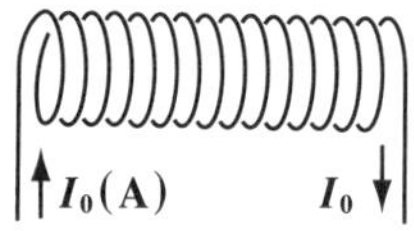

(2) コイルに電流 I が流れているとき，(*1) を基に，磁場のエネルギー密度 u_m が，$u_m = \frac{1}{2}\mu_0 H^2$ ……(*2) となることを示せ。
(ただし，μ_0：真空の透磁率 (N/A^2)，H：磁場 (A/m) である。)

ヒント！ (1) 電流 I が，$0 \to I_0$ に変化するまでの仕事 $W = \int_0^{I_0} LIdI$ が，磁場のエネルギー U_m になるんだね。(2) のエネルギー密度 u_m は，U_m をコイルの内部の容積 $S \times l$ で割ることにより求めることができる。この導出も重要なので，自力で導けるように何度でも練習しよう。

解答＆解説

(1) コイルが蓄えるエネルギー，すなわち磁場のエネルギー U_m とは，定常電流 I_0 が流れるようになるまで外部からなされた仕事の総和と考えられる。従ってまず，電流 $I = 0$ からスタートして，$I = I_0$ になるまでの途中経過を考える。電流が I $(0 \leqq I \leqq I_0)$ のとき，微小時間 Δt の間に，$I\Delta t$(C) の微小電荷をこのコイルに流すには，逆起電力 $V_- = -L\frac{\Delta I}{\Delta t}$ に逆らって行わなければならない。この微小な仕事を ΔW とおくと，

$$\Delta W = \underline{-V_-} \cdot I\Delta t = L\frac{\Delta I}{\Delta t} \cdot I \cdot \Delta t = \underline{LI\Delta I} \quad \cdots\cdots ①$$ となる。

（$-V_- = -\left(-L\frac{\Delta I}{\Delta t}\right)$）　（$[\mathrm{H}] = [\mathrm{J/A^2}]$ より，この単位は [J] になる。）

したがって，①の両辺の微分量をとると，

$dW = LIdI$ ……①′ となる。

よって，この①′を積分区間 $[0,\ I_0]$ で I によって積分すると，

$W = \int_0^{I_0} \underset{\text{定数}}{L} IdI = L\left[\frac{1}{2}I^2\right]_0^{I_0} = \frac{1}{2}LI_0^2$ となり，

これが，電流 $I_0(\mathrm{A})$ が流れているときにコイルに蓄えられている磁場のエネルギー U_m になる。これから，

$U_m = \frac{1}{2}LI_0^2$ ……(＊1) が導かれる。……………………………………(終)

(2) (＊1)より，コイルに電流 I が流れているとき，ソレノイド・コイルが持つ磁場のエネルギー U_m は，

$U_m = \frac{1}{2}LI^2$ ……(＊1)′ である。

ここで，コイルの自己インダクタンス L は，

$L = \mu_0 n^2 lS$ ……② で表される。← 演習問題 83(P177)

(n：単位長さ当たりの巻き数，l：コイルの長さ，S：コイルの断面積)

②を(＊1)′に代入すると，$nI = H$ (コイルの磁場)であることに注意して，

$U_m = \frac{1}{2}\cdot\mu_0 n^2 lS\cdot I^2 = \frac{1}{2}\mu_0 \underbrace{(nI)^2}_{H^2} lS = \frac{1}{2}\mu_0 H^2\cdot lS$ ……③ となる。

よって，この磁場のエネルギー U_m を，ソレノイド・コイルの大きさ(容積) $l\cdot S$ で割ったものが“磁場のエネルギー密度” u_m となるから，

磁場のエネルギー密度　$u_m = \frac{1}{2}\mu_0 H^2$ ……(＊2) が導かれる。………(終)

参考

この磁場のエネルギー密度 $u_m = \frac{1}{2}\mu_0 H^2$ は，静電場のエネルギー密度 $u_e = \frac{1}{2}\varepsilon_0 E^2$ と対比して覚えておくといい。

演習問題 85　●変数分離形の微分方程式●

時刻 t の関数 $x(t)$ について，次の各微分方程式を解け。

(1) $x\cdot\dfrac{dx}{dt}=-2t$ ……① (初期条件：$t=0$ のとき，$x=2$)

(2) $\dfrac{dx}{dt}=-4tx$ ……② $(x>0,\ t\geqq 0)$ (初期条件：$t=0$ のとき，$x=3$)

(3) $\dfrac{dx}{dt}=(x-1)\sin t\cos t$ ……③ $(x>1,\ t\geqq 0)$

(初期条件：$t=0$ のとき，$x=5$)

ヒント！ (1), (2), (3) はすべて変数分離形の微分方程式なので，(x の式)dx=(t の式)dt の形に変数分離した後，両辺を積分して，$\int(x\text{の式})dx=\int(t\text{の式})dt$ から一般解を求めるんだね。その際に現われる積分定数 C は初期条件により決定して，特殊解を求めよう。

解答&解説

(1) $x\cdot\dfrac{dx}{dt}=-2t$ ……① を変形して，

変数分離形：(x の式)dx=(t の式)dt にする。

$x\,dx=-2t\,dt$　この両辺を不定積分して，

$\int x\,dx=-\int 2t\,dt$ より，$\dfrac{1}{2}x^2=-t^2+C_1$ (C_1：積分定数) となる。

両辺に 2 をかけて，一般解：

$x^2+2t^2=C$ ……④ $(C=2C_1)$ が求められる。

ここで，初期条件：$t=0$ のとき，$x=2$ を，④に代入して，

$2^2+\cancel{2\cdot 0^2}=C$ より，$C=4$　これを④に代入して，①の特殊解を求めると，

$x^2+2t^2=4$ である。……………………………………………………(答)

(2) $\dfrac{dx}{dt}=-4t\cdot x$ ……② $(x>0,\ t\geqq 0)$ を変形して，

変数分離形

$\dfrac{1}{x}dx=-4t\,dt$ $(x>0)$　この両辺を不定積分して，

$\int \frac{1}{x}dx = -\int 4t\,dt$ より，

$\log x = -2t^2 + C_1$ （C_1：積分定数）となる。

公式：$\int \frac{1}{x}dx = \log|x| + C$
今回は $x>0$ より，$\log x$ とした。

よって，$x = e^{-2t^2+C_1} = e^{C_1}e^{-2t^2}$ より，

これを，新たに定数 C とおく

$\log a = b \rightleftarrows a = e^b$

②の微分方程式の一般解として，

$x = C\cdot e^{-2t^2}$ ……⑤　（$C = e^{C_1}$）が求められる。

ここで，初期条件：$t=0$ のとき，$x=3$ を，⑤に代入して，

$3 = C\cdot e^0 = C$ より，$C=3$ である。

これを⑤に代入して，②の特殊解を求めると，

$x = 3e^{-2t^2}$ （$t \geqq 0$）である。……………………………………………（答）

(3) $\frac{dx}{dt} = (x-1)\cdot\sin t\cos t$ ……③ （$x>1$，$t \geqq 0$）を変形して，

$\frac{1}{x-1}dx = \sin t\cos t\,dt$ （$x>1$）となる。この両辺を不定積分して，

$\int \frac{1}{x-1}dx = \int \sin t\cos t\,dt$ より，

$\log(\underbrace{x-1}_{\oplus}) = \frac{1}{2}\sin^2 t + C_1$ （C_1：積分定数）

積分公式：
$\int \frac{f'}{f}dx = \log|f| + C$
$\int f\cdot f'dx = \frac{1}{2}f^2 + C$

となる。よって，

$x - 1 = e^{\frac{1}{2}\sin^2 t + C_1} = e^{C_1}e^{\frac{1}{2}\sin^2 t}$ より，

これを，新たに定数 C とおく

$\log a = b \rightleftarrows a = e^b$

③の微分方程式の一般解として，

$x = Ce^{\frac{1}{2}\sin^2 t} + 1$ ……⑥　（$C = e^{C_1}$）が求められる。

ここで，初期条件：$t=0$ のとき，$x=5$ を，⑥に代入して，

$5 = C\cdot e^0 + 1 = C + 1$ より，$C=4$ である。

これを⑥に代入して，③の特殊解を求めると，

$x = 4e^{\frac{1}{2}\sin^2 t} + 1$ （$t \geqq 0$）である。…………………………………………（答）

演習問題 86 ● RC 回路 ●

右図に示すように，電気容量 $C = 0.5\,(\mu F)$ のコンデンサーと，$R = 8\times10^5\,(\Omega)$ の抵抗を直列につないだものを起電力 $V_0 = 4\times10^4\,(V)$ の直流電源（電池）と接続し，時刻 $t = 0$ のときにスイッチを閉じた。

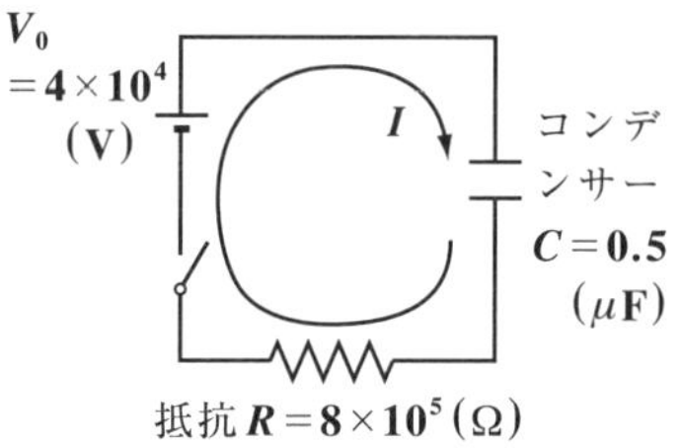

初めコンデンサーは何も帯電していないものとする。このとき，この回路に流れる電流 $I\,(A)$ と，コンデンサーに蓄えられる電荷 $Q\,(C)$ を時刻 $t\,(t \geqq 0)$ の関数として求めて，それらのグラフを描け。

ヒント！ 回路の方程式は，（起電力）＝（電圧降下）の形で表すといい。今回の問題では，（起電力）$= V_0 = 4\times10^4$，（電圧降下）$= R\cdot I + \dfrac{Q}{C} = 8\times10^5 I + \dfrac{Q}{0.5\times10^{-6}}$ ということになる。電流 $I = \dfrac{dQ}{dt}$ より，これから，コンデンサーの電荷 Q の微分方程式になる。これは，変数分離形の微分方程式なので，$(Q$の式$)dQ = (t$の式$)dt$ に変数分離して解いていこう。

解答＆解説

電気容量 $C = 0.5\,(\mu F) = 0.5\times10^{-6}\,(F)$ のコンデンサーと $R = 8\times10^5\,(\Omega)$ の抵抗を起電力 $V_0 = 4\times10^4\,(V)$ の直流電源に接続して RC 回路を作り，時刻 $t = 0\,(s)$ のときにスイッチを閉じる。このとき，この回路のコンデンサーの電荷 $Q\,(C)$ と，この回路に流れる電流 $I\,(A)$ を求める方程式は，次のようになる。

$$\underset{（起電力）}{V_0} = \underset{\text{抵抗による（電圧降下）}}{R\cdot I} + \underset{\text{コンデンサーによる（電圧降下）}}{\frac{Q}{C}} \quad \cdots\cdots①$$

①に V_0，R，C の値を代入して，

$$4\times10^4 = 8\times10^5 I + \frac{Q}{0.5\times10^{-6}}$$　この両辺を 4×10^4 で割って，

$$1=\underbrace{\frac{8\times10^5}{4\times10^4}}_{20}\cdot I+\underbrace{\frac{10^6}{0.5\times4\times10^4}}_{\frac{100}{2}=50}Q$$ より，$1=20I+50Q$ ……② となる。

ここで，$I=\frac{dQ}{dt}$ ……③ を②に代入すると，

$1=20\cdot\frac{dQ}{dt}+50Q$ より，

$20\cdot\frac{dQ}{dt}=1-50Q$ ……④ となる。

変数分離形の微分方程式より，$\int(Q\text{の式})dQ=\int(t\text{の式})dt$ の形に変形する。

④は変数分離形の微分方程式より，

$\frac{1}{1-50Q}dQ=\frac{1}{20}dt$　　この両辺を不定積分して，

$$\underbrace{\int\frac{1}{1-50Q}dQ}_{-\frac{1}{50}\int\frac{-50}{1-50Q}dQ=-\frac{1}{50}\log|1-50Q|}=\frac{1}{20}\underbrace{\int dt}_{t+C_1}$$

積分公式：$\int\frac{f'}{f}dx=\log|f|+C$

$-\frac{1}{50}\log|1-50Q|=\frac{1}{20}(t+C_1)$　(C_1：積分定数)

$\log|1-50Q|=-\frac{5}{2}t+C_2$　　$\left(C_2=-\frac{5}{2}C_1\right)$

$|1-50Q|=e^{-\frac{5}{2}t+C_2}=e^{C_2}\cdot e^{-\frac{5}{2}t}$　←　$\log a=b \rightleftarrows a=e^b$

$1-50Q=\underline{\pm e^{C_2}}\cdot e^{-\frac{5}{2}t}$

(これを，新たに定数 C とおく)

$1-50Q=C\cdot e^{-\frac{5}{2}t}$ ……⑤ $(C=\pm e^{C_2})$ となる。

ここで，$t=0$ (s) でスイッチを入れた時点では，コンデンサーに電荷はないので，

初期条件：$t=0$ のとき，$Q=0$ である。これを⑤に代入して，

$1-\cancel{50\times0}=C\cdot e^0$　　$\therefore C=1$　　これを⑤に代入して，

$1-50Q=e^{-\frac{5}{2}t}$　　よって，求める電荷 $Q(t)$ は，

$$Q(t) = \frac{1}{50}\left(1 - e^{-\frac{5}{2}t}\right) \cdots\cdots ⑥ \ (t \geqq 0)$$

となる。 ……………………………(答)

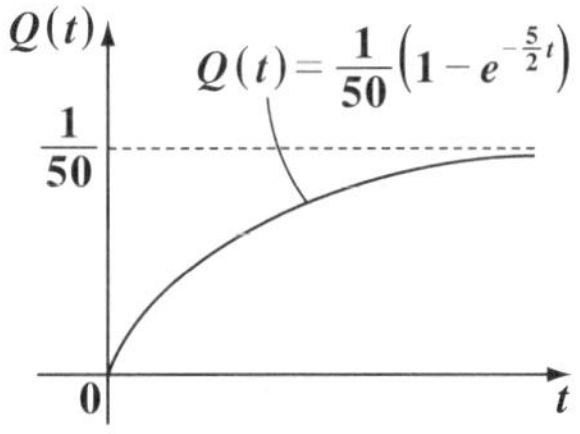

⑥より，$Q(0) = 0$ であり，

$$\lim_{t \to \infty} Q(t) = \lim_{t \to \infty} \frac{1}{50}\left(1 - \underbrace{e^{-\frac{5}{2}t}}_{0}\right) = \frac{1}{50}$$ より，

$Q(t)$ のグラフは，右図のようになる。

………(答)

次に，$I(t) = \frac{dQ(t)}{dt}$ ……③ より，⑥の両辺を t で微分して，電流 $I(t)$ を求めると，

$$I(t) = \dot{Q}(t) = -\frac{1}{50} \times \left(-\frac{5}{2} e^{-\frac{5}{2}t}\right)$$

微分公式：
$(e^{ax})' = ae^{ax}$

$$\therefore I(t) = \frac{1}{20} e^{-\frac{5}{2}t} \cdots\cdots ⑦ \ (t \geqq 0)$$

となる。 ……………………………(答)

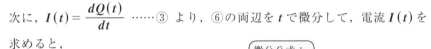

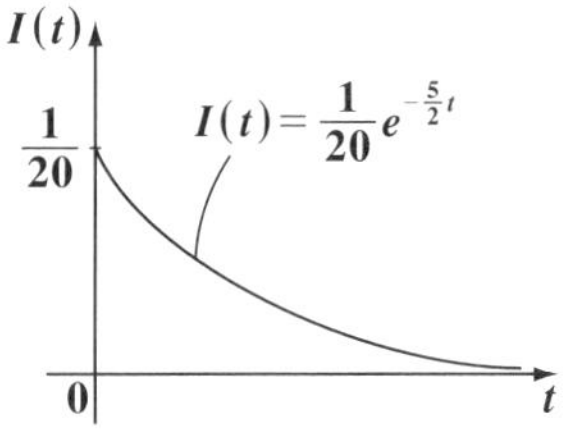

⑦より，$I(0) = \frac{1}{20} e^0 = \frac{1}{20}$ であり，

$$\lim_{t \to \infty} I(t) = \lim_{t \to \infty} \frac{1}{20} \underbrace{e^{-\frac{5}{2}t}}_{0} = 0$$ より，

$I(t)$ のグラフは，右図のようになる。

………(答)

演習問題 87 ● RL 回路 ●

右図に示すように，自己インダクタンス $L=15$ (H) のコイルと，$R=600$ (Ω) の抵抗を直列につないだものを起電力 $V_0=300$ (V) の直流電源 (電池) に接続し，時刻 $t=0$ のときにスイッチを閉じた。このとき，この回路に流れる電流 I (A) を時刻 t の関数として求め，そのグラフを描け。

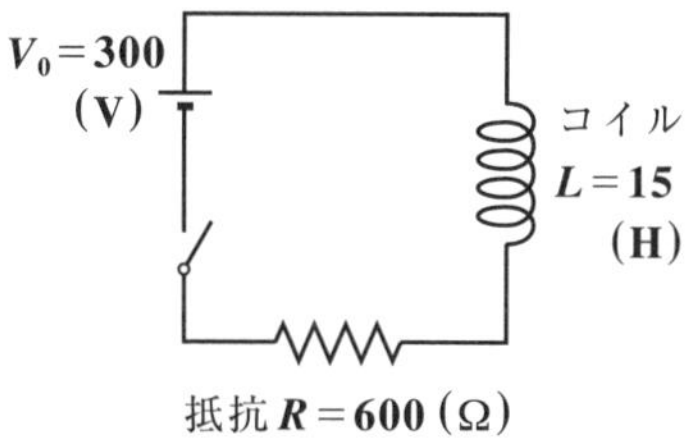

ヒント！ 今回は，RL 回路で，その方程式は $V_0+V_-=RI$ となるんだね。これが，I の変数分離形の微分方程式になるので，これを解いて I を求めよう。

解答＆解説

自己インダクタンス $L=15$ (H) と $R=600$ (Ω) の抵抗と $V_0=300$ (V) の直流電源を接続して RL 回路を作り，時刻 $t=0$ (s) のときにスイッチを閉じる。このとき，この回路に流れる電流 I (A) を求める微分方程式は，次のようになる。

$$V_0 + V_- = RI \quad \cdots\cdots ①$$

(V_0：起電力 300 (V)，V_-：コイルによる逆起電力 $-L\frac{dI}{dt}$，RI：抵抗 R による電圧降下)

(起電力) = (電圧降下) の形の方程式を作る。V_- は，逆起電力だけれども，(起電力) の項に入れる。

① に V_0，L，R の値を代入して，

$$300 - 15 \cdot \frac{dI}{dt} = 600I$$

両辺を 300 で割って，

$$1 - \frac{1}{20}\cdot\frac{dI}{dt} = 2I \text{ より，} \quad \frac{1}{20}\cdot\frac{dI}{dt} = 1-2I \quad \cdots\cdots ②$$

となる。(I の変数分離形の微分方程式)

② を変数分離形にして解くと，

$$\frac{1}{1-2I}dI = 20dt \qquad -\frac{1}{2}\underbrace{\int\frac{-2}{1-2I}dI}_{\log|1-2I|} = 20\underbrace{\int dt}_{t+C_1}$$

$$-\frac{1}{2}\log|1-2I| = 20(t+C_1) \quad (C_1：積分定数)$$

$$\log|1-2I| = -40t + C_2 \quad (C_2 = -40C_1)$$

$$|1-2I| = e^{-40t+C_2} = e^{C_2}\cdot e^{-40t}$$

$$1-2I = \underbrace{\pm e^{C_2}}_{これを新たに定数Cとおく}\cdot e^{-40t}$$

$\therefore\ 1-2I = C\cdot e^{-40t}$ ……③ $(C = \pm e^{C_2})$ となる。

ここで，$t=0\,(\mathrm{s})$ でスイッチを入れた時点では，電流 $I=0\,(\mathrm{A})$ である。

よって，初期条件：$t=0$ のとき，$I=0$ を③に代入すると，

$1-\cancel{2\times 0} = C\cdot e^0 \quad \therefore\ C=1$

これを③に代入して，$1-2I = e^{-40t}$ となる。

よって，この RL 回路に流れる電流 $I(t)$ は，

$I(t) = \frac{1}{2}(1-e^{-40t})$ ……④

$(t \geqq 0)$ となる。………………………………(答)

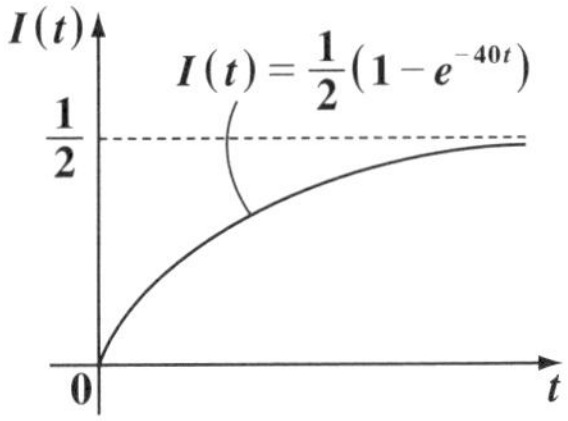

④のグラフは，

$$\begin{cases} \cdot\ t=0 \text{ のとき，} I(0) = \frac{1}{2}(1-1) = 0 \\ \cdot\ \lim_{t\to\infty} I(t) = \lim_{t\to\infty}\frac{1}{2}(1-\underbrace{\cancel{e^{-40t}}}_{0}) = \frac{1}{2} \end{cases}$$

より，右図のようになる。………(答)

演習問題 88 ● LC 回路 ●

右図に示すように，電気容量 $C=5\,(\mu\mathrm{F})$ のコンデンサーに予め $\pm Q_0=\pm 0.2\,(\mathrm{C})$ の電荷が与えられているものとする。これと，自己インダクタンス $L=5\,(\mathrm{H})$ のコイルをつないだ回路のスイッチを，時刻 $t=0$ のときに閉じるものとする。このとき，コンデンサーがもっている電荷 $Q\,(\mathrm{C})$ と回路に流れる電流 $I\,(\mathrm{A})$ を時刻 t の関数として求めて，それらのグラフを描け。

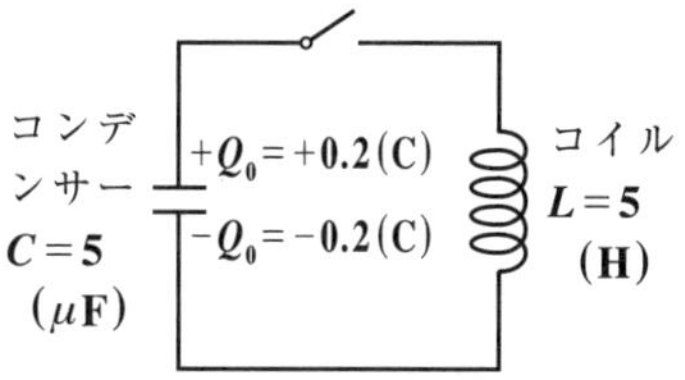

ヒント！ 今回は，$t=0$ の時点で，$\pm Q_0=\pm 0.2\,(\mathrm{C})$ の電荷が与えられていることに注意しよう。LC 回路の方程式も，(起電力)＝(電圧降下) の形で $V_-=\dfrac{Q}{C}$，すなわち $-L\cdot\dfrac{dI}{dt}=\dfrac{Q}{C}$ となるんだね。これから，Q についての単振動の微分方程式が導かれる。

解答＆解説

予め $\pm Q_0=\pm 0.2\,(\mathrm{C})$ の電荷が与えられた電気容量 $C=5\,(\mu\mathrm{F})=5\times 10^{-6}\,(\mathrm{F})$ のコンデンサーと自己インダクタンス $L=5\,(\mathrm{H})$ のコイルを接続して LC 回路を作り，時刻 $t=0\,(\mathrm{s})$ のときにスイッチを閉じる。このとき，この回路のコンデンサーの電荷 $Q\,(\mathrm{C})$ と，この回路を流れる電流 $I\,(\mathrm{A})$ の経時変化を調べるための方程式は，次のようになる。

$$V_- = \frac{Q}{C}$$ ← (起電力)＝(電圧降下) の形だね。

（V_-：コイルによる (逆起電力) $-L\dfrac{dI}{dt}$）

（$\dfrac{Q}{C}$：コンデンサーによる (電圧降下)）

よって，$-L\dfrac{dI}{dt}=\dfrac{Q}{C}$ ……① となる。

①に L と C の値を代入して，

$-5\cdot\dfrac{dI}{dt}=\dfrac{Q}{5\times10^{-6}}$ より，

$-L\cdot\dfrac{dI}{dt}=\dfrac{Q}{C}$ ……①
$L=5\,(\mathrm{H}),\ C=5\times10^{-6}\,(\mathrm{F})$

$\dfrac{dI}{dt}=-\dfrac{Q}{5^2\times10^{-6}}$ ……② となる。

ここで，右図に示すように，I の電流の向きを定めると，$I=\dfrac{dQ}{dt}$ ……③ となる。

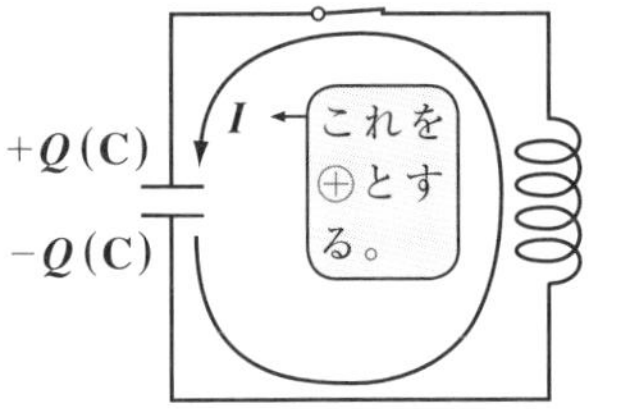

③を②に代入すると，

$\underbrace{\dfrac{d}{dt}\left(\dfrac{dQ}{dt}\right)}_{\frac{d^2Q}{dt^2}=\ddot{Q}}=-\underbrace{\dfrac{Q}{5^2\times10^{-6}}}_{\frac{10^6}{5^2}Q=\left(\frac{1000}{5}\right)^2Q=200^2Q}$ より，Q についての

単振動の微分方程式：

$\ddot{Q}=-\underbrace{200^2}_{\omega^2}Q$ ……④ が導かれる。

単振動の微分方程式：
$\ddot{x}=-\omega^2x$ の一般解は，
$x=A_1\cos\omega t+A_2\sin\omega t$
である。

よって，④の一般解 $Q(t)$ は，

$Q(t)=A_1\cos200t+A_2\sin200t$ ……⑤ となる。

⑤を t で 1 階微分して，

$\dot{Q}(t)=-200A_1\sin200t+200A_2\cos200t$ ……⑤′ となる。

ここで，時刻 $t=0$ のとき，$Q(0)=Q_0=0.2\,(\mathrm{C})$ であり，$t=0$ でスイッチを入れた瞬間のコンデンサーの電荷 Q の変化はゆっくりと起こるはずである。よって，$\dot{Q}(0)=0$ となる。以上の初期条件により，$t=0$ を⑤と⑤′に代入すると，

$$\begin{cases} Q(0)=A_1\underbrace{\cos0}_{1}+\cancel{A_2\underbrace{\sin0}_{0}}=\boxed{A_1=0.2} & \therefore A_1=0.2 \\ \dot{Q}(0)=\cancel{-200A_1\underbrace{\sin0}_{0}}+200A_2\underbrace{\cos0}_{1}=\boxed{200A_2=0} & \therefore A_2=0 \end{cases}$$

A_1，A_2 の値を⑤に代入して，求める電荷 $Q(t)$ の特殊解は，

$Q(t)=0.2\cos200t=\dfrac{1}{5}\cos200t$ ……⑥ $(t\geqq0)$ となる。…………………(答)

次に，⑥を③に代入して，この LC 回路に流れる電流 $I(t)$ を求めると，

$$I(t)=\dot{Q}(t)=\frac{1}{5}\times(-200\sin 200t)$$

$\therefore \underline{I(t)=-40\sin 200t}$ ……⑦ $(t\geqq 0)$ となる。……………………………(答)

これは，$A_1=0.2$，$A_2=0$ を⑤′に代入して，
$I=\dot{Q}=-200\times\frac{1}{5}\sin 200t=-40\sin 200t$ ……⑦ $(t\geqq 0)$ と求めてもいいね。

以上⑥，⑦より，電荷 $Q(t)$ と電流 $I(t)$ のグラフを下に示す。……………(答)

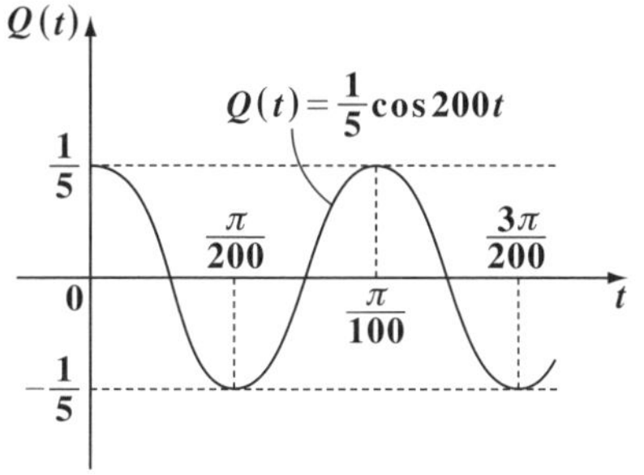

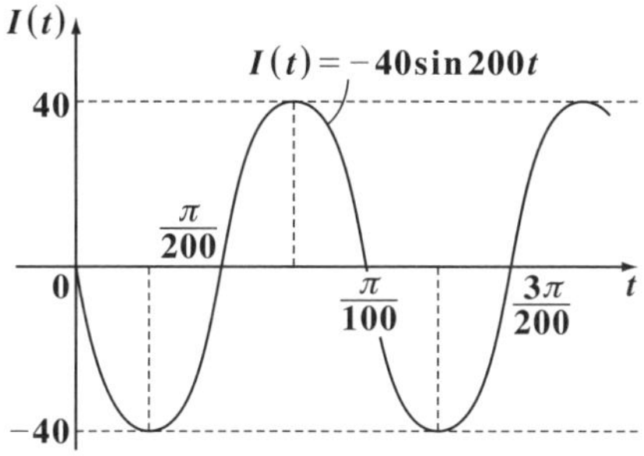

参考

このように LC 回路では，抵抗 $R=0(\Omega)$ なので，電荷 $Q(t)$ も電流 $I(t)$ も減衰することなく，単振動を永遠に続けていくことになる。

◆◆◆ Appendix(付録) ◆◆◆

補充問題 1	● 平面スカラー場と等位曲線 ●

平面スカラー場 $f(x, y) = e^{-x^2-4y^2}$ ……① について，次の各等位曲線を xy 平面上に描け。

(i) $f(x, y) = 1$　　(ii) $f(x, y) = e^{-1}$　　(iii) $f(x, y) = e^{-4}$

ヒント！ これは，演習問題 **6** (**P20**) の類題だね。$z = f(x, y)$ とおくと，これは xyz 座標空間上の曲面を表す。よって，$z = 1$，e^{-1}，e^{-4} となるときの等位曲線を求めればいいんだね。

解答&解説

$z = f(x, y) = e^{-x^2-4y^2}$ ……① とおくと，

これは，右図に示すように，xyz 座標空間上の曲面を表す。

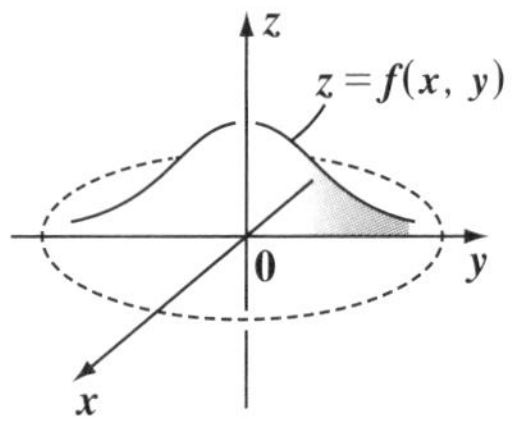

(i) $f(x, y) = e^{-x^2-4y^2} = 1 (= e^0)$ のとき，

等位曲線は，$-x^2 - 4y^2 = 0$　よって，

$x^2 + 4y^2 = 0$ より，これをみたすのは

(x^2：0 以上)　($4y^2$：0 以上) ← 0 以上のもの同士をたして，0 となるのは，いずれも 0 のときのみだ。

原点 $(0, 0)$ のみである。

(ii) $f(x, y) = e^{-x^2-4y^2} = e^{-1}$ のとき等位曲線は，$-x^2 - 4y^2 = -1$ より，

$$\frac{x^2}{1^2} + \frac{y^2}{\left(\frac{1}{2}\right)^2} = 1 \text{ (だ円) となる。}$$

(iii) $f(x, y) = e^{-x^2-4y^2} = e^{-4}$ のとき，等位曲線は，

$-x^2 - 4y^2 = -4$ より，$\frac{x^2}{2^2} + \frac{y^2}{1^2} = 1$ (だ円)

となる。

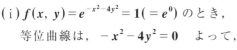

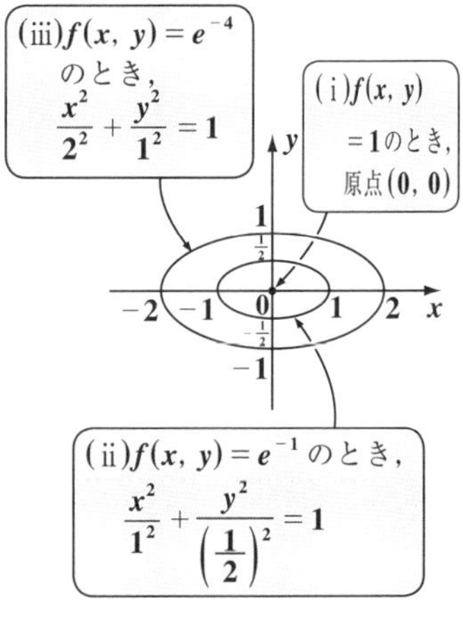

以上より，(i) $f(x, y) = 1$，(ii) $f(x, y) = e^{-1}$，(iii) $f(x, y) = e^{-4}$ の等位曲線をそれぞれ xy 座標平面上に図示すると，右図のようになる。

………(答)

◆ Term・Index ◆

メモ

メモ

大学物理入門編
初めから解ける 演習
電磁気学 キャンパス・ゼミ

マセマ

著　者　馬場 敬之
発行者　馬場 敬之
発行所　マセマ出版社
〒 332-0023 埼玉県川口市飯塚 3-7-21-502
TEL 048-253-1734　FAX 048-253-1729
Email：info@mathema.jp
https://www.mathema.jp

編　集　七里 啓之
校閲・校正　高杉 豊　笠 恵介　秋野 麻里子
組版制作　間宮 栄二　町田 朱美
カバーデザイン　馬場 冬之
ロゴデザイン　馬場 利貞
印刷所　中央精版印刷株式会社

令和 6 年 2 月 20日　初版発行

ISBN978-4-86615-329-2　C3042